"十四五"时期
国家重点出版物出版专项规划项目

区块链

技术及应用

王瑞锦 / 主编

李冬芬 岳境涛 陈厅 陈晶 等 / 编著

人民邮电出版社

北 京

图书在版编目（CIP）数据

区块链技术及应用 / 王瑞锦主编 ; 李冬芬等编著
. -- 北京 : 人民邮电出版社, 2022.3
（区块链技术开发系列）
ISBN 978-7-115-55996-8

Ⅰ. ①区… Ⅱ. ①王… ②李… Ⅲ. ①区块链技术—研究 Ⅳ. ①TP311.135.9

中国版本图书馆CIP数据核字(2021)第026784号

内 容 提 要

本书全面、系统地阐述了区块链技术的经典理论体系，辅以典型工程案例，为读者展示成熟的分析方法和解决方案。全书内容包括区块链概述、区块链开发基础、区块链核心技术解析、区块链数据存储、区块链网络构建、以太坊与智能合约技术解析、区块链技术改进、区块链安全性分析和区块链项目实战案例。

本书难易程度适中，内容充实，层次清晰，可作为普通高等学校信息安全、网络空间安全、软件工程、计算机科学与技术等专业的本科生和研究生教材，也可作为区块链爱好者和信息安全工程师的参考手册。

◆ 主　　编　王瑞锦
　编　　著　李冬芬　岳境涛　陈　厅　陈　晶　等
　责任编辑　邹文波
　责任印制　王　郁　陈　犇
◆ 人民邮电出版社出版发行　　北京市丰台区成寿寺路 11 号
　邮编　100164　　电子邮件　315@ptpress.com.cn
　网址　https://www.ptpress.com.cn
　固安县铭成印刷有限公司印刷
◆ 开本：787×1092　1/16
　印张：17.75　　　　　　　　2022 年 3 月第 1 版
　字数：427 千字　　　　　　 2024 年 12 月河北第 5 次印刷

定价：79.80 元

读者服务热线：(010)81055256　印装质量热线：(010)81055316
反盗版热线：(010)81055315
广告经营许可证：京东市监广登字 20170147 号

本书编委会

主　编　王瑞锦

编　委（按姓氏笔画排序）

文淑华　刘明哲　李冬芬　张凤荔

张萌洁　陈　厅　陈　辰　陈　晶

岳境涛　傅　翀

序言

2019 年 10 月 24 日，中共中央政治局就区块链技术发展现状和趋势进行第十八次集体学习，习近平总书记在主持学习时强调，区块链技术的集成应用在新的技术革新和产业变革中起着重要作用。我们要把区块链作为核心技术自主创新的重要突破口，明确主攻方向，加大投入力度，着力攻克一批关键核心技术，加快推动区块链技术和产业创新发展。

2020 年 4 月 30 日，教育部印发《高等学校区块链技术创新行动计划》正式发布，文件提出，要引导高校汇聚力量、统筹资源、强化协同，提升区块链技术创新能力，加快区块链技术突破和有效转化。2020 年初，教育部高等学校计算机类专业教学指导委员会参与审核的“区块链工程（080917T）”获批成为新增本科专业，两年来已有 15 所高校设置区块链工程专业。

2020 年 7 月，信息技术新工科产学研联盟组织编写并发布了《区块链工程专业建设方案（建议稿）》。该方案依据《普通高等学校本科专业类教学质量国家标准》（计算机类教学质量国家标准）编写，内容涵盖区块链工程专业的培养目标、培养规格、师资队伍、教学条件、质量保证体系、区块链工程专业类知识体系、专业类核心课程建议、人才培养多样化建议等。该方案为高等学校快速、高水平建设区块链工程专业提供了重要指导。

区块链技术和产业的发展，需要人才队伍的建设作支撑。区块链人才的培养，离不开高校区块链专业的建设，也离不开区块链教材的建设。为此，人民邮电出版社面向国内区块链行业的人才需求特征和现状，以促进高等学校专业建设适应经济社会发展需求为原则，组织出版了“区块链技术开发系列”丛书。本系列丛书也入选了“十四五”国家重点出版物出版规划项目。

本系列丛书从整体上进行了系统的规划，案例以国内的自主创新为主。系列丛书编委会和作者们在深刻理解、领悟国家战略与区块链产业人才需求及《区块链工程专业建设方案（建议稿）》的基础上，将区块链技术的起源、发展与应用、体系架构、密码学基础、合约机制、开发技术与方法、开发案例等内容，按照产业人才培养需求，用通俗易懂的语言，系统地组织在该系列教材之中。

其中，《区块链导论》《区块链密码学基础》涵盖区块链技术的发展与特点、体系结构、区块链安全、密码学理论基础等内容，辅以典型应用案例。《Go 语言区块链开发实战》《Python 语言区块链开发实战》《Rust 语言区块链开发实战》《Solidity 智能合约设计与开发》这 4 种不同语言的区块链开发实战教材，通过不同的区块链工程应用案例，从不同侧面介绍了区块链开发实践；这4本书可以有效提升区块链人才的开发水平，培养具有不同专业特长的高层次人才，有助于培育一批区块链领域领军人才和高水平创新团队。《区块链技术及应用》一书，通过典型工程案例，为读者展示了区块链技术与应用的分析方法和解决方案。

难能可贵的是，来自教育部高等学校计算机类专业教学指导委员会、信息技术新工科产学研联盟、国内一流高校以及国内外区块链企业的专家、学者、一线教师和工程师们，积极加入到系列教材的编委会和作者团队中，为深刻把握区块链未来的发展方向、引领区块链技术健康有序发展作出了重要贡献，同时通过丰富的理论研究和工程实践经验在教材编写中建立了理论到工程应用案例实践的知识桥梁。本系列丛书不仅可以作为高等学校区块链工程专业的系列教材，还适用于业界培养既具备正确的区块链安全意识、扎实的理论基础，又能从事区块链工程实践的优秀人才。

我们期待本系列丛书的出版能够助力我国区块链产业发展，促进构建区块链产业生态；加快区块链与人工智能、大数据、物联网等前沿信息技术的深度融合，推动区块链技术的集成创新和融合应用；能够提高企业运用和管理区块链技术的能力，使区块链技术在推进制造强国和网络强国建设、推动数字经济发展、助力经济社会发展等方面发挥更大作用。

陈钟

教育部高等学校计算机类专业教学指导委员会副主任委员

信息技术新工科产学研联盟副理事长

北京大学信息科学技术学院区块链研究中心主任

2021年9月20日

前言

区块链是当前的热门话题之一。作为衍生自加密“数字货币”的底层技术，区块链技术对商业、社会和政治体系都具有深远的影响，甚至可以说，区块链技术代表着一种新的社会风潮。近年来，区块链技术得到了快速普及，其研究和应用呈现出爆发式增长的态势。区块链被认为是继大型机、个人计算机、互联网、移动/社交网络之后计算范式的第五次颠覆性创新。

区块链技术是未来科技领域里的核心技术之一，它不仅能够去除繁杂的中间机构，降低企业的运行成本，还能建立一个公开透明的数据存储机制，可以提升机构的运行效率。此外，一系列的实践证明区块链技术是解决信任问题的有效手段。例如，2008 年以来，比特币和其他一系列“数字货币”的发展证明了区块链技术可以解决交易中的信任问题；而 2013 年以来启动的以太坊项目，则大大拓宽了区块链技术的应用领域，为打造真正可用的智能合约技术奠定了基础。总的来说，对各个行业，特别是保险、证券和银行等所在的金融行业，采用区块链技术是降低运行成本、提高系统安全性和可靠性、解决信任问题的有效手段。

然而，世界上没有绝对安全的系统。区块链在未来可能会成为电子货币、交易记录存储、公证业务和知识产权保护等关键业务的核心技术，因此对其进行安全性分析，探讨可能的攻击、威胁和技术漏洞，是十分有必要的。

❖ 本书内容

本书共 9 章，递进地介绍区块链技术的主要内容。

第 1 章主要对区块链进行概要介绍。

第 2 章主要介绍区块链系统底层开发会用到的模块、图形界面的开发和 Web 的开发。

第 3～5 章主要介绍区块链开发必备的密码学基础、数据存储技术，以及区块链网络构建。

第 6 章、第 7 章主要介绍以太坊技术和区块链技术改进。

第 8 章简要分析区块链的安全性问题。

第 9 章则提供了区块链项目实战案例。

❖ 本书特色

1. 科学的内容架构，通俗的知识讲解

本书以区块链的开发基础、核心技术、技术改进、安全分析以及项目实战案例为主线，全面、

系统地阐述了区块链技术的经典理论体系结构。全书以朴素的语言和浅显的案例，采用深入浅出、通俗易懂的语言进行讲解，注重知识结构的基础性、系统性和完整性，兼顾技术内容的通用性和先进性。

2. 详细的代码讲解，丰富的配套服务

本书辅以大量代码，核心技术章节融入编程案例，并且每段代码附有详细的注释，从实战的角度对技术细节进行诠释，帮助零基础读者的入门理解和学习。作者还为本书打造了配套的PPT、教学大纲、教案、微课视频、源代码、课后习题答案等教辅资源，全方位帮助教师开展教学。

本书由王瑞锦担任主编，参与本书具体编写工作的有王瑞锦、李冬芬、岳境涛、陈厅、陈晶、刘明哲、傅翀、张凤荔、陈辰、文淑华、张萌洁等。在本书的编写过程中，电子科技大学的硕士研究生唐榆程、郭上铜、王雪婷、韩迪雅、张志扬等参与了部分工作，电子科技大学的本科生袁昊男、郑博文、吕烈羽、谭沸泓、吴邦彦、刘家希、吴思凡等做了不少书稿资料和插图收集的工作，在此对所有参与本书编写工作的老师和同学表示衷心感谢。此外，编写团队还参考了大量文献，在此特向这些文献的作者表示感谢。本书得到了教育部产学合作协同育人项目（202002076006、201801076014、201802095001）、电子科技大学2019—2020年度规划教材建设项目的资助。

由于编者水平有限，书中难免存在不足及疏漏之处，希望广大读者批评指正，编者将不胜感激。

编者

2021年10月于电子科技大学

目　录

第 1 章　区块链概述·····1

1.1　什么是区块链·····1

1.1.1　区块链的定义·····1

1.1.2　区块链的特点·····2

1.1.3　区块链与大数据、云计算的关系·····2

1.1.4　区块链的局限性·····4

1.2　区块链的发展·····4

1.2.1　区块链的发展历程·····4

1.2.2　区块链发展的三个阶段·····12

1.3　区块链的分类·····13

1.3.1　公有链·····13

1.3.2　联盟链·····13

1.3.3　私有链·····14

1.3.4　侧链·····14

1.3.5　互联链·····14

1.4　区块链体系结构·····15

1.5　区块链+应用·····16

本章小结·····21

思考题·····22

第 2 章　区块链开发基础·····24

2.1　Python 的特点和应用领域·····24

2.2　模块·····24

2.2.1　使用和安装·····24

2.2.2　基本模块·····25

2.3　基于 Tkinter 的图形界面开发·····26

2.4　Web 开发·····28

2.4.1　HTTPS 简介·····28

2.4.2　Web 框架·····28

本章小结·····29

思考题·····29

第 3 章　区块链核心技术解析·····30

3.1　区块链加密技术·····30

3.1.1　安全哈希函数·····30

3.1.2　加解密技术·····36

3.1.3　时间戳技术·····41

3.1.4　梅克尔树技术·····41

3.1.5　数字签名·····42

3.1.6　数字证书·····45

3.1.7　密钥分存·····46

3.1.8　匿名技术·····46

3.1.9　隐私模型·····47

3.2　区块链核心问题·····47

3.2.1　一致性问题·····47

3.2.2　拜占庭将军问题与算法·····49

3.2.3　FLP 不可能原理·····51

3.2.4　CAP 原理·····52

3.3　区块链共识机制·····53

3.3.1　PoW 机制·····53

3.3.2　PoS 机制·····54

3.3.3　DPoS 机制·····55

3.3.4　分布式一致性算法·····56

3.3.5　共识机制比较·····62

3.3.6　跨链共识机制·····62

3.4　编程案例·····68

3.4.1　实现 MD5 算法·····68

3.4.2 实现 RSA 算法 …… 71
本章小结 …… 73
思考题 …… 73

第 4 章 区块链数据存储 …… 74

4.1 哈希指针与区块链 …… 74
4.1.1 哈希指针 …… 74
4.1.2 区块链 …… 74
4.2 梅克尔树简介 …… 75
4.2.1 二叉树 …… 75
4.2.2 梅克尔树 …… 76
4.3 区块链存储案例分析 …… 77
4.3.1 100%准备金证明 …… 77
4.3.2 分布式存储 …… 78
4.4 编程案例 …… 79
4.4.1 实现哈希列表 …… 79
4.4.2 实现梅克尔树 …… 81
本章小结 …… 84
思考题 …… 84

第 5 章 区块链网络构建 …… 85

5.1 网络架构 …… 85
5.1.1 网络中的节点 …… 85
5.1.2 区块链的运行机制 …… 86
5.2 去中心化 …… 87
5.2.1 去中心化的定义 …… 87
5.2.2 工作量证明机制 …… 88
5.2.3 区块链共识 …… 89
5.3 基于开源区块链项目 …… 91
5.3.1 Hyperledger …… 91
5.3.2 InterLedger …… 92
5.3.3 Steem …… 94
5.4 编程案例 …… 95
5.4.1 实现私有链 …… 95
5.4.2 实现公有链 …… 108
本章小结 …… 125
思考题 …… 125

第 6 章 以太坊与智能合约技术解析 …… 126

6.1 以太坊技术 …… 126
6.1.1 以太坊整体架构 …… 126
6.1.2 以太坊核心名词 …… 127
6.1.3 以太坊单位与 Gas …… 128
6.1.4 叔块与奖励计算 …… 128
6.1.5 以太坊智能合约 …… 129
6.2 超级账本项目 …… 131
6.2.1 Fabric 项目 …… 132
6.2.2 Sawtooth Lake 项目 …… 135
6.2.3 Libra 项目 …… 137
6.3 智能合约开发框架 Truffle …… 139
6.3.1 Truffle 框架的特性 …… 140
6.3.2 基于 Truffle 框架的实例 …… 140
6.4 编程案例 …… 151
6.4.1 利用 Solidity 实现一个拥有投票功能的智能合约 …… 151
6.4.2 宠物商城 …… 153
本章小结 …… 162
思考题 …… 162

第 7 章 区块链技术改进 …… 163

7.1 增强匿名性 …… 163
7.1.1 区块链的匿名性分析 …… 163
7.1.2 混币交易 …… 164
7.1.3 零知识证明 …… 165
7.2 加强去中心化 …… 166
7.2.1 挖矿市场研究 …… 166
7.2.2 反矿机挖矿算法 …… 170

7.2.3 Scrypt 算法……171
7.2.4 混合哈希函数……172
7.2.5 矿池与反矿池挖矿算法……173
7.2.6 中心化与去中心化之争……174
7.3 能源消耗与生态环保……175
7.3.1 工作量证明机制的能源消耗……176
7.3.2 有效工作量证明……176
7.3.3 虚拟挖矿……178
7.3.4 改进的 PBFT 算法……179
7.4 功能扩展与性能改进……184
7.4.1 共同挖矿……184
7.4.2 侧链（跨链）结构……186
7.4.3 闪电网络……190
7.4.4 基于区块链的随机数发生器……192
7.5 编程案例……194
7.5.1 实现 Scrypt 加密算法……194
7.5.2 实现随机并联混合哈希算法……195
7.5.3 实现有效工作量证明算法……200
本章小结……201
思考题……202

第 8 章 区块链安全性分析……203

8.1 针对区块链的恶意攻击与应对策略……203
8.1.1 针对区块链系统的 DDoS 攻击……203
8.1.2 分叉攻击……204
8.1.3 拒绝服务攻击……207
8.1.4 临时保留区块攻击……208
8.1.5 区块丢弃攻击……208
8.1.6 惩罚分叉攻击……209
8.1.7 虚拟挖矿的潜在风险……210
8.2 针对分布式存储的攻击和防御……211
8.2.1 Sybil 攻击和 Eclipse 攻击……211
8.2.2 基于工作量证明机制的 Sybil 攻击防御方案……212
8.3 攻击案例分析……213
8.3.1 币安黑客事件……213
8.3.2 “The DAO”事件与以太坊分叉……216
8.4 编程案例……219
8.4.1 模拟分叉攻击……219
8.4.2 模拟防御 Sybil 攻击……220
本章小结……221

第 9 章 区块链项目实战案例……222

9.1 基于区块链的婚恋平台开发……222
9.1.1 设计系统整体架构……222
9.1.2 实现矿工节点……224
9.1.3 实现二级机构节点……243
9.2 基于区块链的智能物联网协作控制系统开发……255
9.2.1 网络架构……255
9.2.2 实现智能物联网节点……256
本章小结……270

参考文献……271

第1章 区块链概述

【本章导读】

本章首先介绍区块链的定义、特点，区块链与大数据、云计算的关系；然后介绍区块链的发展历程；接着阐述区块链的分类和体系结构；最后分析区块链的应用领域。后文将在此基础上更详细地阐述区块链的各种技术与原理，并对区块链进行更深入的探索。

1.1 什么是区块链

1.1.1 区块链的定义

提到区块链，有人认为区块链就是比特币，这是狭义的、错误的认识。其实，比特币（Bitcoin）是一种网络虚拟货币，是区块链应用的一种呈现方式，区块链并不等同于比特币。区块链是比特币的基础架构和底层技术，而比特币是区块链的一种应用。区块链是点对点传输、分布式数据存储、加密算法、共识机制等技术在互联网时代的创新应用模式。

区块链包含两个概念：分布式账本和智能合约。分布式账本是一个独特的数据库，这个数据库就像一个网络，每个使用区块链的人都会建立一个个人分布式账本。通过数学和密码学方法的处理，个人分布式账本可以始终记住一个固定的序列，并且内容不会被篡改。智能合约是交易双方相互联系的约定和规则，任何人都不能改变，以防止违约。

广义来讲，区块链技术（Blockchain Technology，BT）是利用块链式数据结构来验证与存储数据，利用分布式节点共识算法来生成和更新数据，利用密码学的方式保证数据传输和访问的安全，利用由自动化脚本代码组成的智能合约来编程和操作数据的一种全新的分布式基础架构与计算范式，最终由信息互联实现价值互联。

简单来讲，区块链的实质是一个由多方参与、共同维护、持续增长的分布式数据库，也被称为分布式共享总账（Distributed Shared Ledger）。其特点是分布式网络、可建立信任、公开透明和不可篡改。如果把数据库假设成一本账本，读写数据库就是一种记账行为。在一段时间内找出系统中记账最快、最好的人来记账，然后将账本的该页信息发给系统里的其他人，相当于改变数据库所有的记录，发给全网的每个节点。

区块链技术的优势主要体现在两方面：一是其分布式的存储架构，节点越多，数据存储的安全性越高；二是其防篡改和去中心化的巧妙设计，使得任何人都很难违背规则修改数据。

以网购交易为例，传统模式是：买方购买商品，将钱打到第三方支付平台，等卖方发货；买方确认收货后，再通知支付机构将钱打到卖方账户。由区块链技术支撑的交易模式则不同：买方和卖方能够直接交易，不用借助任何第三方平台。买卖双方交易成功后，系统会通过广播的形式将交易信息发布出去，所有收到信息的主机会在确认信息无误后将这笔交易记录下来，所有的主机都会为这次交易做好数据备份。即使今后某台主机出现问题，也不会影响数据记录，从而确保交易信息的不可否认性。

1.1.2 区块链的特点

区块链技术的主要特点如下。

1. 分布式网络

区块链以分布式网络为基础构建，数据库账本分散在网络中的每个节点上，每个节点都有一个该账本的副本，所有副本同步更新，而不是集中存放在数据中心或某个服务器上，这体现了去中心化的特点。

2. 可建立信任

区块链跟大数据多少有点不同，它从根本上改变了中心化的信用创建方式。区块链技术通过数学原理而非中心化信用机构来低成本地建立信用，以算法程序来表达规则，规则公开透明，通过共识协议和可编程化的智能合约，来执行多方协作的交易、交互的商业模式，不需借助第三方权威机构建立信任关系；同时可以引入法律规则和监管节点，避免无法预知的交易风险。

3. 公开透明

除了对交易各方的私有信息进行加密外，区块链数据对所有人公开透明，所有用户看到的是同一个账本，所有用户都能看到这一账本记录的每一笔交易，任何人都能通过公开的接口，对区块链数据进行查询，并能开发相关应用。

4. 不可篡改

密码学算法和共识机制保证了区块链的不可篡改性。所谓不可篡改，即信息一旦经过验证并添加到区块链，就会被永久地存储起来，除非同时控制系统中超过51%的节点，否则单个节点对数据库的修改是无效的。因此，区块链数据的稳定性和可靠性都非常高。

1.1.3 区块链与大数据、云计算的关系

1. 区块链和大数据的关系

在这个技术快速发展的时代，当很多人尚未弄清楚PC互联网的时候，移动互联网就来了；当很多人还不知道什么是移动互联网的时候，大数据就来了。而现在，很多人还没弄懂大数据，区块链就走入了人们的视野。那么，区块链与大数据究竟有着怎样的关系呢？

区块链主要在以下几个方面为大数据提供了更多的便利和更好的保障。

（1）数据安全。

区块链保证了数据的可靠性、安全性和不可篡改性，从而解放了更多的数据。用一个典型案例来说明，即区块链是如何促进基因测序大数据产生的呢？区块链基因测序可以使用私钥来限制访问权限，从而解除了一般情况下个人访问基因数据的限制。同时，区块链可以利用分布式计算资源，降低测序服务的成本。区块链对数据安全的保障为区块链基因测序产业化发展提供了解决方案，从而促进了全球范围内的测序，有效促进了数据的海量增长。

（2）数据开放共享。

政府拥有大量的高密度、高价值数据，如人口数据、交通数据等。目前，越来越多的政府选择向公众开放一些政府数据。政府数据公开是大势所趋，对促进整个社会经济的发展起着重要的作用。数据的开放虽然给社会发展带来了机遇，但也带来了许多困难和挑战：如何在开放数据的同时保护个人隐私？基于区块链的数据脱敏技术保证了数据隐私，为隐私保护下的数据开放提供了解决方案。数据脱敏技术采用了哈希函数等加密算法，例如，借助区块链技术的英格码系统，可以在不访问原始数据的情况下计算数据，从而保护了数据的隐私，消除了数据共享的信息安全问题。再如，员工可放心地开放访问其工资信息的路径，共同计算组内的平均工资，每个成员可以知道自己在小组中的相对位置，但不知道其他成员的工资。

（3）数据存储。

区块链技术可以使区块链网络中的所有节点都参与计算，相互验证信息的真实性，进而在整个网络中达成共识。从这个意义上说，区块链技术可以看作一种特定的数据库技术，改变集中数据容易招致复杂网络攻击。

（4）数据分析。

实现数据价值的核心在于数据分析，而数据分析需要解决的问题包括有效保护个人隐私和防止核心数据泄露。例如，随着指纹数据分析应用、基因数据检测和分析方法的普及，许多人开始担心个人医疗数据的泄露，这可能会导致严重的后果。但是，区块链技术可以通过数字签名、加密技术、安全等多方计算技术来防止这种情况的发生。数据经哈希算法处理后存储在区块链上，通过数字签名技术，确保只有经过授权的人才能访问数据。在区块链上存储数据不仅可以确保数据的私密性，还可以为全球需要数据的机构或个人提供便利，进一步挖掘数据的价值。

（5）数据流通。

区块链上的交易被全网认可，公开透明，并且可以追溯。根据这些特征，将有价值的数据资产放在区块链上进行注册和交易，不仅可以明确大数据资产的来源、所有权和使用权，还可以明确数据资产的流通路径，对数据资产交易具有重要价值。一方面，区块链可以消除中介复制数据的威胁，有利于建立可信的数据资产交易环境；另一方面，区块链提供了一种跟踪路径的方法，可以有效地解决数据所有权的问题。因此在区块链的保障下，大数据自然会变得更加活跃。

2. 区块链和云计算的关系

云计算是一种按需分配、按使用量付费的模式，用户只要进入可配置的计算资源共享池，进行必要的管理或与服务提供者进行少量交互，这些资源就能被快速提供。区块链则建立了一个信任系统。两者似乎没有直接的关系。但是区块链本身就是一种资源，并且存在按需供应的需求，这实际上也是云计算的重要特点。云计算和区块链是可以相互融合的，这种融合是如何实现的呢？

从宏观的角度来看，一方面，区块链可以使用现有的云计算基础服务设施或根据实际需求进行相应的改变，加快开发和应用流程，以满足初创企业、学术机构、开源机构、联盟和金融等机构对区块链应用的需求；另一方面，"可信、可靠、可控"是云计算必须跨越的门槛，而区块链技术的特点是分布式网络、可建立信任、公开透明和不可篡改，这与云计算的长期发展目标是一致的。

从存储的角度来看，云计算中的存储和区块链中的存储都是由普通存储介质组成的；不同之处在于，云计算中的存储是一种独立存在的资源，一般采用共享的方式，由应用来选择；

区块链中的存储指的是链中每个节点的存储空间，区块链中存储的价值不是存储本身，而是相互链接的块，这是一种特殊的存储服务。

从安全性的角度来看，云计算的安全性主要是为了保证应用程序能够安全、稳定、可靠地运行，这种安全属于传统安全的范畴。区块链中的安全性是确保每个数据块不被篡改，并且没有私钥的用户不能读取数据块的记录内容。因此，只要将云计算和基于区块链的安全存储产品结合起来，就可以设计出加密存储设备。

总之，区块链与云计算紧密结合，在基础设施即服务（Infrastructure as a Service，IaaS）、平台即服务（Platform as a Service，PaaS）、软件即服务（Software as a Service，SaaS）的基础上创造出区块链即服务（Blockchain as a Service，BaaS），形成将区块链技术框架嵌入云计算平台的结合发展趋势。

1.1.4 区块链的局限性

作为近年来兴起的新技术，区块链仍面临一些制约其进一步发展和广泛应用的障碍，包括潜在的安全隐患、底层技术的挑战以及隐私保护等。

1. 运行安全风险

区块链把密码学、分布式存储等技术融为一体，但这并不意味着它本身是没有漏洞的。目前它面临“51%攻击”“自私挖矿”这样一些攻击方式，还有私钥和终端安全问题，以及共识机制安全问题等。据统计，我国大型矿池的算力已占全网总算力的60%以上，理论上这些矿池可以通过合作实施“51%攻击”，从而实现比特币的双重支付。

2. 系统效率及可扩展性问题

区块链使用多节点冗余方式保证数据存储的去中心化，这意味着对存储空间的极大浪费，且对整个链内大多数节点做一次更新非常耗时；区块链网络的价值正比于其节点规模，价值越高的网络越浪费、效率越低。

区块链具有共识机制，这使得每个参与的节点都必须验证交易，从而限制了在给定时间内可以进行的交易数量。尽管存在诸如分布式账本技术（Distributed Ledger Technology，DLT）之类的解决方案来增加每秒可以进行的交易的数量，但是在区块链网络中进行的交易的速度仍然会受到限制。由于区块链是不可变的分布式区块链，区块链区块数的增长速度非常快，这可能会导致严重的存储问题。

3. 隐私泄露风险

随着区块链技术在各个领域的广泛应用，区块链面临着严重的数据隐私泄露风险。用户使用区块链过程中，个人基本身份信息数据和交易信息数据极易被泄露。攻击者通过地址聚类等技术来判别多个账户是否属于同一用户，挖掘用户真实信息，导致用户的数据隐私泄露。简言之，用户的身份信息与交易信息易被攻击者获取。

1.2 区块链的发展

1.2.1 区块链的发展历程

区块链技术有一段漫长而有趣的历史。

1969 年，美军在阿帕网（ARPA）制定的协定下，将美国西南部的加利福尼亚大学洛杉矶分校、斯坦福大学研究学院、加利福尼亚大学圣塔芭芭拉分校和犹他州大学的 4 台主要计算机连接起来。这一最早的网络连接标志着互联网的诞生，此后互联网从美国的 4 所研究机构扩展到整个地球。互联网的出现，为区块链乃至各种网络协议的诞生奠定了物理基础。

1974 年，由美国科学家文顿·瑟夫（Vinton Cenf）和罗伯特·卡恩（Robert Kahn）共同开发的互联网核心通信技术——TCP/IP 正式“出台”，互联网发展迈出了最为关键的一步。TCP/IP 参考模型由网络接口层、网络层、传输层和应用层组成，如图 1-1 所示。这个协议实现了在不同计算机甚至不同类型的网络间的信息传送。所有连接在网络上的计算机，只要遵照这个协议，都能够进行通信和交互。理解 TCP/IP 对掌握互联网和区块链有非常重要的意义，在 1974 年 TCP/IP 出现之后，整个互联网的底层硬件设备、中间的网络协议和网络地址一直比较稳定，但在顶层即应用层的创新应用不断涌现，包括电子商务、社交网络等，也包括区块链等技术。也就是说在互联网的技术生态中，区块链是互联网顶层即应用层的一种新技术，它的出现、运行和发展没有影响到互联网底层的基础设施和通信协议，区块链技术依然是按 TCP/IP 运转的众多技术之一。

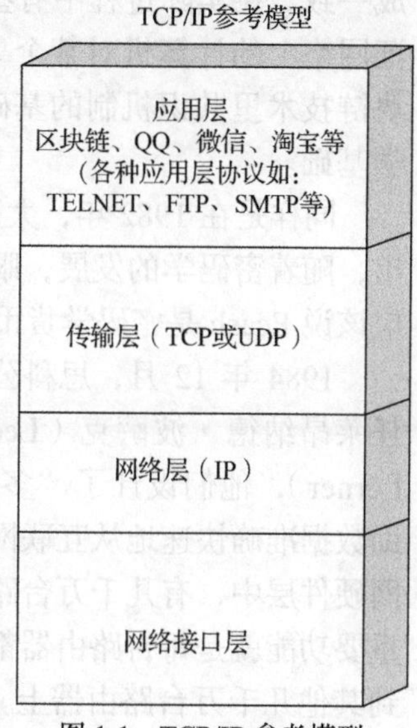

图 1-1　TCP/IP 参考模型

1976 年，贝利·迪夫（Bailey Diffie）、马丁·赫尔曼（Martin Hellman）两位密码学专家发表了论文《密码学的新方向》，论文覆盖了未来几十年密码学所有的新的发展方向，包括非对称加密、椭圆曲线、哈希等算法，奠定了迄今为止整个密码学的发展方向，对区块链的技术和比特币的诞生起到了决定性作用。

同年，发生了另外一件看似完全不相关的事情——哈耶克（Hayek）出版了他人生中最后一本经济学方面的专著——《货币的非国家化》。书中所提出的非主权货币、竞争发行货币等理念，可以说是去中心化货币的精神指南。

紧接着在 1977 年，RSA 算法诞生，可以说这是 1976 年《密码学的新方向》的自然延续，三位发明人也因此在 2002 年获得了图灵奖。

到了 1980 年，拉尔夫·梅克尔（Ralph Merkle）提出了梅克尔树（Merkle-Tree）的数据结构和相应算法，其在后来的主要用途之一是在分布式网络中校验数据同步的正确性，这也是比特币中进行区块同步校验的重要手段。值得指出的是，在 1980 年，哈希算法、分布式网络都尚未出现，例如 SHA-1、MD5 等算法都是在 20 世纪 90 年代诞生的。在那时梅克尔就提出了这样一个对后来密码学和分布式计算起到重要作用的数据结构，多少有些令人惊讶。不过，如果考虑到梅克尔的背景，就知道这事决非偶然：因为他就是《密码学的新方向》的两位作者之一赫尔曼的博士生，实际上《密码学的新方向》也正是梅克尔的博士阶段的研究方向。据说梅克尔实际上是《密码学的新方向》主要作者之一，只是因为当时是博士生，没有收到发表这个论文的学术会议的邀请，才没能在论文上署名，也因此与 40 年后的图灵奖失之交臂。

1982 年，莱斯利·兰波特（Leslie Lamport）等人提出拜占庭将军问题，这标志着分布式计算的可靠性理论和实践进入了实质性阶段。拜占庭将军问题是解释一致性问题的一个虚拟模型。拜占庭是古东罗马的首都，由于地域宽广，守卫的将军需要通过信使传递消息，达成一致的决议。但由于将军中可能存在叛徒，这些叛变的将军可能会发送错误的消息，干扰其他将军的决议。拜占庭问题的提出是为了解决在这种情况下，怎样让忠诚的将军们达成一致决议的问题。这个问题演变到计算机领域，就是使互联网中不同计算机通过通信达成一致。在实际过程中有些计算机可能出现错误，有些计算机有可能被黑客攻击，怎样保证网络上的计算机对某个事物达成一致就是这个理论模型要解决的问题。拜占庭问题是区块链技术里共识机制的基础。正因为有了这样的理论基础，才使区块链技术有了发展的科学基础。

同样是在 1982 年，大卫·乔姆（David Chaum）提出了密码学支付系统 Ecash。可以看出，随着密码学的发展，眼光敏锐的人已经开始尝试将其运用到货币、支付相关的领域了，应该说 Ecash 是密码学货币最早的先驱之一。

1984 年 12 月，思科公司在美国成立，创始人是斯坦福大学的一对夫妇，计算机中心主任莱昂纳德·波萨克（Leonard Bosack）和商学院的计算机中心主任桑蒂·勒纳（Sandy Lerner），他们设计了“多协议路由器”的联网设备，并将其放到互联网的通信线路中，帮助数据准确快速地从互联网的一端到达几千千米之外的另一端，如图 1-2 所示。在整个互联网硬件层中，有几千万台路由器在繁忙地工作，指挥互联网信息的传递，思科路由器的一个重要功能就是每台路由器都保存完整的互联网设备地址表，一旦发生变化，地址信息会同步到其他几千万台路由器上（理论上），以确保每台路由器都能计算最短、最快的路径。路由器的运转过程体现出区块链后来的重要特征——去中心化。对于路由器来说，不存在中心节点，即使有节点设备损坏或者被黑客攻击，也不会影响整个互联网信息的传送。

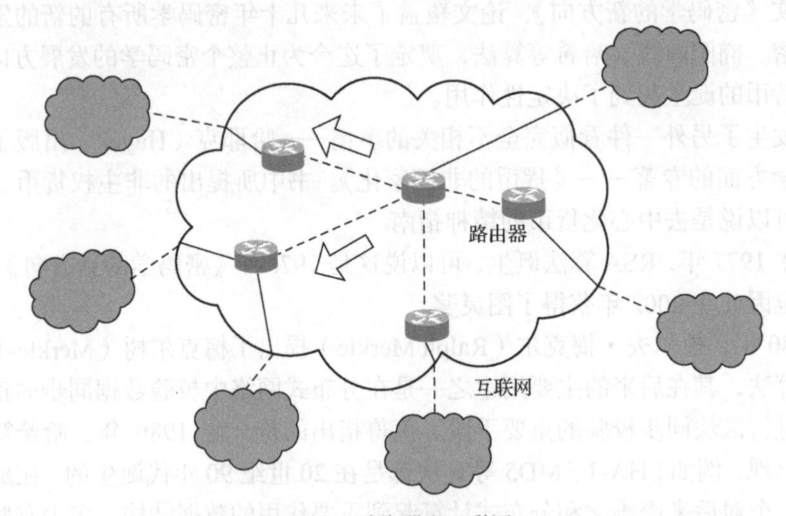

图 1-2　路由器和互联网

1985 年，尼尔·科布利茨（Neal Koblitz）和维克多·米勒（Victor Miller）各自独立地提出了椭圆曲线加密（Elliptic Curve Cryptography，ECC）算法。由于此前的 RSA 算法的计算量过大，很难应用到实际中，ECC 的提出才真正使得非对称加密体系产生了实用的可能。因此，可以说到了 1985 年，也就是《密码学的新方向》发表后 10 年左右的时候，现代密码学的理论和技术基础已经完全确立了。

1991 年，开始使用时间戳确保数字文件安全。斯图尔特·哈伯（Stuart Haber）与 W. 斯科特·斯托尔内塔（W. Scott Stornetta）于 1991 年提出利用时间戳确保数字文件安全的协议。

1993 年，辛西娅·德沃克（Cynthia Dwork）和莫尼·纳尔（Moni Naor）提出工作量证明（Proof of Work，PoW）的概念。PoW 机制依赖成本函数的不可逆特性，从而具有容易被验证但很难被破解的特性，最早被应用于阻挡垃圾邮件。

1969—1996 年，密码学、分布式网络以及电子货币等领域基本上处于缓慢发展的阶段。这种现象很容易理解：新的思想、理念、技术产生之初，总要有相当长的时间让读者去学习、探索、实践，然后才有可能出现突破性的成果。最终，从 1969 年开始，经过接近 30 年的时间，密码学、分布式网络和电子货币领域终于进入了快速发展的时期。

1997 年，亚当·贝克（Adam Back）发明了一种被称为哈希现金（HashCash）的"数字货币"。这是首个采用工作量证明机制的"数字货币"，之后工作量证明机制成为众多"数字货币"和区块链系统的核心机制。

同年，哈伯和斯托尔内塔提出了一个用时间戳的方法保证数字文件安全的协议，这个协议也成为区块链协议的原型之一。时间戳最大的特点就是当一条记录产生时会被盖上时间戳，之后它就不能被改动了。

到 1998 年，密码学货币的完整思想终于出现了。戴伟（Wei Dai）、尼克·萨博（Nick Szabo）同时提出了匿名分布式密码学货币的概念。戴伟的 B-money 引入了工作量证明机制，强调点对点交易和不可篡改的特性，每个节点分别记录自己的账本。这些特征与中本聪（Satoshi Nakamoto）的比特币论文中列出的特征非常接近，也因此 B-money 被认为是比特币的精神先驱之一，曾有人怀疑萨博就是中本聪。B-money 是第一个被提出的去中心化的"数字货币"系统，但遗憾的是，它只停留在设计阶段，没有给出具体的实现。

同时期，前文提及的 Ecash 宣布倒闭。虽然 Ecash 的实践以失败告终，但作为"数字货币"的先行者，Ecash 为后续的"数字货币"系统积累了大量经验。

综上所述，区块链技术早期的主要阶段总结如图 1-3 所示。

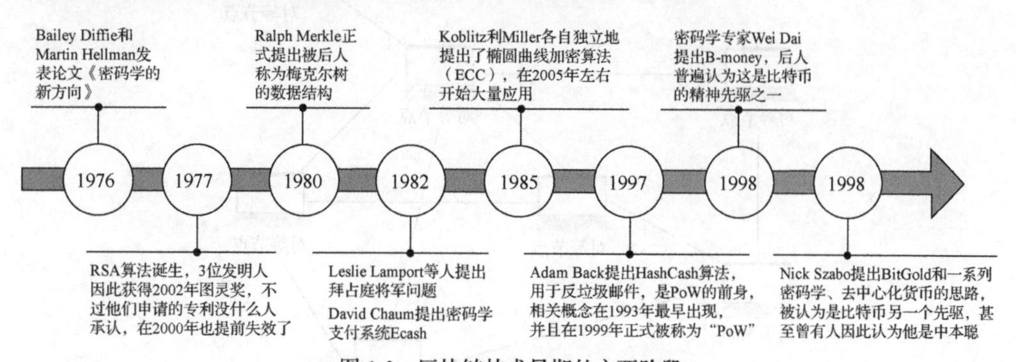

图 1-3 区块链技术早期的主要阶段

20 世纪末到 21 世纪初，区块链相关的领域又有了几次重大进展。首先是 C/S 架构和 B/S 架构的成熟。C/S 架构如图 1-4 所示，节点分为客户端和服务器端，所有更新的信息只在服务器端修改，其他几千、上万、甚至几千万的客户端计算机不保留信息，只有在访问服务器时才获得信息。如果这种客户端是浏览器，那么这种结构被称为 B/S 架构。无论是 C/S 架构还是 B/S 架构，都存在着中心机构。这种中心化架构也是目前互联网最主要的架构，包括 Google、Facebook、腾讯、阿里巴巴等"互联网巨头"都采用了这种架构。对区块链、去中心化有所了解的人应该清楚，这种中心化架构正是区块链试图颠覆的对象。

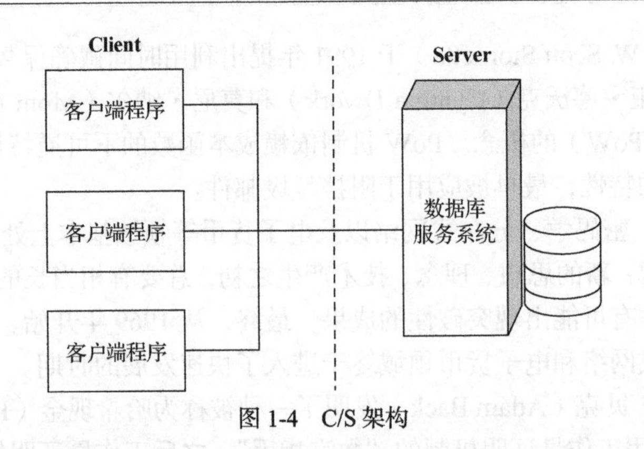

图 1-4　C/S 架构

同一时期，Napster 等端到端（Peer to Peer，P2P）网络先后出现，奠定了 P2P 网络计算的基础。对等网络 P2P 是另一种互联网的基础架构，它的特征是彼此连接的多台计算机都处于对等的地位，无主从之分，一台计算机既可作为服务器，设定共享资源供网络中其他计算机使用，又可以作为客户端，如图 1-5 所示。Napster 是最早出现的 P2P 网络之一，主要用于音乐资源分享。实际上 Napster 还不能算作真正的对等网络。2000 年美国在线（American Online，AOL）的 Nullsoft 部门发放了一个开放源代码的 Napster 的复制软件 Gnutella。在 Gnutella 分布式对等网络模型中，每一个联网计算机在功能上都是对等的，既是客户机同时又是服务器，所以 Gnutella 被称为第一个真正的对等网络架构。这一时期里，互联网"巨头"如 Microsoft、IBM，也包括自由份子、黑客、甚至侵犯知识产权的犯罪分子，不断推动 P2P 网络的发展。区块链就是一种 P2P 网络架构的软件应用，现今它已经成为 P2P 网络的标杆性应用。

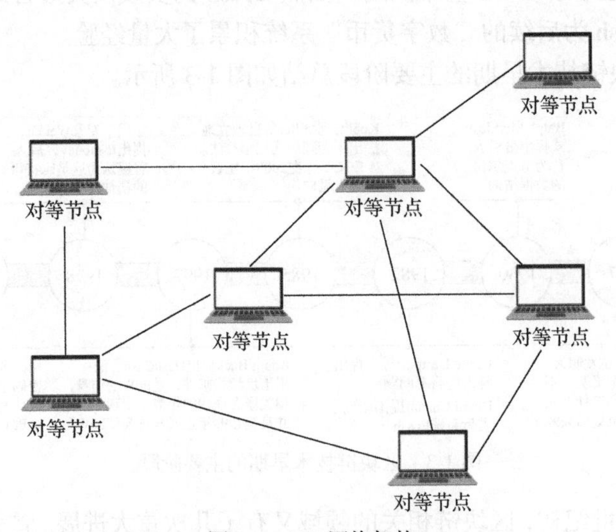

图 1-5　P2P 网络架构

同一时期里还发生了另外两件和区块链相关的事件。2001 年美国国家安全局（NSA）发布了 SHA-2 系列算法，其中就包括目前应用最广的 SHA-256 算法，这也是比特币最终采用的哈希算法。2004 年，PGP 加密公司的开发人员哈尔·芬妮（Hal Finney）推出了电子货币"加密现金"，在其中采用了可重复使用的工作量证明（Reusable Proof of Work，RPoW）机制，但是她的设想还是没有能够使电子货币成为一种世界型的虚拟货币。

实际上到了 2000 年左右，区块链的所有技术问题无论是在基础上还是理论上、实践上都得到了很好的解决。因此可以说，到了这一阶段，区块链的诞生只是时间问题了。

Napster 公司在 2001 年因法院判决其违法而关闭服务，2002 年正式破产。

2003 年 Handschuh 和 Gilbert 利用 Chabaud-Joux 攻击，理论上得到了 SHA-256 算法的一个部分碰撞，并证明了 SHA-256 算法可抵御 Chabaud-Joux 攻击。

2005 年，eDonkey2000 网络公司网站关闭，但是 eDonkey 网络仍然正常运行。王小云等人正式宣布推出 MD5、SHA-1 碰撞算法。

2007 年，BitTorrent 正式超越 eDonkey2000 网络，成为互联网最大的文件共享系统。

比特币诞生前夕的主要事件如图 1-6 所示。

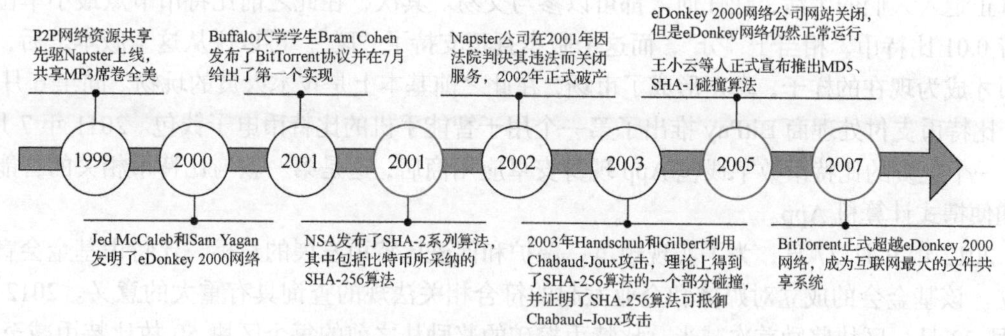

图 1-6　比特币诞生前夕的主要事件

2008 年 9 月，以雷曼兄弟银行的倒闭为开端，金融危机在美国爆发并向全球蔓延。为应对危机，世界各国政府和中央银行采取了史无前例的财政刺激方案和扩张的货币政策，从而对金融机构提供紧急援助。这些措施同时也引起了广泛的质疑。

2008 年 11 月 1 日，比特币创始人中本聪在密码学邮件组发表了一篇论文——《比特币：一种点对点的电子现金系统》。在这篇论文中，作者声称发明了一套新的不受政府或机构控制的电子货币系统，而区块链技术是支持比特币运行的基础。虽然从学术角度看，这篇论文远不能算是合格的论文（文章的主体是由 8 个流程图和对应的解释文字构成的，没有定义名词、术语，格式也很不规范），但对区块链和“数字货币”领域而言，这却是最重要的技术文献之一。

2009 年 1 月，中本聪在 SourceForge 网站发布了区块链的应用案例——比特币系统的开源软件。2009 年 1 月 3 日，中本聪在位于芬兰赫尔辛基的一个小型服务器上挖出了比特币的第一个区块——创世区块（Genesis Block），并获得了首批挖矿奖励——50 枚比特币。在创世区块中，中本聪写下这样一句话：“The Times 03/Jan/2009 Chancellor on brink of second bailout for banks（财政大臣站在第二次救助银行的边缘）。”新版本的比特币系统将它设定为 0 号区块，而旧版本的比特币系统将它设定为 1 号区块。据说在随后的一个月中，中本聪为自己挖出了超过 100 万枚比特币。2009 年 1 月 11 日，比特币客户端 0.1 版发布，这是比特币历史上的第一个客户端，它意味着更多人可以挖掘和使用比特币了。2009 年 1 月 12 日，中本聪发送了 10 枚比特币给密码学专家哈尔·芬尼，这也成为比特币史上的第一笔交易。

2010 年 7 月，比特币价格大涨，从 0.008 美元/比特币上涨到 0.080 美元/比特币，由于比特币的价格持续上升，积极的“矿工们”开始寻找提高计算能力的方法。专用的图形卡比传统的CPU更适合挖矿，因此比特币挖矿进入图形处理器（Graphics Processing Unit，GPU）时代。据称，矿工ArtForz是第一个成功实现在“矿场”上用个人的开放运算语言（OpenCL）进行GPU挖矿的人。2010年8月6日，比特币网络协议升级，比特币协议中的一个主要漏洞被发现：交易信息未经正确验证就被列入交易记录或区块链。这个漏洞被人恶意利用，生成了1840亿枚比特币，并被发送到两个比特币地址上。这笔非法交易很快就被发现，漏洞在数小时内修复，非法交易被从交易日志中删除，比特币网络协议也因此升级至更新版本。

2011年4月，比特币官方有正式记载的第一个版本0.3.21发布，尽管这个版本非常初级，但是意义十分重大。首先，由于它支持UPnP，实现了日常使用的P2P软件的能力，比特币才真正走入人们的生活，让任何人都可以参与交易。其次，在此之前比特币节点最小单位只支持0.01比特币，相当于“分”，而这个版本真正支持了“聪”。可以说从这个版本之后，比特币才成为现在的样子，真正形成了市场，在此之前基本上是技术人员的玩物。同年6月29日，比特币支付处理商BitPay推出了第一个用于智能手机的比特币电子钱包。2011年7月6日，一个免费的比特币数字钱包App现身安卓应用商店，这是第一款与比特币相关的智能手机和便携式计算机App。

2012年9月27日，为了实现规范、保护和促进比特币发展的目标，比特币基金会宣布成立。该基金会的成立对媒体和企业发起的符合相关法规的查询具有重大的意义。2012年11月28日，区块奖励首次减半，比特币挖矿的奖励从之前的每个区块50枚比特币减至25枚比特币，区块#210000是首个奖励减半的区块。

2013年，比特币发布了0.8版本，这是比特币历史上极其重要的版本，它完成了比特币节点本身的内部管理、网络通信的优化。也就是在这个版本以后，比特币才真正支持全网的大规模交易，成为中本聪当初设想的电子现金，真正产生了全球影响力。2013年11月29日，比特币价格首度超过黄金，比特币在Mt.Gox上的交易价格达到1242美元/比特币，同一时间的黄金价格为1241.98美元/盎司。

比特币早期发展的重要事件如图1-7所示。

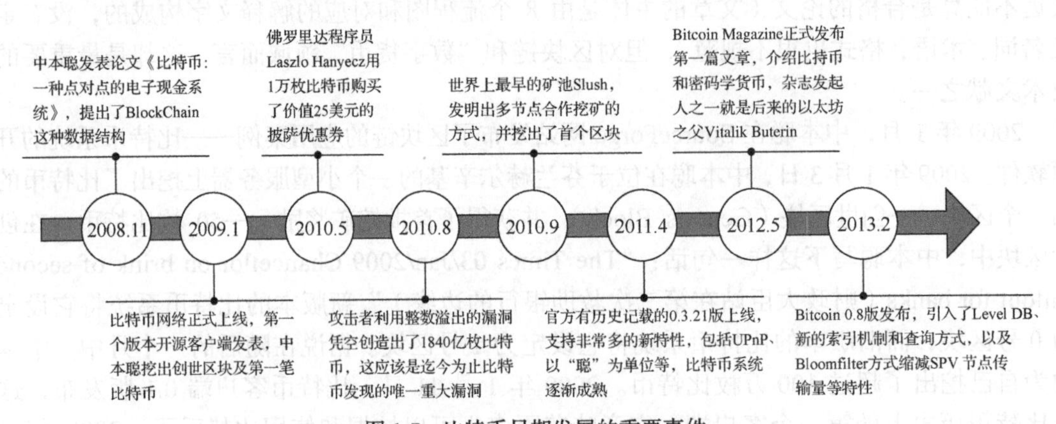

图1-7　比特币早期发展的重要事件

比特币后面的发展被越来越多的人熟知。例如算力的增长以及在GitHub上超过了1万个相关的开源项目等。

比特币近年来的重要事件如图1-8所示。

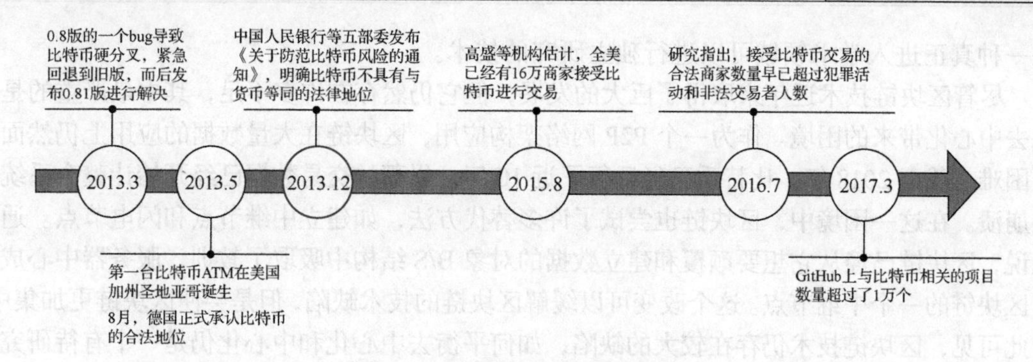

图 1-8　比特币近年来的重要事件

2013 年，以太坊创始人维塔利克 • 布特林（Vitalik Buterin）发布了以太坊初版白皮书，标志着可编程的区块链以太坊上线。它定义了去中心化应用平台的协议，借助于以太坊虚拟机（Ethereum Vitual Machine，EVM），可以执行任意复杂算法的编码，且采用友好的编程语言 JavaScript 和 Python 等开发应用。

以太坊技术发展的重要事件如图 1-9 所示。

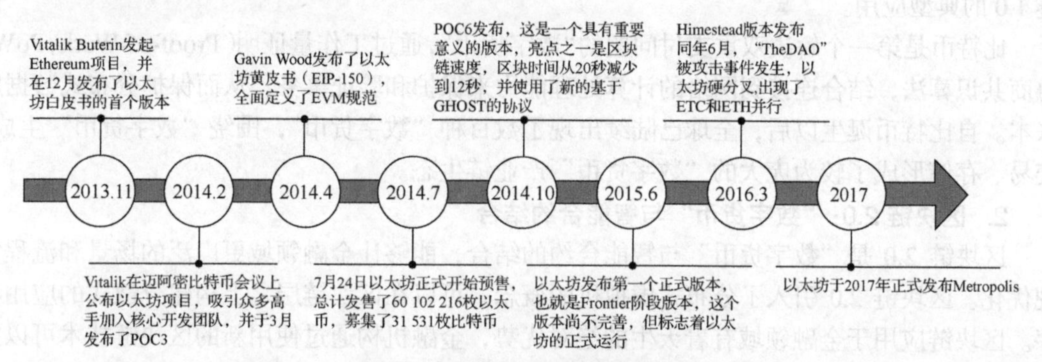

图 1-9　以太坊技术发展的重要事件

从技术的角度来看，智能合约、侧链、闪电网络等技术快速发展，区块链技术的共识机制目前也日渐成熟。同时也可以看到，2018 年比特币的全球算力就达到了 45.56EHash/s，表明“数字货币”和区块链技术进入了高速增长的时代。

从行业的角度来看，在全球范围内，区块链在知识产权、溯源、保险、存证、供应链等十几个领域都有了成功案例。不仅独立开发商，国内外多家金融机构、传统企业，也都纷纷开展了自己的区块链项目，无论是自行研发，还是和第三方合作，都证明区块链技术在行业的应用呈现火爆的趋势。

从政府的角度来看，各国在发展区块链技术上不断发力。2017 年，中华人民共和国工业和信息化部指导发布的区块链分布式账本的技术参考架构，证明政府对区块链是非常支持的。

从社会的角度来看，就不得不谈论经济数据。初步统计，截至 2016 年，全球已经有 656 种“数字货币”。截至 2017 年 4 月，“数字货币”总市值超过 300 亿美元，其中比特币占 80%。由于一些支付机构可以接受比特币支付，因此它实际上可以间接覆盖全球各地的商户，商家数量甚至达到数千万。区块链相关的学术论文已经有超过 20 000 篇。从这个角度也可以看出，区块链技术不再是依附于比特币、以太坊或任何“数字货币”的技术，而是一种真正进入学术领域可以进行独立研究的技术。

尽管区块链技术近年来取得了巨大的发展，但它仍然存在许多不足，其中最严重的是追求去中心化带来的困境。作为一个 P2P 网络架构应用，区块链在大量数据的应用上仍然面临着困难。截至 2018 年，比特币已经运行了近 10 年，累积的交易数据已经开始让整个系统面临崩溃。在这一困境中，区块链也尝试了许多替代方法，如建立中继节点和闪电节点。通俗地说，区块链已经从它想要颠覆和建立数据的对象 B/S 结构中吸取了教训，服务器中心成为了区块链的一个中继节点。这个改变可以缓解区块链的技术缺陷，但是会使区块链更加集中。由此可见，区块链技术仍存在较大的缺陷，如何平衡去中心化和中心化仍是一个有待研究的问题。

1.2.2 区块链发展的三个阶段

1. 区块链 1.0：比特币得到广泛应用

区块链 1.0 是以比特币为代表的“数字货币”应用，主要通过一个分布式分散的数据库将货币、支付、数据和信息存储分散化，以及通过分布式的数据库存储信息，比特币是区块链 1.0 的典型应用。

比特币是第一个解决双重支付问题的“数字货币”，通过工作量证明（Proof-of-Work，PoW）协商共识算法，结合连接到网络的计算处理能力来保护和验证事务，从而保护分布式数据库账本。自比特币诞生以后，全球已陆续出现了数百种“数字货币”，围绕“数字货币”生成、交易、存储形成了较为庞大的“数字货币”产业链生态。

2. 区块链 2.0：“数字货币”与智能合约结合

区块链 2.0 是“数字货币”与智能合约的结合，能够让金融领域更广泛的场景和流程实现优化。区块链 2.0 引入了分布式虚拟机的概念，可以在区块链层之上构建分散式的应用程序。区块链应用于金融领域有着天生的绝对优势，金融机构通过使用新的区块链技术可以提高运营效率，降低成本。更重要的是区块链 2.0 引入了图灵完备智能合约，允许多个微事务发生，可处理更大的事务量，如在以太坊，比特币每秒的交易次数从 7 次提高到 15 次，这是一个显著的提高。这对资产证券化、供应链金融、保险、跨境支付、银行征信、数字票据等泛金融领域的应用尤其重要。

3. 区块链 3.0：泛行业去中心化应用

区块链 3.0 是超越货币和金融范围的泛行业去中心化应用，特别是在政府、医疗、科学、文化和艺术等领域的应用。随着区块链技术不断成熟，其应用将带来以下几个方面的价值。

（1）推动新一代信息技术产业的发展。

区块链技术应用的不断深入，将为云计算、大数据、物联网、人工智能等新一代信息技术的发展创造新的机遇。例如，随着万向集团、微众等重点企业不断推动 BaaS 平台的深入应用，必将带动云计算和大数据的发展。这样的机遇将有利于信息技术的升级换代，也将有助于推动信息产业的跨越式发展。

（2）为经济社会转型升级提供技术支撑。

随着区块链技术广泛应用于金融服务、供应链管理、文化娱乐、智能制造、社会公益以及教育就业等经济社会各领域，其必将优化各行业的业务流程，降低运营成本，提升协同效率，进而为经济社会转型升级提供系统化的支撑。例如，随着区块链技术在版权交易和保护方面应用的不断成熟，其将对文化娱乐行业的转型发展起到积极的推动作用。

（3）培育新的创业创新机会。

国内外已有的应用实践证明，区块链技术作为一种大规模协作的工具，能促使不同经济体内交易的广度和深度迈上一个新的台阶，并能有效降低交易成本。例如，万向集团结合“创新聚能城”，构建区块链的创业创新平台，既为个人和中小企业创业创新提供平台支撑，又为将来应用区块链技术奠定了基础。我们可以预见的未来是：随着区块链技术的广泛运用，新的商业模式会大量涌现，为创业创新创造新的机遇。

（4）为社会管理和治理水平的提升提供技术手段。

随着区块链技术在公共管理、社会保障、知识产权管理和保护、土地所有权管理等领域的应用不断成熟和深入，其将有效提升公众参与度，降低社会运营成本，提高社会管理的质量和效率，对社会管理和治理水平的提升具有重要的促进作用。例如，蚂蚁金服将区块链运用于公益捐款，为全社会提升公益活动的透明度和信任度树立了榜样，也为区块链技术用于提升社会管理和治理水平提供了实践参考。

1.3　区块链的分类

1.3.1　公有链

公有链向公众开放，用户可以匿名参与，无须注册，可以在未经授权的情况下访问网络和区块链。节点可以自由选择进入和退出网络。任何人都可以查看公有链上的区块，任何人都可以在公有链上发送交易，任何人都可以随时参与网络上的共识形成过程，即决定哪个块可以加入区块链并记录当前的网络状态。公有链是真正意义上的完全去中心化的区块链。它使用密码学算法来确保事务不被篡改。同时，利用密码验证和经济激励，在彼此陌生的网络环境中建立共识，形成分散的信用机制。公有链中的共识机制通常是工作量证明机制或权益证明（Proof of Stake，PoS）机制，用户对共识形成的影响直接取决于用户在网络中拥有的资源比例。

公有链通常也被称为非许可链（Permissionless Blockchain），如比特币和以太坊等都是公有链。公有链一般适合于虚拟货币、面向大众的电子商务、互联网金融等 B2C、C2C 或 C2B 等应用场景。

1.3.2　联盟链

联盟链（Consortium Blockchain）仅限于联盟成员参与，区块链上的读写权限、参与记账权限按联盟规则来制定。由 40 多家银行参与的区块链联盟 R3 和 Linux 基金会支持的超级账本（Hyperledger）项目都属于联盟链架构。联盟链是一种需要注册许可的区块链，这种区块链也被称为许可链（Permissioned Blockchain）。

联盟链的共识过程由预先选好的节点控制。一般来说，它适合于机构间的交易、结算或清算等 B2B 场景。例如，在银行间进行支付、结算、清算的系统就可以采用联盟链的形式，将各家银行的网关节点作为记账节点，当网络上有超过 2/3 的节点确认一个区块，该区块记录的交易将得到全网确认。联盟链可以根据应用场景来决定对公众的开放程度。由于参与共识的节点比较少，联盟链一般不采用工作量证明的挖矿机制，而多采用权益证明或实用拜占庭容错（Practical Byzantine Fault Tolerant，PBFT）、Raft 等共识算法。联盟链对交易的确认时间、每秒交易数都与公有链有较大的区别，对安全和性能的要求也比公有链高。

联盟链网络由成员机构共同维护，网络一般通过成员机构的网关节点接入。联盟链平台应提供成员管理、认证、授权、监控、审计等安全管理功能。

1.3.3 私有链

私有链（Private Blockchain）仅供私有组织使用，对区块链的读写权限和参与记账权限是根据私有组织的规则制定的。私有链应用场景通常是企业内部的应用，例如数据库管理和审计。还有一些特殊的组织情况，例如政府行业中的一些应用：政府预算和执行，或政府行业统计。这通常是由政府登记的，但是公众有监督的权力。私有链的价值主要是提供一个安全的、可追溯的、不可篡改的、自动执行的运算平台，可以防范对数据的内部和外部的安全攻击，这在传统系统中是很难实现的。央行发行的“数字货币”可能是一种私有链。与联盟链相似，私有链也是一种许可链。

币科学（Coin Science）公司推出供企业建立私有链的多链（Multichain）平台。它提供保护隐私和权限控制的区块链平台，来克服在金融行业里碰到的推广区块链技术的障碍。多链的目标有以下 3 个。

（1）保证区块链上的活动只能由选择的参与者看到。

（2）引入机制来控制哪些交易是被允许的交易。

（3）提供安全的挖矿机制，同时不需要工作量证明和与其相关的成本。

1.3.4 侧链

比特币主要是根据其设计者中本聪的想法设计的一种虚拟货币系统。虽然它非常成功，但是它的规则已经相对固定，很难对比特币做出重大的改变，因为这些改变会导致分叉，影响现有的比特币用户。因此，在比特币平台上进行创新和拓展是非常困难的。一般来说，大多数的代币系统都是以比特币平台为基础来重建一个区块链，然后使用新的规则来发行新的虚拟货币。然而，这些新的代币系统很难获得人们的价值识别，通常的方法是与比特币挂钩，相当于使用比特币作为储备来发行代币，使代币的货币价值得到认可。但随之而来的问题是，如何自动保证令牌与比特币之间的联系？虚拟货币的一个特点是价格波动很大，大多数人不愿意持有波动大、流动性差的代币。一个直接的想法是通过比特币平台和代币平台的整合来实现实时挂钩。

2014 年，亚当·贝克等作者发表了一篇名为 *Enabling Blockchain Innovations with Pegged Sidechains* 的论文，意思是“用与比特币挂钩的侧链来提供区块链创新”。核心观点是“比特币”的区块链在概念上独立于作为资产的比特币。他希望技术能够支持在不同区块链上的资产转移，这样新的系统就可以重用原先的比特币。他提出了侧链（Side Chain）的概念。所谓的侧链，就是能和比特币区块链交互，并与比特币挂钩的区块链。

1.3.5 互联链

针对特定领域的应用可以在各自的垂直领域形成区块链。这些区块链将有互联需求，因此这些区块链也将通过某种互联互通协议进行连接。就像互联网一样，区块链上的这种互联构成了一个互联链，形成了一个全球性的区块链网络。

在未来，通过互联网，国际间的标准协议可以互联起来，这是一个最终的互联链，可能是区块链的最终发展趋势。国外有可能形成几个知名的区块链，成为国外事实上的区块链标准；国内也可能形成数个占主导地位的区块链，作为底层技术平台。国内区块链通过类似互联网的互联协议与国外区块链进行互联，最终形成“互联链”，直接影响人们生活的方方面面。

1.4　区块链体系结构

从系统设计的角度来看，区块链网络从下至上可抽象为 4 层，分别是数据与网络组织协议层、分布式共识协议层、智能合约层和人机交互层。类比国际标准化组织（International Organization for Standardization，ISO）制定的 OSI 模型，区块链网络层级和相关技术划分如图 1-10 所示。

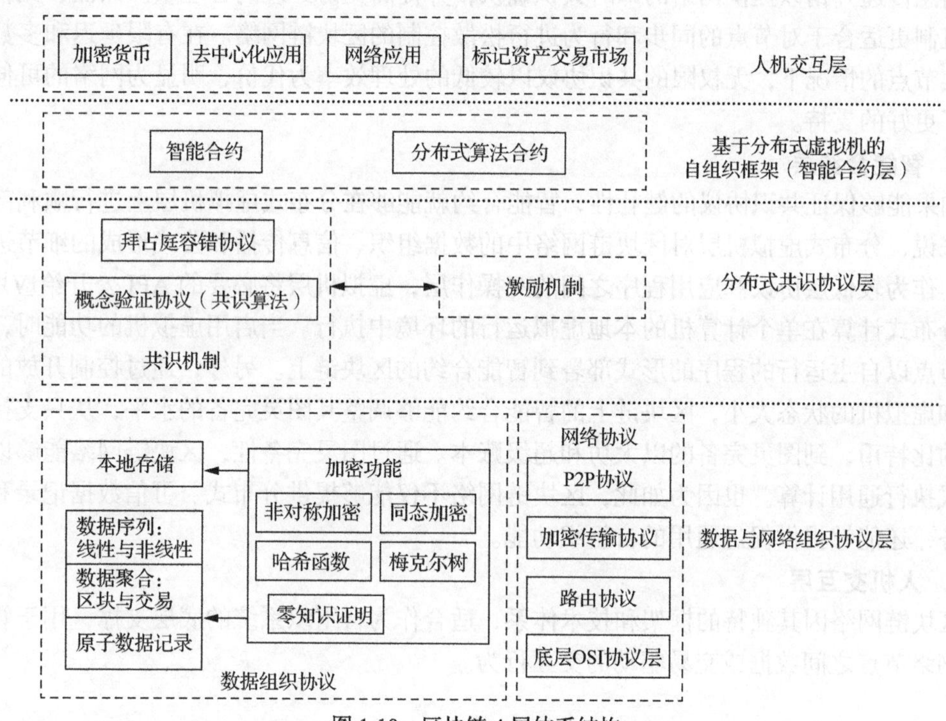

图 1-10　区块链 4 层体系结构

1. 数据与网络组织协议层

该层为区块链网络中各种独立并维持高安全性的节点提供了多种加密功能，协议同时还定义了节点为防止篡改而对账本信息进行本地存储时，如在交易和账户余额等记录间建立关联性加密的方法。从数据表示的角度来看，术语“区块链”的命名多取决于历史原因。在区块链 1.0 中，以比特币为代表，辅以数字签名的交易记录被随机打包存储为一种防篡改的加密数据结构，这种结构被称为“区块”。这些区块按照时间顺序组装为区块链，更确切地说，区块间通过哈希指针形成了难以被篡改的线性结构。然而，为了提高网络的处理效率、延展性和安全性，线性的数据结构在不同的应用和场景中被扩展为非线性形式，如树或图，甚至无实际区块。尽管区块的组织形式不同，加密形式的数据还是为区块链提供了隐私和数据完整性的基础保护功能。对比传统的数据库，它提供了更为高效的链式存储，而不会损害数据的完整性。网络协议确定了区块链网络的 P2P 形式，进行路由发现、维持和加密数据的传输/同步。

2. 分布式共识协议层

除了建立在 P2P 连接上的可靠数据传输外，分布式共识协议层为维护区块链网络中数据的排序与其本身的一致性和原创性提供了核心功能。从分布式系统设计的角度上看，分布式共识协议层也为网络提供了拜占庭容错协议。在点对点网络中，节点间希望就网络区块链的状态信息达成同步和一致，尤其是可能存在与原始数据相冲突的新输入和某些节点的拜占庭行为的情况下，节点各自更新的本地数据仍保持相同。在选择经许可的访问控制方案时，区块链网络通常会采用经过充分研究的拜占庭容错协议，如 PBFT，以在经过验证的小组节点之间达成共识。与此相反的是，在开放访问/许可的区块链网络中，协议是基于包括零知识证明和激励机制设计在内的技术组合实现的一种协议。共识协议依赖于半集中式共识框架和更高的信息传递开销以提供网络的即时共识确认，并提高交易处理的吞吐量。然而，无权限的共识机制更适合于对节点的同步和行为进行松散控制的区块链网络。在有限延迟和多数节点为诚实节点的情况下，无权限的共识协议以较低的处理效率为代价，明显为网络的可伸缩性提供了更好的支持。

3. 智能合约层

如果能够保证共识协议的健壮性，智能合约就能够在分布式虚拟机层上进行顺利部署。简单来说，分布式虚拟机层对区块链网络中的数据组织、信息传播和公式形成的细节进行了抽象。作为较低层协议和应用程序之间的互操作层，虚拟机层将必要的 API 公开给应用层，就像分布式计算在单个计算机的本地虚拟运行的环境中执行。当启用虚拟机的功能时，网络允许节点以自主运行的程序的形式部署到智能合约的区块链上。另外，通过控制开放的 API 数量和虚拟机的状态大小，区块链上的智能合约能够调整其图灵完备的水平，从只支持脚本语言的比特币，到图灵完备的以太坊和超级账本。通过图灵完备性，区块链网络能够以分散的方式执行通用计算。也因为如此，区块链网络不仅能够提供分布式、可信数据记录和时间戳服务，还能够提供促进通用的自组织功能。

4. 人机交互层

区块链网络因其独特的框架和技术体系，适合作为自组织系统的底层支撑，用于管理分布式网络节点之间数据或交易驱动的交互行为。

1.5 区块链+应用

“互联网+”时代是互联网技术和行业业务的深度融合，但互联网在信任的建立、维护以及安全上存在致命的先天缺陷。未来“互联网+”必须与“区块链+”相结合，或许可以弥补这个缺陷。区块链可以和很多行业结合，当前的“互联网+”向“区块链+”发展，可以使得业务交易更安全，交易成本更低，交易效率更高。

1. 区块链+金融

区块链在金融行业无疑会得到广泛的应用，在支付、结算、清算领域，区块链可以成为

“杀手级”的应用。例如在多方参与的跨地域、跨网络交易支付场景中，Ripple 交易支付就是一个很好的案例。在多方参与的结算、清算场景中，R3 联盟也在利用区块链技术构建银行间的联盟链。同时在多方参与的虚拟货币发行、流通、交易、股权（私募、公募）、债券、金融衍生品（包括期货、期权、次贷、票据）的交易（NASDAQLinq 平台案例），以及在众筹、P2P 小额信贷、小额捐赠、抵押、信贷等方面，区块链也可以提供公正、透明、信用托管的平台。在保险方面，区块链也可以应用于互助保险、定损、理赔等业务场景。

总之，区块链与金融行业有天然的契合性，可以衍生出如区块链+银行、区块链+跨境支付、区块链+供应链金融、区块链+证券、区块链+保险等应用项目。

2. 区块链+政府

区块链防伪、防篡改的特性能够广泛用于政府主管的产权、物权、使用权、知识产权和各类权益的登记方面，包括公共记录，如地契、不动产权证、车辆登记证、营业许可证、专利、商标、版权、软件许可、游戏许可、数字媒体（音乐、电影、照片、电子书）许可、公司产权关系变更记录、监管记录、审计记录、犯罪记录、电子护照、出生/死亡证、选民登记、选举记录、安全记录、法院记录、法医证据、持枪证、建筑许可证、私人记录、合同、签名、遗嘱、信托、契约（附条件）、仲裁、证书、学位、成绩、账号等方面的记录登记。

总之，区块链对政府业务的开展提供了很好的技术支撑，可以衍生出如区块链+基础信息保护、区块链+公民身份认定、区块链+政务信息公开、区块链+政府税收监管、区块链+救助资金监管、区块链+彩票网络发行等应用项目。

3. 区块链+医疗

区块链在医疗行业可以应用于诊断记录、医疗记录、体检记录、病人病历、染色体、基因序列的登记，也可以用在医生预约、诊所挂号等应用场景，以建立公平、公正、透明的机制。另外在药品、医疗器械及配件来源追踪、审计方面也有比较好的应用前景。

总之，区块链为医疗业务的开展提供了很好的技术支撑，可以衍生出如区块链+电子健康病例、区块链+“DNA 钱包”、区块链+药品防伪、区块链+蛋白质折叠等应用项目。

4. 区块链+物联网

区块链在物联网的应用非常广泛，尤其是在智能设备互联、协同、协作等方面具有明显的优势。如果说 10 年前选择互联网是坐上了动车的话，现在选择区块链+物联网就是坐上了火箭。万物互联是未来的发展趋势，例如最常见的家居智能系统使我们可以用一部手机远程控制家中的所有电器。近年来，随着科技的进步，物联网也已经得到了很大发展。利用区块链的智能合约，我们可以通过接口和物理世界的房间钥匙、酒店门卡、车钥匙、公共储物柜钥匙进行程序的对接，可以达到区块链上一手交钱、物理世界一手交货的原始交易的效果。

5. 区块链+农业

基于我国农业现状，农业可与区块链技术结合的方向有两个：商品化与农业保险。

区块链与商品化的结合可以让消费流程变得全透明。生产商可运用互联网身份标识技术，将生产出来的每件产品的信息全部记录在区块链中，在区块链中形成某一件商品的产出轨迹。举例来说，假如 A 自产了 5kg 非转基因大豆，于是他在区块链上添加一条初始记录：A 于某日生产了 5kg 大豆。接下来，A 把这 5kg 大豆卖给了去集市赶集的 B，于是区块链上又增加了一条记录：B 于某日收到了 A 的 5kg 大豆。之后，B 把大豆卖给了城里的早餐铺，区块链上新增记录：早餐铺于某日收到了 B 的 5kg 大豆。接着，早餐铺把大豆做成了豆浆。最终，当消费者购买豆浆时，只需在区块链上查询相关信息，就可以追溯豆浆的整个生产过程，从而鉴定真伪。

将区块链技术与农业保险相结合，不仅可以有效减少骗保事件，还能大幅简化农业保险的办理流程，提升农业保险的赔付智能化水平。例如，一旦检测到农业灾害，区块链就会自动启动赔付流程，这样一来，不仅赔付效率显著提升，骗保问题也将迎刃而解。

6. 区块链+能源

采用区块链技术，能源行业可建立公正、透明的能源交易多边市场和碳交易市场，达到在降低对手信用风险的同时减少支付和结算成本、提高效率的目的。概括而言，区块链在能源电力、能源生态系统和能源智能化调控3个方面应用前景广阔。

在能源电力方面，区块链能让每一度电都有迹可寻，进而从根源上防止窃电、漏电的发生。当所有的交易都记录在一本无法修改的账本上时，突然消失等行为将被视为异常情况。目前的电力系统已经有了智能化的趋势，买电和断电都可以通过智能电表来完成。基于去中心化的区块链技术的应用使你与邻居交换多余的电力成为可能。在未来，我们可以建立对每度电的数字映射关系。例如，如果你在屋顶安装太阳能发电机，每天可以产生5度电，但你每天只能使用3度电，其余的2度电将被归集到总网络中，邻居想用电的时候可以直接选择和你交易。

在能源生态系统方面，区块链、物联网和大数据的结合可以创造一个“乌托邦”。假设未来某一天，我们利用这3种技术构建一个能源生态系统，然后将设备供应商、运维服务商、设备所有者、负责货币流通和报价汇总的金融系统投入该系统进行测试。连接到此系统的每一方都可以获得此系统的查询密码。使用此密码，可以查询已被加密的任何人访问系统的任何操作。这样，在这个系统中，各方或者说所有参与者就可以形成相互监督和相互信任的关系。

在能源智能化调控方面，未来可以通过区块链技术实现能源智能化调控，通过区块链实现智能设备与互联网信息的互联，使我们的生活更方便、更轻松。想象一下，摄像头在市区捕捉到某单位输电设备突然异常断电，报警信息被远程传递给维修总部，维修总部根据自动智能合约规则，自动执行选配维修人员到现场进行维修，整个过程智能化调控。

7. 区块链+人工智能

人工智能技术作为近年来最为火爆的技术之一，能为人们的生活带来巨大的便捷与智能化服务。区块链可以为人工智能的训练提供有可靠依据的数据，而人工智能又可以提高区块链的效率。

人工智能和区块链有望基于双方各自的优势实现互补。人工智能代表先进生产力，区块链代表新的生产关系。这一说法将现实世界的两个核心的概念范畴移植到虚拟世界和未来世界，有助于生活在现实世界的人类理解人工智能与区块链在虚拟世界和未来世界中的地位和相互关系。人工智能与区块链的关系就好比计算机与互联网之间的关系，计算机为互联网提供了生产工具，互联网为计算机实现了信息互联互通；人工智能将解决区块链在自治化、效率化、节能化以及智能化等方面的难题。在人工智能中，为了让设备更加智能，需要不断地用新的数据去训练，如果要将机器学习的精准率从90%提高到99%，它需要的不是已经学过的数据，而是和以前不一样的数据。而区块链将把孤岛化、碎片化的人工智能应用场景以共享的方式转换成通用智能，前者是工具，后者是目的。

人工智能与区块链技术在数据领域的结合，一方面是从应用层面入手，两者各司其职，人工智能负责自动化的业务处理和智能化的决策，区块链负责在数据层提供可信数据；另一方面是从数据层入手，两者实现互相渗透。区块链中的智能合约实际上也是一段实现某种算法的代码，既然是算法，那么人工智能就能够植入其中，使区块链智能合约更加智能。同时，将人工智能引擎训练模型和运行模型存放在区块链上，就能够确保模型不被篡改，降低了人工智能应用遭受攻击的风险。

区块链和人工智能是技术范围的两个极端：人工智能是培养封闭数据平台的集中智能，区块链是在开放数据环境中推动分散式应用。两者的结合也有两种不同的方式，各有侧重：一是基于区块链，利用人工智能的功能，优化区块链（包括私有链、联盟链、公有链）的搭建，可以让区块链变得更节能、安全高效，其智能合约、自治组织也将会变得更智能；二是基于人工智能，利用区块链的去中心化和价值网络的天然属性，分布式解决人工智能整体系统的调配，给人工智能带来广阔和自由流动的数据市场、人工智能模块资源和算法资源。

区块链本质上是一种新的数字信息归档系统，它将数据以加密的分布式总账格式存储。由于数据经过加密并分布在许多不同的计算机上，因此可以创建防篡改、高度可靠的数据库，只有获得许可的用户才能读取和更新数据库。尽管区块链极其强大，但也存在限制。其中一些限制与技术相关，而有的限制则来自金融服务领域固有的思想和陈旧的文化。区块链技术在近几年的高速发展中暴露出了许多问题，这些问题阻碍了其商业化进程，但结合人工智能技术，可以有效地缓解这些问题。因此，利用人工智能技术。可以优化区块链的运行方式，使其更安全、高效、节能。

各种人工智能设备可以通过区块链实现互联、互通。统一的区块链基础协议让不同的人工智能设备在互动过程中积累学习经验，提升人工智能的智能程度。开源的公有链用于管理人工智能，对外输出人工智能服务。算力通过区块链离散地组合起来，更多公司参与大规模计算，厘清分配奖励，成本端会发生大的变化，对中心化的算力机构依赖性变弱，甚至会出现新的组织形态，从而改变整个人工智能行业的布局。结合区块链技术，现有的数据寡头垄断即将结束，一个新的开放和自由的数据时代即将来临。

8. 区块链+大数据

随着数字社会的不断发展，我们产生了越来越多的数据。如何在更好地发掘数据潜在价值的同时，保障用户的数据隐私，是一个亟待解决的问题。而区块链技术可以有效地解决此类问题。

首先，大数据风控技术无法解决数据孤岛问题，即数据的开放和共享问题。其次，数据低质的问题也从一定程度上影响了大数据风控的质量。最后，大数据风控过程中存在数据泄露问题。近年来，数据泄露事件屡见报端。

区块链数据库的引入可以提高大数据风控的有效性。首先，区块链去中心化、开放自治的特征可有效解决大数据风控的数据孤岛问题，使得信息公开透明地传递给所有金融市场参与者。其次，区块链的分布式数据库可改善大数据风控数据质量不佳的问题，使得数据格式多样化、数据形式碎片化、有效数据缺失和数据内容不完整等问题得到解决。最后，区块链可以防范数据泄露问题。

将区块链系统中的存储数据作为资产自由地在大数据平台中进行交易，可以达到两种技术融合的目的，例如数据积分系统的建立。

所以说互联网解决的是信息的传递和连接，区块链提供的则是价值的流动和连接。通过应用区块链的底层技术，能够让个人数据为用户自己所用并享受价值收益。

9. 区块链+云计算

云计算是信息技术的一种范例，即通过互联网（云）提供计算服务，包括服务器、存储、数据库、网络、软件等，而提供这些服务的公司称为云提供商。云提供商通常使用“即用即付”的定价模式。云计算可以帮助用户专注于核心技术，而无须在IT基础设施架构和维护上花费资源。这些基于网络的、共享的计算资源可以被用户方便地随机访问，同时这些资源以最小化的管理或通过与云提供商的交互可以快速地提供和释放。云计算可以为用户提供低成本的数据中心扩展能力、IT基础设施、软件以及各种新型应用，并且可以保证服务质量。用户只需将传统的服务器、操作系统、存储运维等基础设施统一部署在一个平台上，在此平台上进行各种应用的开发，而无须过多地关注该平台。政府、企业、个人可根据不同的需求部署不同应用，形成个性化的交付模式。

云计算为用户提供3种服务模式：基础设施即服务、平台即服务、软件即服务。

区块链既可以公有也可以私有。由于企业需要私有区块链，将其作为企业应用程序或者服务的底层架构，如处理银行和金融交易制度的系统或企业内部协作平台，这些都可以基于区块链将交易和企业流程同步到不可篡改的分布式账本中，从而保证数据安全、透明。公有链是完全去中心化的，通过代币机制鼓励参与者竞争记账以确保数据的安全性，典型代表有比特币和以太坊等。而私有链的写入权限是由某个组织或者机构控制的，参与节点权限有限且可控，由此需要大量的开发过程和强大的云计算能力，才能建立和维护分布式基础设施。

用户根据区块链公有链提供的基础设施开发公有链应用，并为去中心化应用提供稳定、可靠的云计算平台。例如，在以太坊上使用智能合约开发公有链应用，并在以太坊节点上运行，为用户提供有效服务；在比特币上，利用比特币有限的功能，为用户提供一些存证服务等。同时以联盟链为代表的区块链企业平台需要利用云设施完善区块链生态环境。目前在区块链领域，区块链即服务包括区块浏览器、“数字货币”交易平台和公有链衍生应用，如存证型的公证通（Factom）和数字身份型的uPort。

10. 区块链+深度学习

深度学习是一种特征学习方法，它将原始数据通过神经网络结构转换为更高层次的、更加抽象的表达。通过足够多的转换的组合，非常复杂的函数也可以被学习。神经网络可以被描述为一系列的线性映射与非线性激活函数交织的运算。神经网络每一层的神经元计算其输入的加权和（权重代表模型参数），然后经过非线性激活函数输出至下一层相连接的神经元。模型参数可以通过反向传播计算的梯度下降来联合优化。因为神经网络一般比较复杂，所以我们可以把复杂的神经网络学习看成深度的机器学习，即深度学习。

区块链的应用场景包括分布式计算、安全隐私和可信计算。如何将区块链与深度学习在数据分析预测方面的优势相结合，实现区块链和深度学习的融合，是很多学术研究人员关心的问题。深度学习以其强大的计算能力可以使区块链系统更加智能。由于区块链的加密特性，在传统计算机上使用区块链数据进行操作需要强大的计算机处理能力。例如，用于挖掘比特币区块链上的块的哈希算法，采用了一种强力算法，有效地尝试每个字符组合，直到找到适合验证交易的字符。深度学习以一种更加智能的方式管理区块链任务，因为当它开始学习并成功解决了一些任务后，它将会变得越来越有效。同样机器学习动力挖掘算法可以以相似的方式解决上述问题，例如利用深度学习硬件的空余算力进行挖矿等。

由于技术应用、平台防护等方面的问题，区块链正面临着一些网络攻击，如“51%攻击”等。最近，区块链平台 EOS（Enterprise Operation System）被发现存在一系列的高危安全漏洞。此漏洞可能导致攻击者利用 EOS 上的节点进行远程攻击，直接控制和接管 EOS 上运行的所有节点，所以区块链网络的安全问题不容小觑。而深度学习可以帮助区块链增强其网络安全性。深度学习技术结合行为性、预测性、图形和描述性及规范性分析，不仅能习得过去的经验教训，而且可以预测非法活动、可疑用户行为、欺诈和异常现象，将区块链数据转变为有价值的情报。

深度学习的三大驱动力分别是数据、算法和算力。深度学习通过处理大量数据，如训练庞大数据集或者进行高吞吐量数据流处理，将会训练出更好的模型，并且全新的数据将会训练出全新的模型。而如果有足够的效益，区块链可以鼓励独立节点间数据共享，从而可以带来更多更好的数据。然而数据存在来源安全性、隐私保护等问题。利用区块链技术可以增强数据可信性，在构建模型以及实际运行模型中的每一步，数据的创造者可以简单地为该模型标上时间戳，并加到区块链的数据库中。这样，如果在数据供应链上发生漏洞，我们就可以更好地了解其位置，寻求应对的方法。用户可以知道数据和模型的来源，从而得到更可靠的深度学习训练模型和数据。而计算能力与服务器的 GPU 能力等有关，一些较大规模的深度学习模型需要强大的算力才可以训练。这导致计算能力成为制约一些中小企业及个人等进行深度学习训练的瓶颈，而利用区块链具有的去中心化特点，我们可以建立分布式深度学习平台，以充分利用企业和机构等的闲置算力。

区块链去中心化的特点可以让数据在各个节点共享，每个节点也都可以上传数据。同时每个数据都不可被改变，区块链的不可改变（可追溯）性也可以审计跟踪每个数据的使用情况。数据共享可以带来更好的模型甚至更新的模型，同时每个节点可以共享、控制深度学习的训练数据和模型。审计跟踪可以对数据进行追本溯源，提高数据的可信度。私有机器学习（Private Machine Learning）允许在不泄露私人数据的情况下进行训练，区块链的激励特性可以允许系统吸引更好的数据和模型使其更加智能。这将会形成更加开放的市场，任何人都可以出售他们的数据同时保持他们的数据私密性，而开发人员可以使用激励措施为他们的算法吸引到最佳数据。

区块链还可以让深度学习数据和模型变成原生资产，从而生成一个去中心化的数据和模型交换中心。区块链将用于训练和测试的数据模型转变为知识产权资产，从而提供了一个防止篡改的全球公共注册中心，用户只有拥有私钥才可以转让产权。产权转让作为类似区块链的资产转让来进行，从而建立去中心化的数据模型交换中心。如果用户构建的数据可用于构建模型，可以预先对构建好的模型指定许可证，从而有效控制上游对数据的使用。

本章小结

本章的目的是让读者对区块链有一个初步的了解。首先介绍了区块链的定义、特点，以及区块链与大数据和云计算的关系，还有它的局限性，然后介绍了区块链的发展历程和几个阶段，接着介绍了区块链的分类和区块链的体系结构。后文将在此基础上更详细地阐述区块链的各种技术原理，并对区块链进行更深入的探索。

本章介绍了目前国内外提出的各种“区块链+行业”的落地应用，如区块链+金融、区块链+政府、区块链+医疗、区块链+物联网、区块链+农业、区块链+能源；也介绍了一些“区块链+新技术”的设计实现原理和应用案例，如区块链+人工智能、区块链+大数据、区块链+云计算、区块链+深度学习。综上，我们不难看出，区块链技术几乎可以渗透生活的每一个角落。也许 20 年、10 年，甚至 5 年、1 年后，区块链会以光速融入人们的生活。也许你也不知道具体哪里运用了区块链技术，但它已无处不在，与你的生活融为一体。

思考题

一、多选题

1. 下面对区块链的描述正确的是（　　）。

A. 去中心　　B. 弱中心　　C. 单中心　　D. 多中心

2. 比特币是（　　）。

A. 一堆加密代码　　B. 全球同步账本

C. 加密“数字货币”　　D. 区块

3. 下面选项属于当前区块链技术应用场景的是（　　）。

A. 物联网　　B. 预测　　C. 股票交易

D. 支付宝　　E. 供应链管理

4. 一般来说，联盟链相对于公有链的优势在于（　　）。

A. 不存在“51%攻击”　　B. 低能耗　　C. 高扩展性

D. 高性能　　E. 信任问题更好解决

5. 对基于区块链的“数字货币”资产的拥有者来说，最重要的是保护好自己的（　　）。

A. 公钥　　B. 私钥　　C. 账号密码

D. 数字签名　　E. 钱包

6. 比特币在区块链中记录的是（　　）。

A. 账户信息　　B. 账户余额

C. 交易记录　　D. 未花费的输出

7. 下面选项中，（　　）是比特币和以太坊 1.0 两种区块链技术的区别。

A. 共识机制　　B. 挖矿算法　　C. 智能合约

D. 开发中心化　　E. 通胀通缩

8. 一份来自西班牙的报告称，如果银行内部全都使用区块链技术，在 2022 年以前银行每年都能节省（　　）美元的成本。

A. 50 亿～100 亿　　B. 150 亿～220 亿

C. 250 亿～300 亿　　D. 320 亿～4000 亿

二、简答题

1. 你认为区块链技术中的区块意味着什么？

2. 为什么区块链是一种值得信赖的方法？

3. 区块链中是否有可能从网络中删除一个或多个区块？

4. 区块链分为哪几类?
5. 区块链的特点是什么?
6. 你认为一个区块的安全性究竟是什么?
7. 在组织中使用区块链技术是否有网络特定的条件?
8. 什么是加密?它在区块链中的作用是什么?
9. 物联网发展面临的最大挑战是什么?
10. 请举例说明区块链与商品化的结合可以让消费流程变得更透明。
11. 请简单阐述区块链+电力未来可能的发展方向。
12. 人工智能和区块链有着怎样的关系?

第2章 区块链开发基础

【本章导读】

要进行区块链开发，需要掌握 Python 编程基础、模块的使用、图形界面的开发和 Web 开发等知识和技能。虽然 Python 编程是区块链开发基础，但鉴于本书篇幅有限，我们不会对 Python 基础的语法知识进行介绍。无 Python 基础的读者，请自行学习参考相关书籍。

本章重点介绍 Python 的特点和应用领域、模块、图形界面的开发，以及 Web 开发等与区块链项目开发相关的知识。

2.1 Python 的特点和应用领域

Python 是一种简单的、面向对象的、交互式的、解释型的、可移植的高级语言。Python 具有语法清晰、简单易用、功能强大、可移植性强、通用性好的特点，适用于 Linux、MS-DOS、MacOS、Windows 等多种操作系统，广受开发人员青睐和好评，目前在国际上非常流行，正在得到越来越多的应用。

Python 有一个交互式的开发环境，且其解释运行机制使程序无须编译，大大节省了时间。Python 语法简单，且内置了多种高级数据结构，如列表、字典等，所以使用起来较为简单，开发人员能很快学会并掌握它。Python 具有大部分面向对象语言的特征，可完全进行面向对象编程。

Python 是一种设计良好的编程语言，可以应用于各个领域。事实上，作为一种通用语言，Python 的作用几乎是无限的。从网站和游戏开发到机器人和航天飞机控制，你可以在任何场合使用 Python。

2.2 模块

2.2.1 使用和安装

自包含的、有组织的代码段就是模块。Python 允许“调用”模块，允许使用其他模块的属性结合以前的工作成果实现代码重用。将属性附加到模块的操作称为导入（Import）。如果模块是按照逻辑来组织 Python 代码的方法，那么文件就是在物理层组织模块的方法。因此，一个文件被视为一个独立的模块，一个模块也可以被视为一个文件。模块的文件名是模块的名称加上扩展名。

> 模块的导入需要一个名为“路径搜索”的进程，它将在文件系统“预定义区域”中查找 mymodule.py 文件（如果导入 mymodule）。这些预定义的区域只是 Python 搜索路径的集合。路径搜索和搜索路径是两个不同的概念，前者是指查找文件的操作，后者是查找一组目录。

在正式导入一个模块之前需要安装我们所需要的模块。模块的安装有两种方法，一种方法是在官网下载安装，另一种比较推荐的方法是命令行安装，例如我们需要安装 hashlib 模块，它的命令行为 pip install hashlib（这样使用的前提是你已经安装了 pip）。

安装完成后，使用 import 语句导入模块，它的语法为 import module，也可以一行导入多个模块，如 import module1[module1,module2,module3...module4]。但是一行导入多个模块这样的代码可读性不如多行的导入语句。因为生成 Python 字节代码时，这两种做法在性能上没有什么不同，所以一般情况下，我们使用第一种格式。当解释器执行到这条语句时，如果在搜索路径中找到了指定的模块，就会加载它。该过程遵循作用域原则：如果在一个模块的顶层导入，那么它的作用域是全局的；如果在函数中导入，那么它的作用域是局部的。

2.2.2　基本模块

（1）hashlib。

Python 的 hashlib 模块提供了常见的摘要算法，如 MD5、SHA-1、SHA-256 等。尤其 SHA-256 算法，它是区块链安全的基石。简单来说，SHA-256 算法就是把一串明文通过 hashlib 模块提供的某个算法转换为一个固定长度的字符串。

除了在区块链中的应用，几乎所有需要加密的地方都可能运用到哈希函数，如网站用户的密码，为了避免明文存放在数据库的安全隐患，存入数据库前都需要通过哈希函数进行加密存储。关于哈希函数应用我们将在后文继续讲解。

（2）datetime。

在区块链中，为了进一步提高安全性，避免彩虹表攻击，在对明文进行哈希处理的时候我们往往还会加上时间戳，即获得系统时间，拼接原文再生成一个哈希值。datetime 是 Python 处理日期和时间的标准库。

下面我们通过一段代码来看如何获取当前的日期和时间。

```
>>> import datetime as time
>>> now = time.datetime.now()
>>> print(now)
2019-06-21 11:00:20.500919
```

注意 datetime 是模块，datetime 模块里还包括一个 datetime 的类，所以上面不能直接用 time.now()。如果不用这种办法，还可以用 from datetime import datetime 导入 datetime 这个类。

（3）Struct。

由于 Python 没有专门处理字节的数据类型，因此需要 Struct 模块在 Python 值和表示为 Python bytes 对象的缓冲区结构体之间进行转换。Struct 模块可用于处理存储在文件中或者来自网络的链接，以及其他来源的二进制数据。它使用格式化字符串，作为C结构体布局的简洁描述，以及从Python值，或者到Python值的预期转换。Struct模块定义了以下异常和函数，如表2-1所示。

表2-1　Struct模块定义的异常和函数

序号	异常和函数	含义
1	异常 struct.error	在各种场合抛出异常，参数是描述错误的字符串
2	struct.pack(fmt, v1, v2,…)	根据格式化字符串fmt封装，返回一个包括v1、v2等值的字节对象，参数必须与格式化所需的值完全匹配
3	struct.pack_into(fmt,buffer,offset,v1,v2,…)	根据格式化字符串fmt，封装v1、v2等值，并从位置offset开始，将封装后的字节写入可写缓冲区buffer中。注意，offset是必需的参数
4	struct.unpack(fmt,buffer)	根据格式化字符串fmt，从缓冲区buffer中解包。即使结果只包含一项，也是一个元组。缓冲区的大小必须与格式所需的大小匹配，如calcsize()所得的结果
5	struct.unpack_from(fmt,buffer,offset=0)	根据格式化字符串fmt，从位置offset开始解包。即使结果只包含一项，也是一个元组。缓冲区的大小减去offset，至少是格式化所需的大小，如calcsize()所得的结果
6	struct.inter_unpack(fmt,buffer)	根据格式化字符串fmt，从缓冲区buffer中迭代解包，该函数返回一个 iterator，它从缓冲区中读取大小相等的块，直到所有的内容被耗尽。缓冲区的大小必须是格式化所需大小的倍数，如calcsize()所得的结果
7	struct.calcsize(fmt)	返回对应格式化字符串fmt的结构体的大小

（4）Urllib。

Urllib是Python内置的HTTP请求库，无须安装即可使用，它包含了4个模块，如表2-2所示。

表2-2　Urllib定义的模块

序号	模块	含义
1	request	它是最基本的HTTP请求模块，用来模拟发送请求
2	error	异常处理模块，如果出现错误可以捕获这些异常
3	parse	一个工具模块，提供了许多URL处理方法，如拆分、解析、合并等
4	robotparser	主要用来识别网站的robots.txt文件

2.3　基于Tkinter的图形界面开发

Tkinter是Python的默认GUI库，它基于Tk工具集。Tk最初是为工具命令语言设计的。

Tkinter 流行后被移植到许多其他脚本语言中，包括 Perl、Ruby 和 Python。利用 Tkinter 开发 GUI 具有灵活性和可移植性，配合简洁的脚本语言和强劲的系统语言，可以快速开发 GUI 程序。

创建和运行 GUI 程序，需要如下 5 个基本步骤。

（1）导入 Tkinter 模块（import Tkinter）。

（2）创建一个顶层窗口对象，来容纳整个 GUI 程序。

（3）在顶层窗口对象上创建所有的 GUI 模块。

（4）把这些 GUI 模块与底层代码相连接。

（5）执行事件循环。

顶层窗口：Tkinter.Tk()这个对象是由 Tkinter 中的 Tk 类创建的，并且是由普通构造函数创建的。

```
>>> import Tkinter
>>> top = Tkinter.Tk()
```

在这个窗口中，可以放置独立组件或集成的模块来构建你的 GUI。Tkinter 目前有 15 种组件，如表 2-3 所示。

表 2-3　Tkinter 的组件

序号	组件名称	组件中文名	含义
1	Button	按钮	类似于标签，但提供额外功能，例如鼠标指针掠过、按下鼠标、松开鼠标以及键盘操作
2	Canvas	画布	提供绘图功能，包括绘制直线、椭圆、多边形、矩形等，可以包含图形或位图
3	Cheakbutton	选择按钮	一组方框，可以选择其中任意多个
4	Entry	文本框	单行文字域，用来收集键盘输入
5	Frame	框架	包含其他组件的纯容器
6	Lable	标签	用来显示文字或者图片
7	Listbox	列表框	一个选项列表，用户可以从中选择
8	Menu	菜单	按下菜单按钮后弹出一个选项列表，用户可以从中选择
9	Menubutton	菜单按钮	用来包含菜单的组件
10	Message	消息框	类似于标签，但可以显示多行文本
11	Radiobutton	单选按钮	一组按钮，其中只有一个可被按下
12	Scale	进度条	线性“滑块”组件，可设定起始值和结束值，会显示当前位置的精确值
13	Scrollbar	滚动条	对其支持的组件提供滚动功能
14	Text	文本域	多行文字区域，可用来收集或显示用户输入的文字
15	Toplevel	顶级	类似于框架，但提供一个独立的窗口容器

2.4 Web 开发

2.4.1 HTTPS 简介

HTTPS（Hyper Text Transfer Protocol over Secure Socket Layer，超文本传输协议安全套接字层）简单来说就是加密数据传输，通俗地说就是安全连接。它使用安全套接字层（Secure Sockets Layer，SSL）进行信息交换，是 HTTP 的安全版，基于 HTTP 开发，是一个抽象标识符体系（URI Scheme），句法雷同 http:体系，用于在服务器和客户机之间安全交换信息和数据。它是一个安全通信通道，具有数据完整性好、数据隐私性好和可实现身份认证三点优势。

2.4.2 Web 框架

在具体讲解 Web 框架之前，我们先来简单地了解一下 Web 服务器网关接口（Web Server Gateway Interface，WSGI）。在实际开发中，底层代码由专门的服务器软件来实现，我们用 Python 专注于生成 HTML 文本。因为我们不希望接触到 TCP 连接、HTTP 原始请求和响应格式，所以需要一个统一的接口（WSGI），让我们专心用 Python 编写 Web 业务。WSGI 具体的使用方法我们这里不赘述，读者可以自行查阅相关资料。

WSGI 虽然比 HTTP 接口高级，但和 Web APP 的逻辑相比，还是比较低级的，我们需要在 WSGI 上继续抽象，至于 URL 到函数的映射，就交给 Web 框架来完成。由于用 Python 开发一个 Web 框架十分容易，因此 Python 里有上百个开源的 Web 框架。在这里，我们先给读者介绍一个比较流行的 Web 框架——Flask。

Flask 的安装和使用方法和之前介绍的模块的安装和使用方法一样，这里就直接来实现一个简单的网页。

```
from flask import Flask
from flask import request
app = Flask(__name__)
@app.route('/', methods=['GET', 'POST'])
def home():
    return '<h1>Home</h1>'
@app.route('/signin', methods=['GET'])
def signin_form():
    return '''<form action="/signin" method="post">
              <p><input name="username"></p>
              <p><input name="password" type="password"></p>
              <p><button type="submit">Sign In</button></p>
              </form>'''
@app.route('/signin', methods=['POST'])
def signin():
    # 需要从 request 对象读取表单内容
    if request.form['username']=='admin' and request.form['password']=='password':
    return '<h3>Hello, admin!</h3>'
            return '<h3>Bad username or password.</h3>'
if __name__ == '__main__':
    app.run()
```

除了 Flask，常见的 Python 的 Web 框架如表 2-4 所示。

表 2-4　Python 常见的 Web 框架

序号	Web 框架	含义
1	Django	全能型 Web 框架
2	Web.py	一个小巧的 Web 框架
3	Bottle	和 Flask 类似的 Web 框架
4	Tomado	Facebook 的开源异步 Web 框架

本章小结

本章向读者着重介绍了 Python 的特点、应用领域、模块、图形界面的开发和 Web 开发。由于本书篇幅有限，还需要读者自行参考相关书籍学习 Python 编程语法等基础知识，为后面区块链编程打下基础，为后期区块链的开发做好准备工作。在接下来的内容中，将会有大量的基于 Python 编程的实战，如私有链的开发、公有链的开发以及最后的完整项目实战。

思考题

1. 创建包含一个文本框的 GUI 程序，用户可以在其中输入一个文本文件名。打开该文件并读取，将其中的内容显示在标签组件上。

附加题（菜单）：把文本框换成一个包含文件打开命令的菜单，它会弹出一个窗口供用户选择要读取的文件。再给菜单加上一个 Exit 或 Quit 命令，这样就不用设置“Quit”按钮了。

2. 在编程案例中我们实现了一个登录功能，在这个基础上，去开发实现一个满足你个人需求的网站。

第3章 区块链核心技术解析

【本章导读】

本章将介绍密码学领域中与区块链相关的一些基础知识，包括安全哈希函数、加解密技术、数字签名、数字证书、密钥分存、匿名性、一致性问题与共识机制、FLP 不可能性原理与 CAP 原理等。通过本章的学习，读者可以了解如何使用这些知识保护信息的机密性、完整性、认证性和不可抵赖性。

3.1 区块链加密技术

密码学以及相关的安全技术是确保整个信息领域安全的基石。可以想象，没有现代密码学和信息安全的研究成果，“裸奔”的互联网世界会陷入一种怎样的混沌。同样，区块链技术作为分布式去中心化技术的排头兵，如何构建一个安全可信的区块链网络也是重中之重，下面我们将介绍区块链技术中应用到的密码学知识。

3.1.1 安全哈希函数

1. 哈希函数

哈希（Hash）函数是非常基础同时又相当重要的一种数学函数。通俗来说，它能将一段数据（任意长度）经过计算，映射为一段较短的定长的数据（就是哈希值，同时也被称为指纹或摘要）。总结来说，它具有以下 3 个特征。

（1）其输入可以是任意长度数据。

（2）其输出是固定长度的数据。

（3）其能进行有效计算，简单来说就是对于任意输入，在合理的时间范围内我们总能得到哈希函数的输出。

这些特征定义了基本的哈希函数，接下来我们将着重讨论加密哈希函数。

2. 加密哈希函数

在基本哈希函数的基础上，加密哈希函数还应该具备抗碰撞性和不可逆性两个特性，具备这两个特性的哈希函数在文件的完整性验证、用户密码的保存以及数字签名等实际场景中有极大的应用。

（1）抗碰撞性。

找一个 y，使得 y 的哈希值等于 x 的哈希值，这几乎是不可能的，用数学表达式可以表示为：对于 x, y（$x \neq y$），$H(x) \neq H(y)$，则称哈希函数 $H()$具有抗碰撞性。注意，哈希函数具有抗碰撞性是说不会发生碰撞的概率很大，并不表示不存在碰撞。很明显，哈希函数的输入空间是任意长度的数据，而输出空间是较短的定长的数据，即输入空间是无限的而输出空间是有限的，那么就一定会有不同的输入数据映射到相同的输出数据。例如，对于一个输出长度为 256 位的哈希函数，选择 $2^{256}+1$ 个输入数据，计算每一个输入数据的哈希值，由于输入数据个数大于输出个数，则一定会发生碰撞。既然会发生碰撞，我们又为什么说加密哈希函数是具有抗碰撞性的呢？那是因为哈希值计算需要花费很长很长的时间。对于一个 256 位输出的哈希函数，最坏的情况它需要计算 $2^{256}+1$ 次，平均次数也要 2^{128}，简直就是天文数字。按一台计算机每秒计算一万个哈希值来看，要计算 2^{128} 个哈希值需要 10^{27} 年。也就是说，发生碰撞的概率极其小（当然，MD5 哈希函数被王小云教授找到了碰撞，也就是说哈希函数已经不具备“强抗碰撞性”了，感兴趣的读者可以自行了解）。

一个具有抗碰撞性的哈希函数有什么用呢？一个很好的应用就是接下来会讲到的数字签名。在这里先做一个铺垫，举个例子：现在通过多个中间人把一份重要文件送给上级领导，上级领导如何确保他收到的文件没有被篡改？试想，如果送文件之前记录下文件的哈希值，再与上级领导收到的文件的哈希值进行比较，由于抗碰撞性，是不是就可以通过两者的哈希值是否相同来判断文件是否被篡改了呢？在保证安全性的同时，它还起到了信息摘要的作用，即不需要对整个文件进行对比，而只需要验证哈希值。这里哈希值即是一个简明的总结，提供了之前所见的事物和在今后辨认这些事物的有效方法。除此之外，无论原文件多大，它的哈希值长度一定是固定的，极大地降低了存储要求。

（2）不可逆性。

我们几乎无法通过哈希运算的结果推导出原文。也就是说仅仅知道 $y=H(x)$，几乎没有可行的方法可以推导出 x。这又是为什么呢？先来考虑这样一个游戏：一个人的出生月份，只可能得到 12 种结果，分别把 12 种结果的哈希值记录为“a”“b”“c”“d”“e”“f”“A”“B”“C”“D”“E”“F”；然后问另一个人，在他不了解之前那个人的情况下，只知道哈希函数的输出的前提下说出哈希函数的输入（也就是那个人的出生月份）。为了得到答案，他会算出 12 种结果的哈希值再与得到的哈希值进行比较，这样就能反解出输入值了。那么现在就有这样一个问题了：上面的游戏明明可以倒推出输入值，是不是我们的不可逆性就是一个悖论呢？当然不是，上面的游戏中只有 12 个输入值，能轻易地得出它们的哈希值。所以，为了让不可逆性的特性能很好地体现，我们需要输入值 x 来自一个非常广泛的集合，这样，仅仅尝试计算几个哈希值就得出原文的情况就不存在了。

3. 安全哈希算法

在上文我们讨论了加密哈希函数的两个特性以及其相应的表现场景。现在我们来讨论安全哈希算法。目前常见的哈希算法包括 MD5 和 SHA 系列算法。

MD5 是罗恩·李维斯特（Ron Rivest）于 1991 年对 MD4 的改进版本。它对输入仍以 512 位进行分组，其输出是 128 位。MD5 比 MD4 更安全，但过程更复杂，计算速度略慢。同样，在前文的介绍中我们也已经说明 MD5 已不具有“强抗碰撞性”。SHA 作为一个 Hash 函数族，SHA 系列算法相继面世。SHA-1 输出的哈希值长度为 160 位，抗穷举性更好，它的设计模仿了 MD4 算法，采用了类似的原理。同时，它也已经被证明不具备“强抗碰撞性”。为了提高安全性，NIST 还设计出了 SHA-224、SHA-256、SHA-384、SHA-512 算法。接下来将着重介绍 SHA-256 算法，这是一个主要被比特币采用的算法。

在介绍 SHA-256 算法之前，我们先来了解一个 MD5 算法。

MD5 算法即 MD5 消息摘要算法，属哈希算法一类。MD5 算法运行任意长度的输入消息，产生一个 128 位的消息摘要。需要注意的是，MD5 和 SHA-1 一样已经被破解了。MD5 算法的执行过程如图 3-1 所示，首先附加填充比特，接着附加长度值，最后是数据处理。

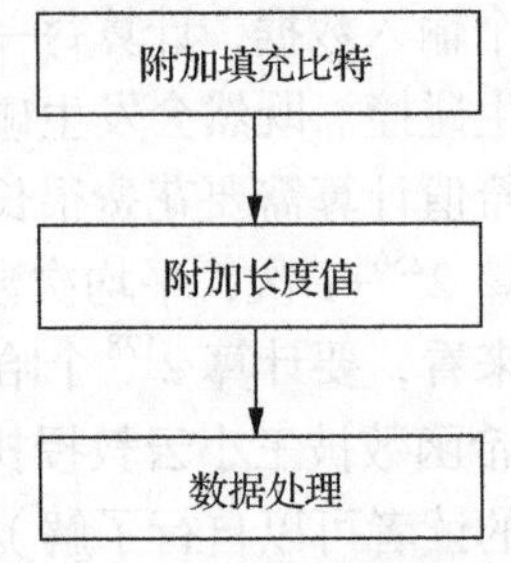

图 3-1　MD5 算法的执行过程

（1）附加填充比特。对报文进行填充使其长度与 448 模 512 同余（长度 mod 512≡448），填充的比特数范围为 1～512，填充的最高位为 1，其余为 0。

（2）附加长度值。初始报文的长度为 64 位，附加在步骤 1 的结果后。如果消息长度大于 264，则只使用其低 64 位的值（即消息长度对 264 取模）。

（3）数据处理。准备需要用到的数据。4 个常数：A = 0x67452301、B = 0x0EFCDAB89、C = 0x98BADCFE、D = 0x10325476。4 个函数：$F(X,Y,Z)=(X \& Y) | ((\sim X) \& Z)$、$G(X,Y,Z)=(X \& Z) | (Y \& (\sim Z))$、$H(X,Y,Z)=X \wedge Y \wedge Z$、$I(X,Y,Z)=Y \wedge (X | (\sim Z))$。

把消息以 512 位为一个分组进行处理，每一个分组进行 4 轮变换，以上面的 4 个常数为起始变量进行计算，重新输出 4 个变量，对这 4 个变量进行下一个分组的运算。如果已经是最后一个分组，则这 4 个变量为最后的结果，即 MD5 值。

SHA-256 算法输入报文的最大长度不超过 2^{256} 位，输入按 512 位分组进行处理，产生的输出是一个 256 位的报文摘要。接下来介绍一下该算法处理的 5 个步骤：附加填充比特、附加长度值、初始化缓存、处理 512 位报文组序列、得出报文摘要，如图 3-2 所示。

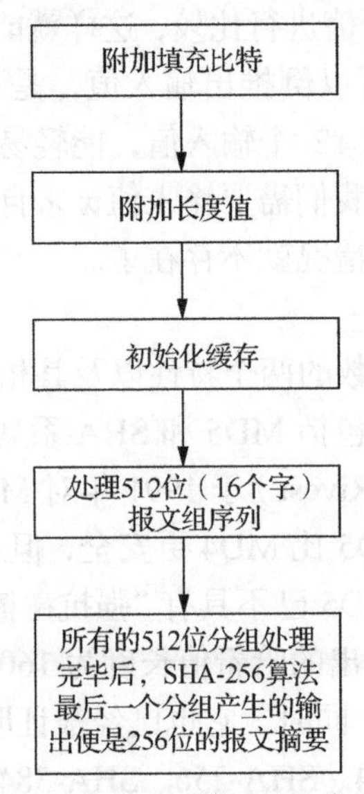

图 3-2　SHA-256 算法的 5 个步骤

（1）附加填充比特。对报文进行填充使报文长度与 448 模 512 同余（长度 mod 512≡448），填充的比特数范围为 1～512，填充的最高位为 1，其余为 0。

（2）附加长度值。初始报文的长度为 64 位，附加在步骤 1 的结果后。这两步的过程其实和 MD5 算法的过程基本一致。

（3）初始化缓存。使用一个 256 位的缓存来存放该哈希函数的中间及最终结果。该缓存表示为 A = 0x6A09E667、B = 0xBB67AE85、C = 0x3C6EF372、D = 0xA54FF53A、E = 0x510E527F、F = 0x9B05688C、G = 0x1F83D9AB、H = 0x5BE0CD19。

（4）处理 512 位（16 个字）报文组序列。该算法使用了 6 种基本逻辑函数，由 64 步迭代运算组成。每步都以 256 位缓冲值 ABCDEFGH 为输入，然后更新缓存内容。每一步使用一个 32 位的常数值 Kt 和一个 32 位的 Wt（分组后的报文）。6 个基本逻辑函数如下。

① $Ch(x,y,z)=(x\wedge y)\oplus((\neg x)\wedge z)$。

② $Maj(x,y,z)=(x\wedge y)\oplus(x\wedge z)\oplus(y\wedge z)$。

③ $\sum_0(x)=S^2(x)\oplus S^{13}(x)\oplus S^{22}(x)$。

④ $\sum_1(x)=S^6(x)\oplus S^{11}(x)\oplus S^{25}(x)$。

⑤ $\sigma_0(x)=S^7(x)\oplus S^{18}(x)\oplus R^3(x)$。

⑥ $\sigma_1(x)=S^{17}(x)\oplus S^{19}(x)\oplus R^{10}(x)$。

SHA-256 算法核心过程如图 3-3 所示。

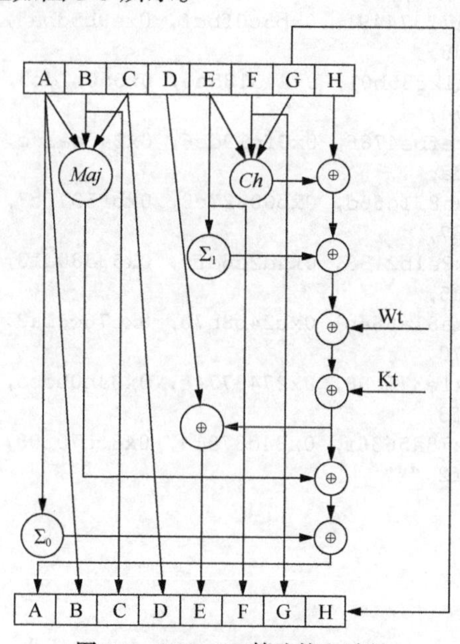

图 3-3　SHA-256 算法核心过程

上面的计算就是在不断地更新 ABCDEFGH，在每个 512 位的分组里面，迭代计算 64 次。

（5）所有的 512 位分组处理完毕后，SHA-256 算法最后一个分组产生的输出便是 256 位的报文摘要。

下面我们提供实现 SHA-256 算法的 Python 代码( )计算字符串“tyc”通过 SHA-256 算法加密后的密文( )，以供参考。

```
import struct
def out_hex(list1):
```

```
    for i in list1:
                print ("%08x" % i)
    print ("\n")
def rotate_left(a, k):
    k = k % 32
    return ((a << k) & 0xFFFFFFFF) | ((a & 0xFFFFFFFF) >> (32 - k))
def rotate_right(a, k):
    k = k % 32
    return (((a >> k) & 0xFFFFFFFF) | ((a & 0xFFFFFFFF) << (32 - k))) & 0xFFFFFFFF

def rotate_shift(a,k):
    k = k%32
    return ((a >> k) & 0xFFFFFFFF);

def P_0(X):
    return (rotate_right(X, 7)) ^ (rotate_right(X, 18)) ^ (rotate_shift(X,3))

def P_1(X):
    return (rotate_right(X, 17)) ^ (rotate_right(X, 19)) ^ (rotate_shift(X,10))

IV="0x6A09E667 0xBB67AE85 0x3C6EF372 0xA54FF53A 0x510E527F 0x9B05688C 0x1F83D9AB
0x5BE0CD19"

IV=IV.replace("0x","")
IV=int(IV.replace(" ",""),16)
K = """0x428a2f98, 0x71374491, 0xb5c0fbcf, 0xe9b5dba5, 0x3956c25b, 0x59f111f1,
0x923f82a4, 0xab1c5ed5,
       0xd807aa98, 0x12835b01, 0x243185be, 0x550c7dc3, 0x72be5d74, 0x80deb1fe,
0x9bdc06a7, 0xc19bf174,
       0xe49b69c1, 0xefbe4786, 0x0fc19dc6, 0x240ca1cc, 0x2de92c6f, 0x4a7484aa,
0x5cb0a9dc, 0x76f988da,
       0x983e5152, 0xa831c66d, 0xb00327c8, 0xbf597fc7, 0xc6e00bf3, 0xd5a79147,
0x06ca6351, 0x14292967,
       0x27b70a85, 0x2e1b2138, 0x4d2c6dfc, 0x53380d13, 0x650a7354, 0x766a0abb,
0x81c2c92e, 0x92722c85,
       0xa2bfe8a1, 0xa81a664b, 0xc24b8b70, 0xc76c51a3, 0xd192e819, 0xd6990624,
0xf40e3585, 0x106aa070,
       0x19a4c116, 0x1e376c08, 0x2748774c, 0x34b0bcb5, 0x391c0cb3, 0x4ed8aa4a,
0x5b9cca4f, 0x682e6ff3,
       0x748f82ee, 0x78a5636f, 0x84c87814, 0x8cc70208, 0x90befffa, 0xa4506ceb,
0xbef9a3f7, 0xc67178f2 """

K=K.replace("\n","")
K=K.replace(", ","")
K=K.replace(" ","")
K=K.replace("0x","")
K=int(K,16)
a = []

for i in range(0, 8):
      a.append(0)
      a[i] = (IV >> ((7 - i) * 32)) & 0xFFFFFFFF
IV = a

k = []
for i in range(0,64):
      k.append(0)
```

```
        k[i]= (K >> ((63-i)*32)) & 0xFFFFFFFF
    K = k

    def CF(V_i, B_i):
        W = []
        for j in range(0, 16):
                W.append(0)
                unpack_list = struct.unpack(">I", B_i[j*4:(j+1)*4])
                W[j] = unpack_list[0]
        for j in range(16, 64):
                W.append(0)
                s0 = P_0(W[j-15])
                s1 = P_1(W[j-2])
                W[j] = (W[j-16] + s0 + W[j-7] + s1) & 0xFFFFFFFF
                str1 = "%08x" % W[j]
        W_1 = []
        A, B, C, D, E, F, G, H = V_i
        """
        print "00",
        out_hex([A, B, C, D, E, F, G, H])
        """
        """
        S1 := (e rightrotate 6) xor (e rightrotate 11) xor (e rightrotate 25)
        ch := (e and f) xor ((not e) and g)
        temp1 := h + S1 + ch + k[i] + w[i]
        S0 := (a rightrotate 2) xor (a rightrotate 13) xor (a rightrotate 22)
        maj := (a and b) xor (a and c) xor (b and c)
        temp2 := S0 + maj
        h := g
        g := f
        f := e
        e := d + temp1
        d := c
        c := b
        b := a
        a := temp1 + temp2
        T1 = H + LSigma_1(E) + Conditional(E, F, G) + K[i] + W[i];
        T2 = LSigma_0(A) + Majority(A, B, C);
        """
        for j in range(0, 64):
            SS1 = rotate_right(E,6) ^ rotate_right(E,11) ^ rotate_right(E,25)
            SS0 = rotate_right(A,2) ^ rotate_right(A,13) ^ rotate_right(A,22)
            ch  = (E & F) ^ ((~E) & G)
            temp1 = (H + SS1 + ch + K[j] + W[j]) & 0xFFFFFFFF
            maj = (A & B) ^ (A & C) ^ ( B & C)
            temp2 = (SS0 + maj) & 0xFFFFFFFF
            H = G
            G = F
            F = E
            E = (D + temp1)
            D = C
            C = B
            B = A
            A = (temp1 + temp2)
            A = A & 0xFFFFFFFF
            B = B & 0xFFFFFFFF
            C = C & 0xFFFFFFFF
```

```
        D = D & 0xFFFFFFFF
        E = E & 0xFFFFFFFF
        F = F & 0xFFFFFFFF
        G = G & 0xFFFFFFFF
        H = H & 0xFFFFFFFF
        """
        str1 = "%02d" % j
        if str1[0] == "0":
                str1 = ' ' + str1[1:]
        print str1,
        out_hex([A, B, C, D, E, F, G, H])
        """
    V_i_1 = []
    V_i_1.append((A + V_i[0]) & 0xFFFFFFFF)
    V_i_1.append((B + V_i[1]) & 0xFFFFFFFF)
    V_i_1.append((C + V_i[2]) & 0xFFFFFFFF)
    V_i_1.append((D + V_i[3]) & 0xFFFFFFFF)
    V_i_1.append((E + V_i[4]) & 0xFFFFFFFF)
    V_i_1.append((F + V_i[5]) & 0xFFFFFFFF)
    V_i_1.append((G + V_i[6]) & 0xFFFFFFFF)
    V_i_1.append((H + V_i[7]) & 0xFFFFFFFF)
    return V_i_1
def hash_msg(msg):
    len1 = len(msg)
    reserve1 = len1 % 64
    msg1 = msg.encode() + struct.pack("B",128)
    reserve1 = reserve1 + 1
    for i in range(reserve1, 56):
            msg1 = msg1 + struct.pack("B",0)

    bit_length = (len1) * 8
    bit_length_string = struct.pack(">Q", bit_length)
    msg1 = msg1 + bit_length_string
    print (len(msg1) )
    group_count = int(len(msg1) / 64 )
    print(group_count)
    m_1 = B = []
    for i in range(0, group_count):
            B.append(0)
            B[i] = msg1[i*64:(i+1)*64]
    V = []
    V.append(0)
    V[0] = IV
    for i in range(0, group_count):
            V.append(0)
            V[i+1] = CF(V[i], B[i])
    return V[i+1]
y = hash_msg("tyc")
print ("result: ")
out_hex(y)
```

然后得到字符串“tyc”通过 SHA-256 算法加密后的密文：

```
ac3bd241ccd0271575bf5c277f6669a81783de5f7372190540e46db75e247c03
```

3.1.2 加解密技术

加解密技术是密码学的核心技术之一，现代加密算法的典型组件包括加解密算法、私钥和公钥。在加密过程中，需要通过相应的加密算法和双方的公钥对明文进行加密（变换）获得密文；在解密过程中，需要通过相应的解密算法和私钥对密文进行解密（变换）还原明文。其基本过程如图 3-4 所示。

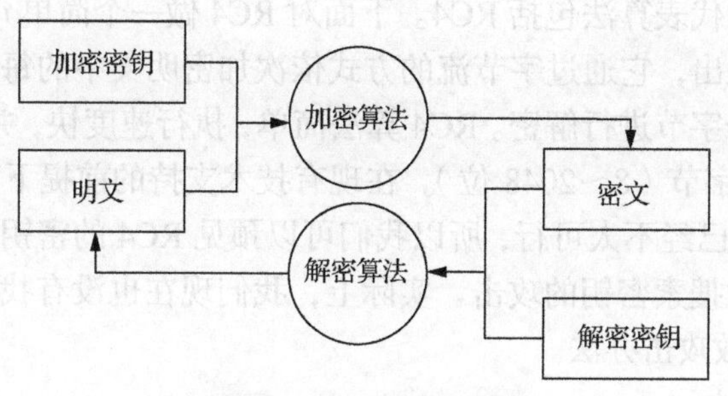

图 3-4　加解密基本过程

根据公钥和私钥是否相同，加解密算法可以分为对称加密算法和非对称加密算法两种基本类型，如表 3-1 所示。两种加密算法适用于不同场景的需求，恰好可以互补，很多时候两者也可以组合形成混合加密算法。

表 3-1　加解密算法类型

算法类型	代表算法	特点	优势	劣势
对称加密算法	DES、IDEA、3DES、AES	加解密密钥相同	空间占用小，计算效率高，加密强度大	共享公钥，易泄密
非对称加密算法	RSA、ElGamal、椭圆曲线系列算法	加解密密钥不相同	安全度高，无须提前共享密钥	计算效率低，存在中间人攻击

1．对称加密算法

顾名思义，对称加密算法是用相同的密钥对原文进行加密和解密，它的过程可以用下面两个公式来表示。

（1）加密过程：密钥+原文=密文。

（2）解密过程：密文-密钥=原文。

举个例子，我们需要对字符串“abc”进行加密传送。加密过程就是对每个字符做加 2 处理，那么与之相对的解密过程就是对每个字符做减 2 处理，如图 3-5 所示。

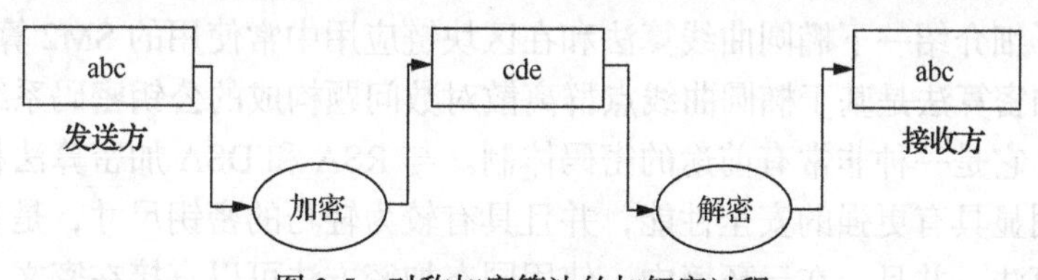

图 3-5　对称加密算法的加解密过程

对称加密算法的优点是加解密速度快，空间占用小，加密强度大。它的缺点在于参与方都需要提前持有密钥，一旦双方有人泄露密钥，则安全性被破坏，同时，也无法确保密钥的安全传递。总的来说，对称加密算法需要提前分好密钥，适用于大量数据的加解密过程，但不能用于签名场景。

对称加密算法从实现原理上可以分为两种：分组对称加密算法和序列对称加密算法。前者将明文切分为定长数据块作为基本加密单位，应用广泛。具有代表性的分组对称加密算法包括 DES、3DES、AES 和 IDEA。这里不做详细介绍，感兴趣的读者可以自行了解。后者则每次只对一个字节或字符进行加密处理，且密码不断变化。该算法只在一些特定领域使用，如数字媒介的加密等，代表算法包括 RC4。下面对 RC4 做一个简单介绍。

RC4 于 1987 年提出，它通过字节流的方式依次加密明文中的每个字节，解密的时候也是依次对密文中的每个字节进行解密。RC4 算法简单，执行速度快，并且密钥长度是可变的，可变范围在 1～256 个字节（8～2048 位）。在现有技术支持的前提下，当密钥长度为 128 位时，用暴力法搜索密钥已经不太可行，所以我们可以预见 RC4 的密钥范围仍然能够在今后很长一段时间内抵御暴力搜索密钥的攻击。实际上，我们现在也没有找到对于 128 位密钥长度的 RC4 加密算法的有效攻击办法。

2. 非对称加密算法

非对称加密算法中加密密钥和解密密钥是不同的，分别称为公钥和私钥。私钥一般需要通过随机算法生成，公钥可以根据私钥生成，而公钥是一定不能推导出私钥的。公钥一般是公开的，可以被他人获取。而私钥一般是个人持有的，不能被他人获取。形象地说，公钥可以看作你的银行卡账号，而私钥就是你的密码。举个例子，现需要对字符串“hello world”进行非对称加密传输。对于发送方，会用接收方公钥对明文进行加密得到密文；对于接收方，会用接收方私钥进行解密得到明文，过程如图 3-6 所示。

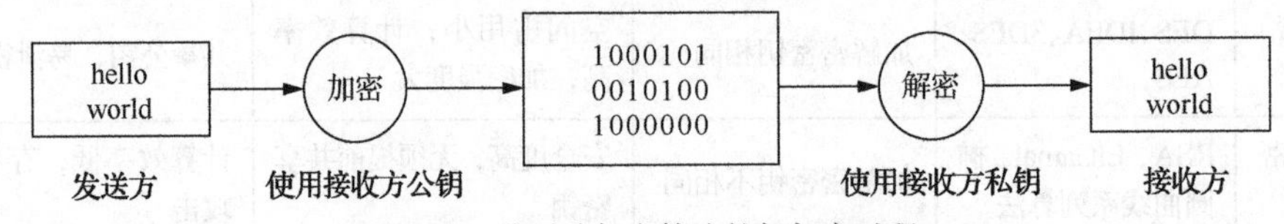

图 3-6　非对称加密算法的加解密过程

非对称加密算法的优点是解决了密钥传输中的安全性问题。它的缺点是处理速度往往比较慢，特别是生成密钥的过程和解密过程，一般比对称加解密算法慢 2～3 个数量级，同时加密强度也不如对称加密算法。非对称加密算法一般适用于签名场景或密钥协商，而不适用于大量数据的加解密。非对称加密算法的安全性往往需要基于数学问题来保障，目前主要基于大数质因子分解、离散对数、椭圆曲线等经典数学难题进行保护。

非对称加密代表算法包括 RSA、ElGamal、椭圆曲线、SM2 等系列算法。目前普遍认为 RSA 类算法可能在不远的将来被破解，一般推荐采用安全强度更高的椭圆曲线系列算法。在这里我们就来详细介绍一下椭圆曲线算法和在区块链应用中常使用的 SM2 算法。

椭圆曲线加密算法是基于椭圆曲线点群离散对数问题构成的公钥密码系统，在有限域上做加解密计算。它是一种非常有前途的密码体制。与 RSA 和 DSA 加密算法相比，它在抵抗外界攻击方面明显具有更强的安全性能，并且具有较为轻巧的密钥尺寸，是非常适用于区块链加密的一种算法。并且，在云环境中，使用同态加密方法可以直接在密文上进行运算，保证了用户的个人隐私与数据安全。

（1）椭圆曲线加密算法。

假设在素数域 F_q（F_q 的阶大于 3）上的椭圆曲线方程为：

$$E:\ y^2 \equiv x^3 + ax + b \pmod q \tag{3-1}$$

其椭圆曲线如图 3-7 所示。

假设点 $P(x_1, y_1) \neq \infty$ 为椭圆曲线上的一点，∞ 为椭圆曲线上的无穷远点，则椭圆曲线上的群运算法则满足以下两点。

- 存在加法恒等元∞使得 $P+\infty=P$。
- 存在加法负元 $(-P)(x_1,-y_1)$ 使得 $P(x_1,y_1)+(-P)(x_1,-y_1)=\infty$。

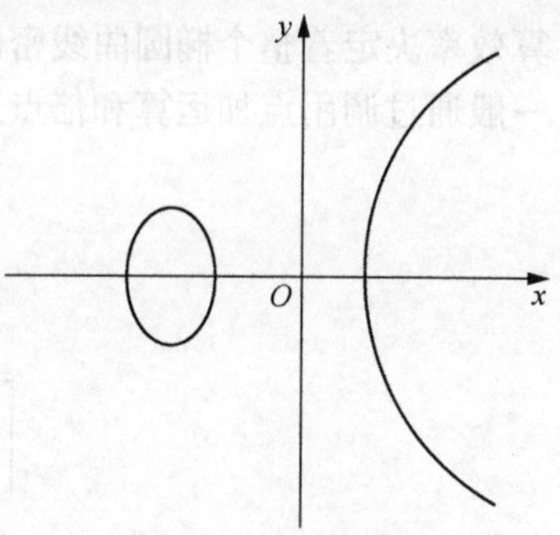

此外，椭圆曲线上的基本运算还包括点加运算和倍点运算。椭圆曲线上其他的点运算都可以通过调用点加运算和倍点运算来实现。

图 3-7　椭圆曲线

① 点加运算。

假定 $P(x_1,-y_1)$ 和 $Q(x_2,y_2)$ 为椭圆曲线上的两点，计算 $R(x_3,y_3)=P+Q$。依据椭圆曲线的“弦和切线”法则，连接 P 和 Q 作一条直线，交于椭圆曲线上的第三点 R'，则 R' 关于 x 轴对称的点 R 即为所求点，其表示如图 3-8 所示。

其代数运算表达式如下。

$$\begin{cases} x_3 \equiv \left(\dfrac{y_1-y_2}{x_1-x_2}\right)^2 - x_1 - x_2 \pmod q \\ y_3 \equiv \left(\dfrac{x_1-x_2}{y_1-y_2}\right)(x_3-x_1)+y_1 \pmod q \end{cases} \tag{3-2}$$

② 倍点运算。

假定 $P(x_1,y_1)$ 为椭圆曲线上的一点，倍点运算即求 $R(x_3,y_3)=2P$。倍点运算可以看成点加运算中 $Q=P$ 的特例，当 Q 无限靠近 P 时，P 和 Q 所连直线即为椭圆曲线在 P 处的切线。根据“弦和切线”法则，作 P 点的切线交椭圆曲线于 R'，则 R' 关于 x 轴对称的点 R 即为所求点，其表示如图 3-9 所示。

其代数运算表达式如下。

$$\begin{cases} x_3 \equiv \left(\dfrac{3x_1^2+a}{2y_1}\right)^2 - x_1 - x_2 \pmod q \\ y_3 \equiv \left(\dfrac{3x_1^2+a}{2y_1}\right)(x_3-x_1)+y_1 \pmod q \end{cases} \tag{3-3}$$

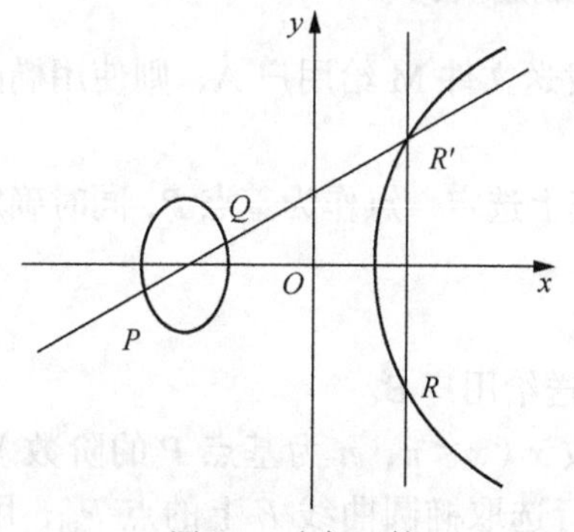

图 3-8　点加运算

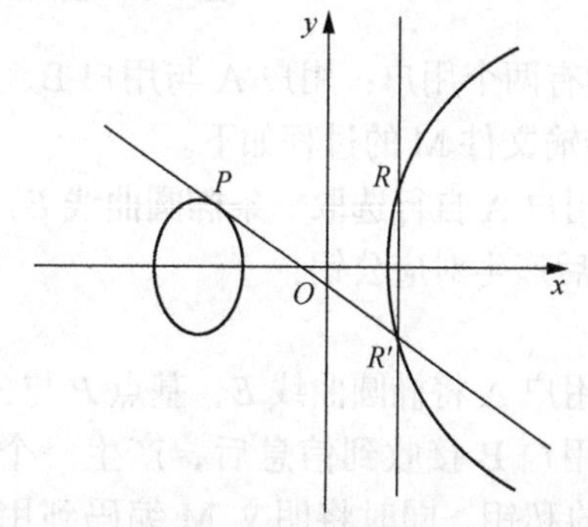

图 3-9　倍点运算

③ 椭圆曲线标量乘运算。

椭圆曲线上的标量乘运算定义为 $Q=kP$，其中 P 为定义在有限域 F_q 内的椭圆曲线上的一点。该步骤为完成由私钥求取公钥的过程，又称点乘运算。目前学者们广泛认为标量乘的运算效率决定着整个椭圆曲线密码系统的效率。通常，对二进制下的标量乘运算而言，其计算一般通过调用点加运算和倍点运算来实现，运算的基本层次如图 3-10 所示。

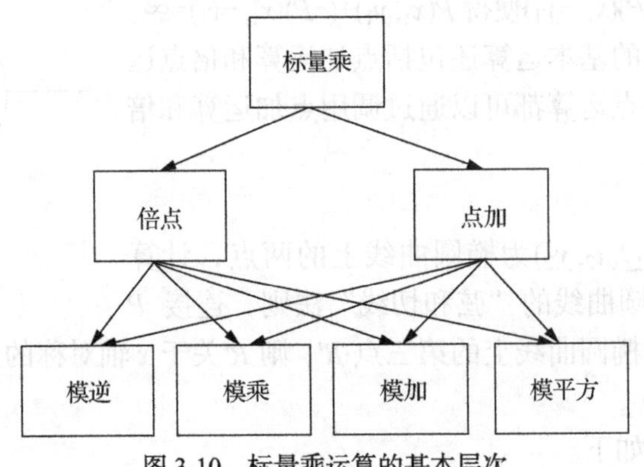

图 3-10　标量乘运算的基本层次

（2）椭圆曲线加密步骤。

通常公钥加密系统有两个密钥，椭圆曲线加密算法同样也有两个：公钥 Q 与私钥 k。椭圆曲线加密算法在执行加密操作时，要将明文信息嵌入曲线内的点；在执行解密操作时，需要将其相应的点解码还原成对应的明文信息。通常在加密过程中使用一种密钥进行加密，在解密过程中使用另一种密钥进行解密，如图 3-11 所示。

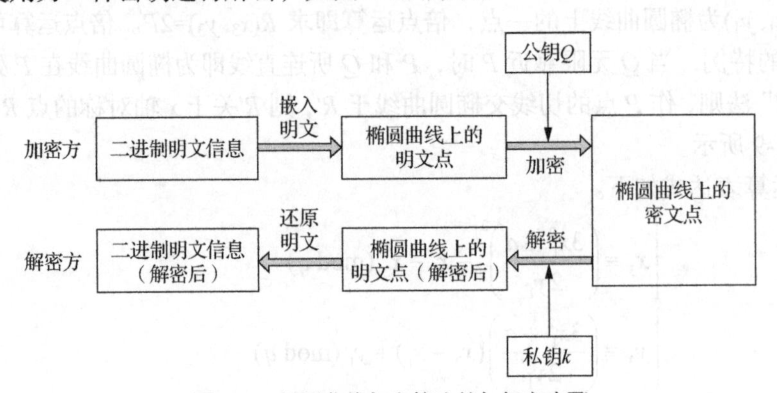

图 3-11　椭圆曲线加密算法的加解密步骤

假设有两个用户：用户 A 与用户 B，用户 B 发送文件 M 给用户 A，则使用椭圆曲线加密算法传输文件 M 的过程如下。

① 用户 A 自行选取一条椭圆曲线 E，之后在其上选定一点作为基点 P，同时确定一个私钥 k，最后产生对应公钥：

$$Q = kP$$

② 用户 A 将椭圆曲线 E、基点 P 与公钥 Q 传送给用户 B。

③ 用户 B 接收到信息后，产生一个随机整数 x（$x < n$，n 为基点 P 的阶数），x 即为用户 B 的私钥，同时将明文 M 编码到用户 A 自行选取椭圆曲线 E 上的点 P_{m}，用户 B 进行下列计算：

$$C_1=P_{\mathrm{m}}+xQ$$
$$C_2=xP$$

得到相应的密文：$C=(C_1,C_2)$，

或者：

$$C_3=P_mC_4$$
$$C_4=xQ$$

得到相应的密文：$C=(C_3,C_4)$。

④ 用户 B 将密文 C 传给用户 A，用户 A 接收到密文 C，使用私钥 k 解密密文：

$$C_1-kC_2=P_m+xQ-kxP=P_m+xkP-xkP=P_m$$

或者：

$$kC_2=kxP=xQ=C_4$$
$$C_3C_4^{-1}=P_mC_4C_4^{-1}=P_m$$

同时将椭圆曲线 E 上的点 P_m 解码为明文 M 即可。

（3）基于椭圆曲线加密算法的同态加密方法构造。

同态是近世代数中的概念。设 $<G,*>$ 与 $<G,\circ>$ 是两个不同的代数系统，$f:G\to H$ 为一个映射，如果对于 $\forall a,b\in G$，都有 $f(a*b)=f(a)\circ f(b)$，那么就称 f 为从 G 到 H 的一个同态映射。用户可以对服务器中的加密数据进行直接计算，无需解密。密文计算结果返回给用户。这样既保护了服务器中数据的隐私安全，也保持了计算功能，从而保障数据的安全。

设 $E(K,x)$ 表示用加密算法 E 和密钥 K 对 x 进行加密，F 表示一种运算。如果对于加密算法 E 和运算 F，存在有效算法 G 使得

$$E(K,F(x_1,\cdots,x_n))=G(K,F(E(x_1),\cdots,E(x_n)))$$

就称加密运算 E 对于运算 F 具有同态性。设加密函数为 E_k，解密函数为 D_k，明文数据为 $(m_1,m_2,\cdots,m_n)$，则加法同态与乘法同态可分别表示为

$$\sum_{i=1}^{n}m_i=m_1+m_2+\cdots+m_n=D_k(E_k(m_1)+E_k(m_2)+\cdots+E_k(m_n))$$

$$\prod_{i=1}^{n}m_i=m_1\times m_2\times\cdots\times m_n=D_k(E_k(m_1)\times E_k(m_2)\times\cdots\times E_k(m_n))$$

据此，基于椭圆曲线加密算法可产生两种加密方法：加法同态加密方法、乘法同态加密方法。

3. 混合加密算法

混合加密算法同时结合了对称加密算法和非对称加密算法的优点。混合加密算法是先用计算复杂度高的非对称加密协商一个临时的对称加密密钥（也称会话密钥，一般相对加密的内容来说要短得多），然后双方通过对称加密对传递的大量数据进行加解密处理。混合加密算法的常见实例就是使用普遍的 Web 通信协议——HTTPS。

3.1.3 时间戳技术

时间戳就是一份能够表示一份数据在一个特定时间点已经存在的、完整的、可验证的数据，是能够唯一标识某一时间的字符串，具有防篡改、防复用等特点，被广泛应用于数字版权、电子合同、共识交易等领域。区块链对每个经共识的区块加盖时间戳，证明数据的存在状态和时间顺序，确保数据在交易各方之间公开、透明并可追溯，为交易信息提供了有力的存在性证明。

3.1.4 梅克尔树技术

梅克尔树又称哈希树，如图 3-12 所示，是将数据的哈希值以树的结构来表示的一种数据

结构，叶子节点为原始数据的哈希值，非叶子节点为其孩子节点的哈希值。

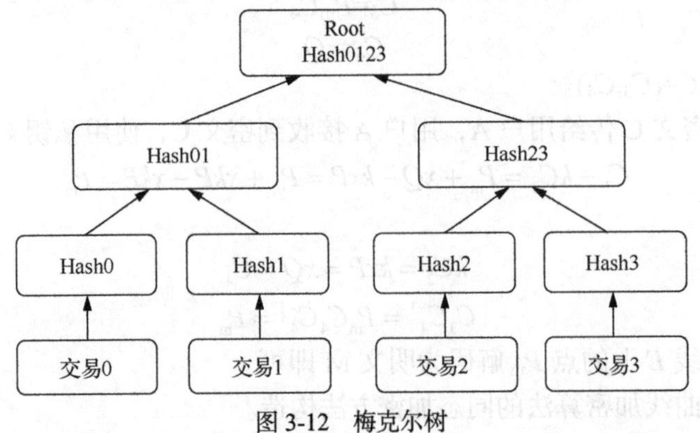

图 3-12　梅克尔树

在区块链的分布式环境中，通过使用梅克尔树的数据结构和哈希算法，两个节点在共识过程中，只需比较梅克尔树根节点的哈希值就能够判断两个节点分别持有的交易数据是否一致。

同时，在区块链中使用梅克尔树还能够进行资产证明或者负债证明，例如当用户需要证明图 3-12 中 Hash1 节点的账户资产时，只需将节点 Hash01 与节点 Hash23 的哈希值发送给用户即可。这样就形成了如图 3-13 所示的区块结构。

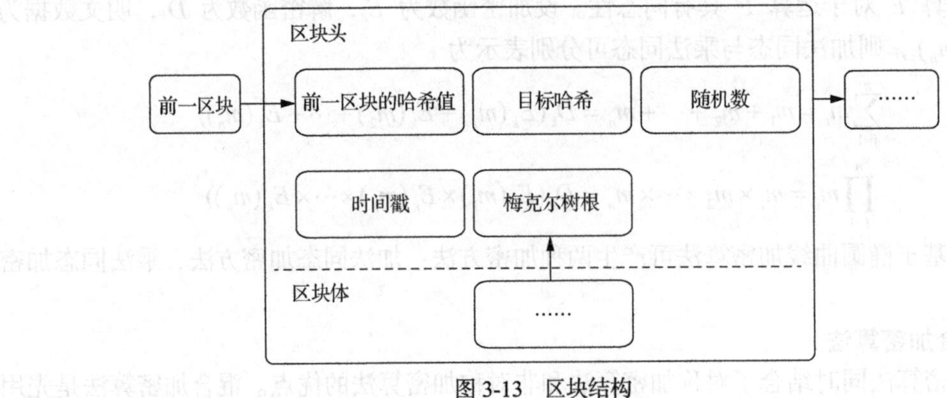

图 3-13　区块结构

3.1.5　数字签名

数字签名是非对称密钥加密技术与数字摘要技术的应用，是只有信息的发送者才能生成的、别人无法伪造的一段数字串。这段数字串是对信息的发送者发送信息真实性的一个有效证明，通过它能确认数据的来源以及保证数据在发送的过程中未做任何修改或变动。数字签名中的签名与信息是分开的，需要一种方法将签名与信息联系在一起。任何人都可以利用一种公开的方法对数字签名进行验证。数字签名加解密过程如图 3-14 所示。

在数字签名的过程中，要对原文的摘要进行签名，对信息的哈希值进行签署，而不对信息本身进行签署。如果输出值是 256 位的哈希值，那么我们可以有效地签署任何长度的信息，只要签名方案能签署 256 位的信息。如上所述，我们将信息的哈希值作为摘要，由于哈希函数具有抗碰撞性，因此这种方案是安全的。当然我们也可以用哈希指针进行签署。

如果签署了哈希指针，那么该签名将覆盖整个结构，即包括哈希函数指向的整个区块链。具体签名过程这里不赘述，有兴趣的读者可自行了解。除普通的数字签名应用场景外，盲签名、多重签名、群签名和环签名等特殊数字签名技术主要用于特定安全需求场景，下面逐一进行简单介绍。

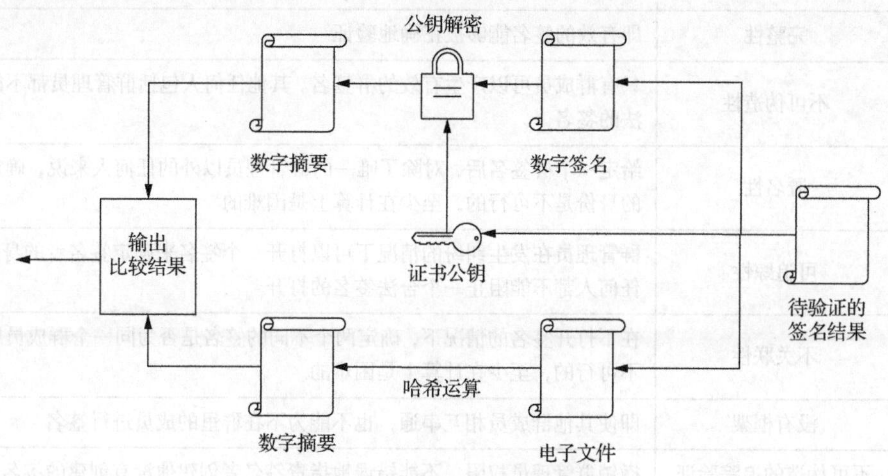

图 3-14　数字签名加解密过程

1. 盲签名

签名者需要在无法看到原始内容的前提下对信息进行签名。一方面，盲签名可以实现对签名内容的保护，防止签名者看到原始内容；另一方面，盲签名还可以防止追踪，签名者无法将签名内容和签名结果进行对应。RSA 盲签名算法是典型的盲签名算法。我们接下来用一个例子来阐述 RSA 盲签名的原理。例如，现有 A 的公开密钥 e，私钥 d，和一个公开模数 n，B 打算让 A 盲签。首先 B 选取盲因子 k 来盲化消息 m，得到 m'，即 $m' \equiv m*r^e(\text{mod } N)$；然后 A 对盲化消息 m'进行签名：$s' \equiv (m')^d(\text{mod } N)$；最后 B 通过计算解盲消息：$s \equiv s'/r(\text{mod } N)$。其具体实现的算法在后面的思考题中留给读者完成。下面我们用一个现实中的例子来阐述盲签名的过程。

（1）盲化：将盲签名的文件放入信封。

（2）签名：信封里放一张复写纸，签名者签信封，签名透过复写纸签到文件上。

（3）去盲：打开信封。

2. 多重签名

多重签名是指，在 n 个签名者中，至少收集到 m 个（$n \geqslant m \geqslant 1$）签名，即认为签名合法。其中，$n$ 是提供公钥的个数，m 是需要匹配公钥的最少的签名个数。多重签名可以有效地应用在多人投票共同决策的场景中。例如，双方进行协商，第三方作为审核方，三方中任何两方达成一致即可完成协商。比特币交易中就支持多重签名，可以实现多人共同管理某个账户的比特币交易。多重签名的交易可以理解为：A 把钱放进保险柜后，不仅用 B 的公钥给保险柜加锁，还用自己的公钥加锁，甚至还使用第三方 C（如中介或仲裁者）的公钥再加一道锁。而且这个保险柜非常智能，可以设置只有开了几道锁后保险柜的门才打开。这样设定，不同的开锁要求就可以得到不同的应用模型。

3. 群签名

群签名，即某个群组内一个成员可以代表群组进行匿名签名。签名可以验证来自该群组，却无法准确追踪到签名的是哪个成员。群签名需要一个群管理员来添加新的群成员，因此存在群管理员追踪到签名成员身份的风险。对于群签名有如表 3-2 所示的安全性要求。

表 3-2　　群签名的安全性要求

序号	安全性要求	含义
1	完整性	即有效的签名能够被正确地验证
2	不可伪造性	只有群成员可以产生有效的群签名。其他任何人包括群管理员都不能伪造合法的签名
3	匿名性	给定一个群签名后，对除了唯一的群管理员以外的任何人来说，确定签名者的身份是不可行的，至少在计算上是困难的
4	可追踪性	群管理员在发生纠纷的情况下可以打开一个签名来确定签名者的身份，而且任何人都不能阻止一个合法签名的打开
5	不关联性	在不打开签名的情况下，确定两个不同的签名是否为同一个群成员所签的是不可行的，至少在计算上是困难的
6	没有框架	即使其他群成员相互串通，也不能为不在群里的成员进行签名
7	不可伪造的追踪验证	撤销群管理员权限，不能错误地指责签名者创建他没有创建的签名
8	抵抗联合攻击	即使一些群成员串通在一起也不能产生一个合法的、不能被跟踪的群签名

群签名的一般流程如图 3-15 所示。

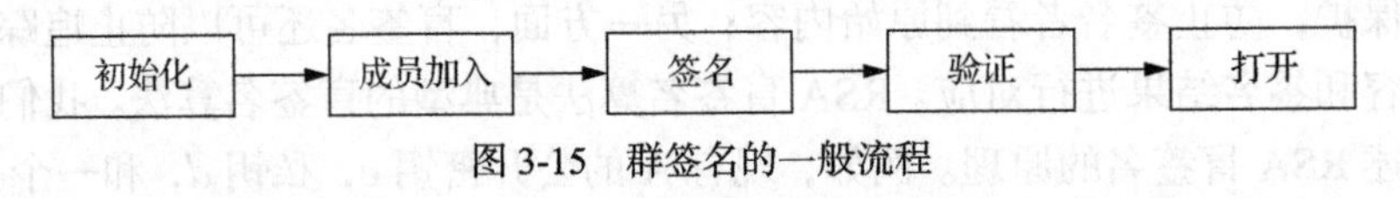

图 3-15　群签名的一般流程

（1）初始化：群管理员创建群资源，生成对应的群公钥（Group Public Key）和群私钥（Group Private Key）。群公钥对整个系统中的所有用户公开，如群成员、验证者等。

（2）成员加入：当用户加入群的时候，群管理员颁发群证书（Group Certificate）给群成员。

（3）签名：群成员利用获得的群证书签署文件，生成群签名。

（4）验证：验证者利用群公钥仅可以验证所得群签名的正确性，而不能确定群中的正式签署者。

（5）打开：群管理员利用群私钥可以对群成员生成的群签名进行追踪，并暴露签署者身份。

4．环签名

环签名是一种简化的群签名。签名者首先选定一个临时的签名者集合，集合中包括签名者自身。然后签名者利用自己的私钥和签名集合中其他人的公钥可以独立地产生签名，而无须他人的帮助。签名者集合中的其他成员可能并不知道自己被包含在最终的签名中。环签名在保护匿名性方面有很多用途，例如可以使用环签名提供来自“某高级官员”的匿名签名，而不会透露哪个官员签署了该消息。因为环签名的匿名性不能被撤销，并且用于环签名的组可以被即兴创建。环签名的一般流程如图 3-16 所示。

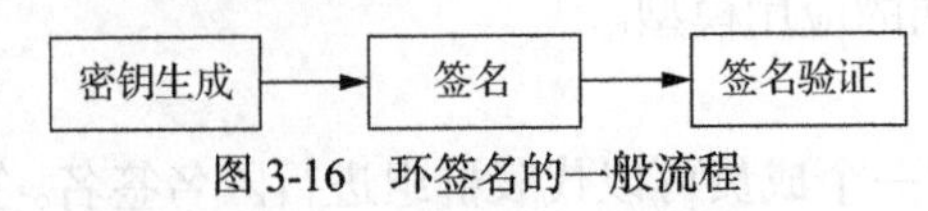

图 3-16　环签名的一般流程

（1）密钥生成：为环中每个成员产生一个密钥对（公钥 PK_i、私钥 SK_i）。

（2）签名：签名者用自己的私钥和任意 n 个环成员的公钥为消息 m 生成签名 a。

（3）签名验证：签名者根据环签名和消息 m，验证签名是否是环中成员所签。如果是就接收，如果不是就丢弃。

环签名和群签名的对比如表 3-3 所示。

表 3-3　　环签名和群签名的对比

序号	对比点	解释
1	匿名性	都是一种个体代表群体签名的机制，验证者能验证签名为群体中某个成员所签，但并不能知道具体是哪个成员，以达到签名者匿名的作用
2	可追踪性	群签名中，群管理员的存在保证了签名的可追踪性。群管理员可以撤销签名，揭示真正的签名者。环签名本身无法揭示签名者，除非签名者本身想暴露或者在签名中添加了额外的信息。环签名提出了一个可验证的方案，方案中真实签名者希望验证者知道自己的身份，此时真实签名者可以通过透露自己掌握的秘密信息来证实自己的身份
3	管理系统	群签名由群管理员管理，环签名不需要管理，签名者只需选择一个可能的签名者集合，获得其公钥，然后公布这个集合即可，所有成员平等

3.1.6　数字证书

对非对称加密算法和数字签名来说，很重要的一点就是公钥的分发。以 3.1.2 小节 “hello world” 的传送为例，如果在发送方发送初始被截获，截获方就可以伪造公钥并修改传送内容继续进行传送。也就是说一旦公钥自身出现了问题，则整个建立在其上的安全体系的安全性将不复存在。数字证书机制可以解决证明 “我确实是我” 的问题，它就像日常生活中的一个证书一样，可以证明所记录信息的合法性。例如，证明某个公钥是某个实体，并且确保一旦内容被篡改能被探测出来，从而实现对用户公钥的安全分发。一般情况下，数字证书需要由被信任的第三方证书认证机构（Certificate Authority，CA）进行签发和背书。权威的证书认证机构包括 DigiCert、GlobalSign、VeriSign 等。用户也可以自行搭建本地 CA 系统，在私有网络中使用。

数字证书一般包括版本、序列号、签名算法类型、签发者信息、有效期、被签发人、签发的公开密钥、CA 数字签名等信息。其中最重要的是签发的公开密钥和 CA 数字签名。因为带有 CA 的数字签名，所以只要通过证书就可以证明某个公钥是合法的。那么怎么来证明 CA 的签名是否合法呢？类似地，CA 的签名是否合法也是通过 CA 的签名证书来证明的。主流的系统和浏览器里会提前预置一些 CA 的证书（承认这些是合法的证书），基于它们认证的签名都会被认为是合法的。接下来举一个例子——HTTPS 来帮助读者理解。采用 HTTPS 建立安全连接（TLS 握手协商过程）的基本步骤如图 3-17 所示。

在 HTTPS 建立安全连接的过程中，数字证书的作用就是验证服务器的真实身份。安装过由第三方权威机构颁发的 SSL 证书的网站，在浏览器地址栏会显示安全锁标识，单击该锁标识可查询网站的真实身份。另外有些安装了 EVSSL 证书的网站，整个地址栏会变成绿色。这些安装了 SSL 证书的网站，能够有效避免钓鱼网站、欺诈网站等类似的攻击所造成的经济损失。

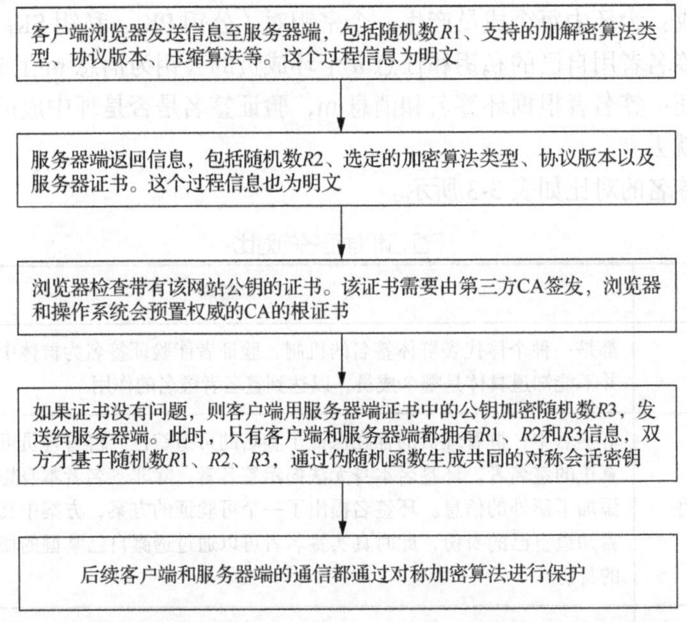

图3-17 采用HTTPS建立安全连接（TLS握手协商过程）的基本步骤

3.1.7 密钥分存

在我国古代，有一种皇帝调兵遣将用的兵符——虎符，它作为调动军队的凭证在古代发挥了巨大的作用，它一半存于中央，一半赋予将帅。现在美国也使用类似的调兵方式。由此可见这种将权利分开存储的思想古今中外皆有。那么作为互联网安全的根基，现代密码学中为什么要引进这一思想？又是如何运用这一思想的呢？这里就用到了密钥分存的技术。该技术又是如何实现把一个密钥分别保存在各处的呢？就一个密钥来说，它面临着两个难题。第一，若把密钥交给一个人保管，在操作上可能存在以下问题：每次都需要管理员出席才能得到这个密钥；若管理员发生意外，那么将永久地丢失密钥；若管理员将此密钥出售给他人，也将危及系统安全。第二，若将此密钥复制多份，交给多个管理员保管，这样能大概率地避免密钥与管理员的个人状况关系过密的问题，却又大大增加了密钥被出售的风险。所以密钥分存技术显得尤为重要。什么是密钥分存技术？根据Shamir和Blakley在1979年分别提出的“门限方案”：将选定的主密钥K打造成n份不同的子密钥，以$t(0<t<n)$为“门限值”，当子密钥数目超过或等于门限值t的时候，可以导出主密钥。从上面的定义可以知道，通过改变门限值t可以适当地提升系统的安全性和操作效率。

3.1.8 匿名技术

要准确理解匿名性的概念，我们先来了解一下匿名与化名的区别。在我们的现实生活中，无论是QQ还是微信，我们经常会选择一个网名在系统内进行交互，这个网名也就是化名。相反，我们在QQ群中匿名发言的时候就是匿名了。在这个过程中，匿名发言者不带任何标识性属性。从字面上理解，匿名的意思就是“没有名字”。当我们尝试用这个定义去表示比特币中的匿名性时，会有两种不同的诠释：在交易的时候不使用真实的姓名，或者在交易时完全不使用任何名字。那么比特币到底是否具有匿名性，这两种解释会带来两种不同的结论。比特币的地址是公钥哈希值。在与比特币系统进行交互的过程中，使用者不需要使用真实的姓名，但需要公钥的哈希值来做唯一的标识。因此，按照第一种对匿名的解释，比特币是具有匿名性的，因为使用者不需要使用真实的姓名。然而，如果采用第二种解释，比特币就不具有匿名性，因为交易中必须使用地址来作为唯一标识。在计算机科学中，这种不用真实姓名而使用一种特定标识的折中做法被称为化名，而匿名是指具有无关联性的化名，无关联性是一种针对特定攻击者的能力而定义的属性。从直观的意思来看，无关联性意味着如果一个用户和系统进行重复交互，从特定攻击者的角度，不同的交互行为之间应该无法相互关联。

3.1.9 隐私模型

传统的隐私模型（见图 3-18）为交易的参与者提供了一定程度的隐私保护。第三方不会交出交易者的个人身份信息，公众所得知的只是某个人将一定数量的货币发给了另外一个人，但是很难将交易与一个具有特定身份的人联系起来，从而也无法知道这个人是谁。这与证券交易所发布的信息类似。每笔股票交易的时间和数量都被记录下来，可供查询，但交易双方的身份信息不被披露。但事实上，交易双方的个人信息都存储在第三方机构中，因此在一定程度上，交易参与人的隐私仍然存在泄露的风险。

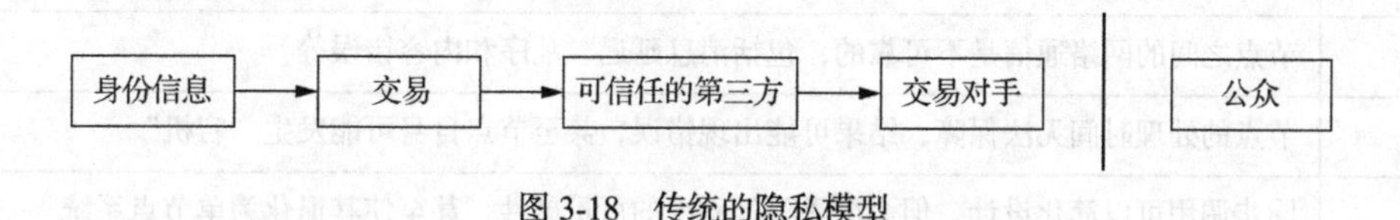

图 3-18 传统的隐私模型

在比特币的隐私模型中（见图 3-19），所有的交易都不需要第三方操作，也不需要提供任何身份信息，只需要提供比特币地址就可以完成准匿名（Pseudo-Anonymous）交易。在一定程度上，交易无法追溯到交易者本身，因此比特币交易在一定程度上可以不受监管。然而，通过对区块链上的交易地址和交易金额的关联分析，可以获得该交易相关人员的线索。因此，比特币的交易不是一种纯粹的匿名交易机制，而是一种准匿名交易机制。

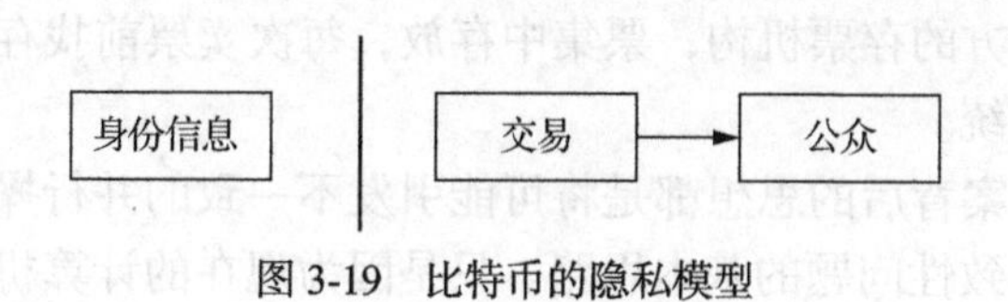

图 3-19 比特币的隐私模型

3.2 区块链核心问题

接下来将介绍基于区块链的分布式系统核心问题，包括一致性问题、拜占庭将军问题与算法、FLP 不可能原理与 CAP 原理。

3.2.1 一致性问题

一致性问题是分布式领域最重要、最基础的问题之一。如果分布式系统能实现“一致”，对外就可以呈现一个友好的、可扩展的“虚拟节点”，其主要核心问题如下。

1. 定义与重要性

一致性（Consistency），早期也叫作“Agreement”，是指对分布式系统中的多个服务节点，给定一系列操作，在约定协议的保障下，试图使得它们对处理结果达成“某种程度”的认同。理想情况下，如果各个服务节点严格遵守相同的处理协议，构成相同的处理状态机，给定相同的初始状态和输入序列，则可以保障在处理过程中的每个环节的结果都是相同的。那么，为什么说一致性问题十分重要呢？举例来说，多个售票处同时出售某线路上的火车票，该线路上存在多个经停站，怎么才能保证在任意区间都不会出现超售的情况呢？这个问题看起来似乎没那么难（现实生活中经常通过分段分站的售票机制）。然而，为了支持海量的用户和避免出现错误，这个问题将面临很多设计和实现上的挑战。特别是在计算机世界里，为了满足高性能和高可扩展性需求，问题会变得更为复杂。

2. 问题与挑战

看似强大的计算机系统，实际上有很多地方都比人类世界要脆弱得多。特别是在分布式计算机集群系统中，以下几个方面更容易出现问题，如表 3-4 所示。

表 3-4　　分布式计算机集群系统中容易出现问题的几个方面

序号	问题
1	节点之间的网络通信是不可靠的，包括消息延迟、乱序和内容错误等
2	节点的处理时间无法保障，结果可能出现错误，甚至节点自身可能发生“宕机”
3	同步调用可以简化设计，但会严重降低系统的可扩展性，甚至使其退化为单节点系统

以火车票售卖为例，我们可以考虑以下的解决方案。

（1）在出售任意一张票前，先打电话给其他售票处，确认当前这张票不冲突。即通过同步调用来避免冲突。

（2）多个售票处提前约好各自的售票时间。例如第一家可以在上午 8 点～9 点售票，一个小时后是另外一家……即通过令牌机制来避免冲突。

（3）成立一个第三方的存票机构，票集中存放，每次卖票前找存票机构查询。此时问题退化为中心化单节点系统。

实际上，这三种方案背后的思想都是将可能引发不一致的并行操作进行串行化。这也是现代分布式系统处理一致性问题的基本思路。只是因为现在的计算机系统应对故障往往不够“智能”，而人们又希望系统能够更快更稳定地工作，所以实际可行的方案需要更加全面、更加高效。注意这些方案都没有考虑请求和答复消息失败的情况，且同时假设每个售票处的售票机制是正常工作的。

3. 一致性要求

规范地说，分布式系统达成一致的过程应该满足以下几个条件。

（1）可终止性：一致的结果在有限的时间内完成。

（2）约同性：不同节点最终完成决策的结果是相同的。

（3）合法性：决策的结果必须是某个节点提出的提案。

可终止性很容易理解。有限时间内完成意味着系统可以保障提供服务，这是计算机系统可以被正常使用的前提。需要注意的是，在现实生活中这个条件并不能总得到保障，例如取款机有时会出现“服务中断”，拨打电话有时是“无法连接”的。约同性看似容易，实际上暗含了一些信息。决策的结果相同意味着算法要么不给出结果，要么给出的结果必定是达成了共识的，即决策的结果具有安全性。挑战在于算法必须要考虑可推广到任意情形，这往往就不像看起来那么简单了。例如现在就剩一张某区间（如成都—北京）的车票了，两个售票处也分别刚通过了某种方式确认过这张票的存在。这时，两个售票处几乎同时分别来了一位乘客要购买这张票，从各自"观察"看来，自己一方的乘客都是先到的。这种情况下，怎么能达成对结果的共识呢？卖给物理时间上率先提交请求的乘客即可。然而，对于两个来自不同位置的请求来说，要判断时间上的"先后"关系并不是那么容易。两个车站的时钟可能是不一致的；可能无法记录下足够精确的时间；更何况根据相对论的观点，并不存在绝对的时空观。可见，事件发生的先后顺序十分重要，这也是解决分布式系统很多问题的核心：把多件事情进行排序，而且这个顺序还是被认可的。合法性看似绕口，但是其实比较容易理解，即达成的结果必须是节点执行操作的结果。仍以卖票为例，如果两个售票处分别决策某张票出售给张三和李四，那么最终达成一致的结果要么是票出售给张三，要么是票出售给李四，而绝对不会是其他人。

4. 带约束的一致性

从前文的分析可以看出，达到与绝对理想的严格一致的代价很大。除非系统没有任何故障，并且所有节点之间的通信不需要任何时间，这个时候整个系统实际上相当于一台机器。事实上，越强的一致性需求常常导致越弱的处理性能和更差的可拓展性。

一般来讲，强一致性主要包括以下两类。

（1）顺序一致性：这是一个相对较强的约束，确保所有进程看到的全局顺序是一致的，并且每个进程看到自身的执行顺序与实际发生顺序一致。例如，如果一个进程先执行A，然后执行B，那么实际的全局结果应该是A在B之前，而不是相反。与此同时，所有其他进程在全局上都应该看到这个顺序。顺序一致性实际上限制了每个进程中指令的顺序关系，以及进程之间根据物理时间进行全局排序。

（2）线性一致性：在顺序一致性的前提下加强了进程间的操作排序，形成唯一的全局顺序，是很强的原子性的保证，但这比较难实现。目前，它基本上依赖于全局时钟或锁，或者是由一些复杂的算法来实现，而且性能往往不高。

实现强一致性通常需要精确的计时设备。高精度的石英钟的漂移率为 10^{-7}，最准确的原子振荡时钟的漂移率为 10^{-13}。谷歌曾在其分布式数据库Spanner中采用基于原子时钟和GPS的"True Time"方案，可以将不同数据中心的时间偏差控制在10ms以内。方案简单而有效，但存在成本较高的问题。强一致性系统通常很难实现，而且在许多情况下，实际需求并不严格到需要强一致性的程度。因此，一致性的要求可以适当放宽。例如，在一定约束下实现所谓最终一致性，即系统总有达到一致状态的时刻。大多数Web系统实现的都是最终一致性。相对较强的一致性，这种一致性在某些方面被弱化，一般称为弱一致性。

3.2.2 拜占庭将军问题与算法

拜占庭将军问题讨论了允许在少数恶意节点存在的情况下达成一致性的问题。拜占庭容错算法讨论了系统在拜占庭情况下如何达成共识。

1. 两将军问题

在拜占庭将军问题提出之前，就已经存在两将军问题：两个将军达成协议，通过信使约定双方一起进攻或撤退，但信使可能会被敌人杀死或阻挡。如何才能达成共识？先说一下结论：根据下面将要讨论的 FLP 不可能原理，这个问题没有通用的解决方案。

2. 拜占庭将军问题

拜占庭将军问题又称拜占庭问题，它是兰伯特等科学家在 1982 年提出的一个解释一致性问题的虚拟模型。拜占庭是古罗马的首都，由于地域宽广，边界上的多个将军（类似分布式系统中的多个节点）需要信使来传递消息并达成某些一致的决定。但由于将军中可能有叛变者（类似分布式系统中节点出错），这些叛变者会试图向不同的将军发送不同的信息，干扰共识的达成。拜占庭问题即为此情况下如何让忠诚的将军们达成行动的一致。对于拜占庭问题，如果节点总数为 N，反叛将军数为 F，那么只有当 $N \geqslant 3F+1$ 时，该问题才能得到解决，而这是由拜占庭容错（Byzantine Fault Tolerant，BFT）算法保证的。例如，N=4、F=1。

如果提案者不是叛变者。提案者发送一个提案出来，叛变者可以宣称收到的是相反的命令。第三个人（忠诚者）收到两个相反的消息，无法确定谁是叛变者，则系统中无法达成一致。如果提案者是叛变者，发送两个相反的提案给另外两个人，另外两人都收到两个相反的信息无法判断究竟谁是叛变者，则系统无法达成一致。一般来说，当提案者不是叛变者，提案者提出提案信息 1，系统中会有 N−F 份确定的信息 1 和 F 份不确定的信息（可能为 0 或 1，假设叛变者会尽量干扰一致的达成），N−F>F，即 N>2F 的情况下才能达成一致。当提案者是叛变者，提案者会尽量发送相反的提案给 N−F 个合作者，从收到 1 的合作者来看，系统中会存在(N−F)/2 份信息 0，和(N−F)/2 份信息 1；另外存在 F−1 份不确定的信息。如果合作者想要达成一致，他必须进一步确定所获得的信息，查询其他可疑对象的消息值，并通过取多数来作为被怀疑者的信息值。这个过程可以进一步递归下去。兰伯特等人在他们的论文中证明，当叛变者不超过 1/3 时，存在有效的拜占庭容错算法。反之，则无法保证一定能达到一致的效果。那么，当叛变者超过 1/3 时，拜占庭问题有没有可能存在解决方案呢？设想有 F 个叛变者和 L 个忠诚者，叛变者故意使坏，其可以给出错误的结果，也可以不响应。某个时候 F 个叛变者都不响应，则 L 个忠诚者取多数即能得到正确的结果。当 F 个叛变者都给出一个恶意的提案，并且 L 个忠诚者中有 F 个离线时，剩下 L-F 个忠诚者就无法分辨是否混入了叛变者，仍然要确保多数能得到正确的结果，因此 L−F>F，即 L>2F 或 N−F>2F，系统整体规模 N 要大于 3F。即能确保达成一致的拜占庭系统节点数至少为 4，此时最多允许出现 1 个坏节点。

3. 拜占庭容错算法

拜占庭容错算法是解决拜占庭问题的一种容错算法。它解决了网络通信的可靠性问题，即节点如何在故障情况下达成一致。拜占庭容错算法最早在 1980 年被 Leslie Lamport 等人提出，之后进行了大量的改进。长期以来，拜占庭问题的求解过于复杂，直到 PBFT 算法的提出。1999 年，Castro 和 Liskov 提出了 PBFT 算法，并在之前工作的基础上进行了优化。拜占庭容错算法目前得到了广泛的应用。其可以在失效节点不超过总数的 1/3 的情况下，同时保证分布式系统的安全性和活性。拜占庭容错算法是一类分布式计算领域的容错算法，是一种解决分布式系统容错问题的通用方案。使用拜占庭容错系统可以将拜占庭协议的运行复杂度从指数级降低到多项式级，使拜占庭协议在分布式系统中的应用成为可能。值得一提的是，拜占庭式容错算法和简化的拜占庭式容错算法在联盟链中得到了广泛的应用。PBFT 使用与密码学相关的技术（RSA 签名算法、消息验证编码和摘要）来确保消息传递过程不会被篡改和破坏。PBFT 是一种状态机复制算法，即服务作为状态机进行建模，状态机在分布式系统的不同节点进行副本复制。状态机的每个副本都保存服务的状态，并实现服务的操作。

所有的副本在一个被称为视图的轮换过程（Succession of Configuration）中运作。在某个视图中，一个副本作为主节点（Primary），其他的副本作为备份（Backups）。主节点由公式 $p \equiv v \bmod |R|$ 计算得到，这里 v 是视图编号，p 是副本编号，$|R|$ 是副本集合的个数。当主节点失效的时候就需要启动视图切换（View Change）过程。Paxos 算法就是使用类似方法解决良性容错的，其具体过程如下。

（1）客户端向主节点发送请求调用服务操作。

（2）主节点通过广播将请求发送给其他副本。

（3）所有副本都执行请求并将结果发回客户端。

（4）客户端需要等待 f+1 个不同副本节点发回相同的结果，作为整个操作的最终结果。

同所有的状态机副本复制技术一样，PBFT 对每个副本节点提出了两个限定条件：所有节点必须是确定的；所有节点必须从相同的状态开始执行。也就是说，在给定状态和参数相同的情况下，操作执行的结果必须相同。在这两个限定条件下，即使存在失效的副本节点，PBFT 算法对所有非失效副本节点的请求执行总顺序也会达成一致，从而保证安全性。

3.2.3　FLP 不可能原理

1．定义

FLP 不可能性（FLP Impossibility）是分布式领域中一个非常著名的结果，该结果在专业领域被称为“定理”，其地位之高可见一斑。该定理的论文是由 Fischer、Lynch 和 Patterson 这 3 位作者于 1985 年发表的，之后该论文毫无疑问地获得了 Dijkstra 奖。

FLP 不可能原理：在网络可靠但允许节点失效（即便只有一个）的最小化异步模型系统中，不存在一个可以解决一致性问题的确定性共识算法。FLP 不可能原理实际上告诉人们，不要浪费时间去为异步分布式系统设计在任意场景下都能实现共识的算法。

2．正确理解

要正确理解 FLP 不可能原理，首先要弄清楚“异步”的含义。在分布式系统中，同步和异步这两个术语存在特殊的含义。同步是指系统中的各个节点的时钟误差存在上限，并且消息传递必须在一定时间内完成，否则认为失败；同时各个节点完成处理消息的时间一定是对的。对于同步系统，我们可以很容易地判断消息是否丢失。异步是指系统中各个节点可能存在较大的时钟差异，同时消息传输时间是任意长的，各节点对消息进行处理的时间也可能是任意长的，这就造成我们无法判断某个消息迟迟没有被响应是哪里出了故障（节点故障还是传输故障）。不幸的是，现实生活中的系统往往都是异步系统。

最初论文以图论的形式严格证明了 FLP 不可能原理。要理解这一基本原理并不复杂，举一个不严谨的例子：3 个人在不同的房间投票（投票结果为 0 或者 1）。3 个人可以通过电话交流，但经常会有人打瞌睡，例如在某一时刻，A 投了 0 票，B 投了 1 票，C 收到了两个人的投票，然后 C 睡着了，A 和 B 永远都不可能在有限的时间内知道最后的结果，究竟是 C 没有回答还是回答的时间太长了。如果可以重新投票，那么在获得每个结果之前可能会出现类似的情况，这将导致永远无法达成共识。

FLP 不可能原理实际上说明在允许节点失效的情况下，纯粹异步系统无法确保一致性在有限时间内完成。即便在非拜占庭错误的前提下，包括 Paxos、Raft 等算法也都存在无法达成共识的情况，只是工程实践中这种情况出现的概率很小。那么 FLP 不可能原理是否意味着研究共识算法压根没有意义？学术界做研究，往往考虑的是数学和物理意义上最极端的情形，很多时候生活要美好得多。例如，上面例子中描述的最坏情形每次都发生的概率并没有那么大。工程实现上多尝试几次，很有可能就成功了。科学告诉你什么是不可能，工程则告诉你付出一些代价可以把它变成可行。这就是科学和工程不同的魅力。那么，退一步讲，在付出一些代价的情况下，我们在共识达成上能做到多好？回答这个问题的是另一个原理：CAP 原理。

3.2.4 CAP 原理

CAP 原理被认为是分布式系统领域的重要原理之一，下面对其进行简单介绍。

1. 定义

CAP 原理又称 CAP 定理，指的是在一个分布式系统中，一致性（Consistency）、可用性（Availability）、分区容忍性（Partition Tolerance）这三个需求最多只能同时满足两个，不可能三者兼顾。

（1）一致性：任何操作都应该是原子的，发生在后面的事件能看到前面事件发生导致的结果。注意这里强调的是强一致性。

（2）可用性：在有限时间内，任何非失败节点都能应答请求。

（3）分区容忍性：网络可能发生分区，即节点之间的通信不可保障。

比较直观的理解是，当网络可能出现分区的时候，系统是无法同时保证一致性和可用性的。要么，节点收到请求后因为没有得到其他节点的确认而不应答（牺牲可用性），要么节点只能应答非一致的结果（牺牲一致性）。由于大多数时候网络被认为是可靠的，因此系统可以提供一致可靠的服务。网络不可靠时，系统要么牺牲一致性（多数场景下），要么牺牲可用性。

2. 特性

既然 CAP 的三个需求不能同时得到保障，设计系统时必然就要弱化对某个特性的支持。CAP 特性包括以下 3 点。

（1）弱化一致性。

对结果的一致性不敏感的应用程序，可以允许在新版本上线后过一段时间才最终更新成功，并确保这段时间内的一致性。如网站静态页面内容、弱实时查询数据库，简单的分布式同步协议等，都是为此而设计的。

（2）弱化可用性。

一直对结果敏感的应用程序，如银行自动取款机，在系统故障时将拒绝服务。MongoDB、Redis、MapReduce 等都是为此而设计的。Paxos 和 Raft 等共识算法，主要处理这种情况。在 Paxos 等算法中，可能会出现无法提供可用结果的情况，同时允许少许节点离线。

（3）弱化分区容忍性。

在现实中，网络出现分区的概率很小，但很难完全避免。两阶段的提交算法、某些关系数据库和 ZooKeeper 主要考虑了这种设计。在实践中，网络可以通过双通道等机制提高可靠性，实现高度稳定的网络通信。

3.3 区块链共识机制

区块链是伴随比特币诞生的，是比特币的基本技术架构。区块链可以理解为一种基于互联网的去中心化记账系统。像比特币这样的去中心化的“数字货币”系统，需要区块链来保证在没有中心节点的情况下诚实节点的记账一致性。因此，区块链技术的核心是在没有中央控制的情况下，相互信任的个人之间达成交易合法性等的共识机制。

共识在很多时候会与一致性放在一起讨论。严格地说，这两个词的含义并不完全相同。一致性通常是指分布式系统中多个副本对外所呈现的数据状态。如前文提到的顺序一致性、线性一致性，描述了多个节点维护数据状态的能力，而共识则描述了分布式系统中多个节点之间彼此对某个状态达成一致的过程。因此，一致性描述了结果的状态，而共识则是一种手段。达成某种共识并不意味着保证一致性。在实践中，为了确保系统满足不同级别的一致性，通常需要通过共识机制来实现核心流程。

共识机制解决了使提案阅读者达成一致意见的问题。在分布式系统中，提案的含义非常广泛，例如多个事件发生的顺序，某个键对应的值。我们可以认为任何可以达成一致的信息都是提案。对于分布式系统，每个节点通常是相同的确定性状态机模型，从相同的初始状态接收相同顺序的指令，则可以保证相同的结果状态。因此，系统中多个节点最关键的是对多个事件的顺序达成共识，即排序。

区块链的共识机制目前主要有 4 类：PoW（工作量证明）机制、PoS（权益证明）机制、DPoS（授权权益证明）机制、分布式一致性算法——PBFT（拜庭容错算法）。

3.3.1 PoW 机制

PoW 机制也称工作量证明算法。作为区块链技术的开创者，比特币所采用的共识机制就是 PoW 机制，并且这一机制也是其他公有链的主流共识机制。PoW 算法通过算力竞争将记账权分配给全网所有节点，获得记账权的诚实节点能得到一定的“数字货币”作为贡献算力等资源的奖励。但 PoW 算法也浪费了大量的算力与电力资源，且 10min 一个的出块速度也限制了其商业价值，除此之外，PoW 算法还容易遭到自私挖矿攻击，攻击者不需要掌握超过 51%的算力，只需要掌握全网 1/3 的算力即可发起攻击。如何解决 PoW 中自私挖矿、“51%攻击”等问题，如何在保证系统的稳定性与公平性的同时解决由算力竞争带来的资源浪费等问题，是 PoW 机制的核心议题。

例如走迷宫。每一个“矿工”都拥有一个团队，且都是团队的首领，但是团队的人数有多有少（不同的“矿工”有不同的矿机资源）。现在有一个非常复杂的迷宫，它只有一条出路，也只有第一个走出迷宫的团队首领才能获得奖励。比赛开始，所有团队的首领让团队的所有人选择一条路开始探索，如果此路没能找到出口，那么团队成员会回到起始点并开始探索另一条路。最终，会有一个人找到出口，他的首领（“矿工”）会获得奖励。很明显，人手多并且体力好的团队首领更容易获得奖励。也就是说，矿机的性能越好，数量越多，那么“矿工”越容易挖到新的矿。总的来说，PoW 机制就是“按劳取酬”，你付出多少劳动（工作），就会收获多少报酬（比特币等加密货币）。在网络世界里，劳动就是你的网络的计算服务（算力 × 时长），提供这种服务的过程也就是挖矿。

PoW 机制的优点：由于这种机制本身很复杂，有很多细节，如“挖矿”的难度自动调整，区块奖励逐步减半，等等，这些因素都是基于经济学原理设置的，以吸引和鼓励更多的人参与。理想情况下，该机制可以吸引更多的人参与，特别是优先级越高获得的奖励越多，这将促进区块链产品初期的快速发展和节点网络的快速扩展。在 CPU 挖矿时代，比特币吸引了很多人参与挖矿，这就是一个很好的证明。新币通过挖矿分发给个人，以实现相对意义上的公平。

PoW 机制的缺点：我们可以从上面走迷宫的例子中看到，最终只有一个团队的首领可以得到奖励，那么其他所有人寻找迷宫出口的努力都是徒劳的。同样地，在每个新生成的区块满足区块链的要求之前，想要获得记账权的节点将参与运算，直到满足要求的哈希值被计算出来后在整个网络上广播自己“挖出”的区块或收听其他节点广播的区块并验证它。在大多数情况下，节点往往在运算结束之前就收到了其他节点广播的区块，那么它就会验证这个区块。如果验证通过，则将区块同步到自己的本地区块链，开始争夺下一轮区块的记账权。这也意味着之前所有的工作都是徒劳的。具体来说，为满足算力需要付出的能源将被直接消耗。另外，这种机制发展到现在，提供计算能力的不再仅是 CPU，而是逐渐发展到 GPU、FPGA、ASIC 矿机。用户也从个人发展到大型矿池和矿场，算力的集中也越来越明显。这与去中心化的方向背道而驰，网络的安全逐渐受到威胁。最后，由于奖励机制按照一半的周期减少，当采矿成本高于采矿收益时，人们对采矿的热情会降低，算力会有很大的降低，网络的安全性也会进一步降低。为了防止中心化和电力资源浪费，以太坊在项目一开始就制定了 PoS 共识机制方案。下面我们将详细介绍 PoS 机制。

3.3.2　PoS 机制

PoS 机制即权益证明机制。与 PoW 机制不同，PoS 机制是一种更加节能的共识机制。PoS 是根据用户持有的股份数量来调整该用户挖矿的难度的，且用户挖矿难度和持有的股份数量成反比。PoS 机制的出现缓解了 PoW 机制对算力与电力的大量消耗，且加速出块时间也能提高对交易的处理速度和吞吐量，但 PoS 机制本质上还是需要通过哈希运算来竞争记账权，且“币龄”的存在降低了“数字货币”的流通性。

PoS 机制与 PoW 机制相比，显然更加节能、高效，但是挖矿难度完全建立在用户所占股份数量的基础上，这对新加入的用户极度不公平；并且，由于采用 PoS 机制挖矿需要付出的代价比 PoW 机制小很多，采用 PoS 机制挖矿的用户会引来更多的网络攻击。

下面我们来讨论 PoS 机制的安全性。在前面的内容中我们已经介绍过拜占庭问题和拜占庭容错协议。简单来说拜占庭容错协议是对现实网络问题的模型化。由于硬件错误、网络拥塞或断开以及遭到恶意攻击，计算机和网络可能出现不可预料的行为。拜占庭容错协议必须处理这些失效，并且这些协议还要满足所要解决的问题要求的规范。在以太坊中，PoS 机制可以这样描述：以太坊区块链由一组验证者决定，任何持有以太币的用户都能发起一笔特殊的交易，将他们的以太币锁定在一个存储中，从而使自己成为验证者，然后通过一个当前的验证者都能参与的共识机制，完成新区块的生成和验证过程。有许多共识机制和方式对验证者进行奖励，以此来激励以太坊用户支持 PoS 机制。从机制的角度来说，主要有两种类型：基于链的 PoS 机制和 BFT 风格的 PoS 机制。

在基于链的 PoS 机制中，该机制在每个时隙内随机地从验证者集合中选择一个验证者，给予验证者创建新区块的权利，但是验证者要确保该区块指向链最长的区块（指向的上一个区块通常是最长链的最后一个区块）。因此，随着时间的推移，大多数的区块都收敛到一条链上。在 BTF 风格的 PoS 机制中，分配给验证者相对的权利，让他们有权提出区块并且给被提出的区块投票，从而决定哪个区块是新的区块，并在每一轮选出一个新区块加入区块链。在每一轮中，每个验证者都要为某一特定的区块进行“投票”，最后所有在线和诚实的验证者都将“商量”被给定的区块是否可以添加到区块链中，并且意见不能被改变。在这种模式下，不在 PoS 系统中抵押代币的人无法对系统产生威胁，即使攻击者在系统中，它也很难凑够全网总量 51%的代币。

综上所述，与 PoW 机制相比，PoS 机制有如下优点。

（1）相对节能。由于不需要“挖矿”，可以节省大量的能源。

（2）更去中心化。首先需要说明的是，去中心化是相对的。相对于比特币等 PoW 机制的区块链产品，PoS 机制的区块链产品对计算机硬件基本没有要求，人人均可获得利息，不用担心算力集中导致中心化的出现（单个用户通过购买获得 51%的货币量，成本更高），网络安全更有保障。

（3）避免紧缩。PoW 机制的区块链产品，因为用户丢失等各种原因，可能会导致通货紧缩，但 PoS 机制的区块链产品按一定的年利率新增货币，可以有效地避免紧缩的出现，使货币保持基本稳定。比特币之后，很多新币采用 PoS 机制，很多之前采用 PoW 机制的旧币也纷纷修改协议，通过“硬分叉”升级为 PoS 机制。与此同时，PoS 机制也有它自己的缺点。如纯 PoS 机制的区块链产品，只能通过首次公开募股（Initial Public Offering，IPO）方式发行，这将导致“少数人”（通常是开发人员）获得大量成本较低的加密货币，很难保证他们不会大量抛售。因此，PoS 机制的区块链产品的信用基础不够牢固。为解决这个问题，很多区块链产品采用 PoW+PoS 的双重机制，如点点币（Peercoin，PPC），通过 PoW 机制“挖矿”发行，使用 PoS 机制维护网络稳定。除此之外，还可采用我们接下来要讲到的授权权益证明（Delegate Proof of Stake，DPoS）机制。

3.3.3 DPoS 机制

DPoS 机制即授权权益证明机制。DPoS 机制是一种更高效、更安全的共识机制，该机制与 PoW 机制和 PoS 机制相比，降低了网络成本和安全成本，赋予了每个股东投票权，由股东投票选举代表节点进行挖矿。DPoS 算法采用类似“董事会”的机制，通过在全网投票选择出得票最高的 101 个代表节点组成一个“董事会”，“董事会”中的成员按时隙轮流产生区块。每个股东有权投票支持一名挖矿代表，最后票数最多的前 100 名节点作为挖矿代表，按预定的计划依次平均地生成区块。DPoS 机制成功解决了 PoW 机制的高成本、资源浪费的问题。和 PoS 机制相比，DPoS 机制解决了某些节点权益过高造成的高度中心化的问题。

综上，DPoS 机制的优点如下。

（1）耗能更低。DPoS 机制进一步将节点数量减少到 101 个。在保证网络安全的前提下，进一步降低整个网络的能耗，降低网络的运行成本。

（2）更加去中心化。目前，对比特币来说，个人“挖矿”已经不再可行。比特币的计算能力集中在几个大型“矿池”手中，每个“矿池”都是中心化的，就像 DPoS 机制的受托人一样。因此，DPoS 机制的加密货币更加去中心化。PoS 机制的区块链产品要求用户客户端在线。事实上，用户并不是每天都打开计算机，真正的网络节点是由几个股东共同保持的，因此 PoS 机制的区块链产品的去中心化程度也是不能和 DPoS 机制的区块链产品相比的。

（3）更快的确认速度。例如，亿书产品使用的是 DPoS 机制，每个区块耗时 10s，一笔交易（在得到 6～10 个区块确认后）耗时约 1min，一个完整的 101 个区块循环耗时约 16min。而比特币生成一个区块大约需要 10min，一笔交易（6 个区块确认）需要 1h。

DPoS 机制也存在问题，如投票的积极性不高。绝大多数持股人（90%以上）从未参与投票。这是因为投票需要时间、精力和技能，而这恰恰是大多数人所缺乏的。对坏节点的处理也存在诸多困难。社区选举不能及时有效地阻止一些破坏节点的出现，这给网络造成了安全隐患。怎么来解决这样的问题，也就是我们共识机制的改进方向在哪里呢？在后面的内容中我们会详细地讲到关于 PoW 机制的改进方法，在这里先提出基于 DPoS 机制改进的 4 个方向。

（1）增加反对投票功能，对破坏节点的反对投票率如果达到了一定数量，就会触发熔断机制，强制个别受托人节点降级，以减少对网络破坏的可能性。

（2）通过鼓励知识分享，节点和用户之间会有频繁的交互，用户对节点的反馈与好评将是该节点信用积累的一部分。通过充分利用这些信用信息，帮助社区用户遴选优良节点。

（3）101 个受托人，仅仅是相对合理的经验数字。可以进一步优化算法，提高网络遴选的性能，采取租赁、出售等方式，鼓励去中心化应用的开发人员、出版商等第三方用户自建节点，从而更好地服务用户。

（4）匿名与安全是相对平衡的过程。倡导提供公开、透明的服务，鼓励节点受托人进行实名认证，公开相关信息，接受用户的监督，从而获得社区的广泛认可。对于长期表现良好的节点，也可以给出名单列表，并显示在用户账号里。

可是会有读者有困惑：如果增加了受托人，即增加代理节点后的效果岂不是向 PoS 机制靠拢了？此外 DPoS 机制本身的缺点之一就是不能及时有效地阻止一些破坏节点的出现，如果继续扩大规模，破坏节点出现的概率岂不是更大？而扩大规模要解决的问题是 DPoS 机制的另一个缺点——投票的积极性不高的问题。所以这里有一个观点供读者参考，关于共识机制的选择，基本很难十全十美，只能针对特定问题去选择或者设计相应的机制。

3.3.4 分布式一致性算法

分布式一致性算法基于传统的分布式一致性技术。其中有解决拜占庭将军问题的拜占庭容错算法，如 PBFT，也有解决非拜占庭问题的分布式一致性算法，如 Paxos、Raft。

实际上，如果分布式系统中各个节点都能保证以十分“理想”的性能（瞬间响应、超高吞吐）无故障地运行，节点之间通信瞬时送达，则实现共识的过程并不十分复杂，简单地通过广播进行瞬时投票和应答即可。可惜的是，现实中这样的“理想”并不存在。不同节点之间的通信存在延迟（由于物理因素限制，通信处理会有延迟），并且任意环节都可能存在故障（系统规模越大，发生故障的可能性越高），如通信网络发生中断，节点发生故障，甚至存在恶意节点故意伪造消息，破坏系统的正常工作流程。一般地，把出现故障但不会伪造消息的情况称为“非拜占庭错误”或“故障错误”；伪造消息恶意响应的情况称为“拜占庭错误”，对应节点称为拜占庭节点。

根据解决的是非拜占庭错误的普通情况还是拜占庭错误情况，共识算法可以分为故障容错（Crash Fault Tolerance，CFT）类算法和 BFT 类算法。针对常见的非拜占庭错误的情况，已经存在一些经典的解决算法，包括 Paxos、Raft 及其变种等，这也是解决传统的分布式网络一致性问题的常用算法。这些算法都是根据实际问题选择弱化 CAP 问题中的一个以实现共识的达成。下面我们通过具体介绍 PBFT、Paxos、Raft 这 3 种算法，来理解传统的解决分布式网络一致性问题的算法。当然读者在了解完所有的共识算法后也可以思考一下，能否把传统的一致性算法应用到解决区块链的一致性问题当中去。

1. PBFT 共识算法

3.3.1～3.3.3 小节所描述的 3 种共识算法一般都运用于公有链中，而 PBFT 算法一般运用于联盟链中。设 PBFT 算法中的所有副本节点组成的集合为 R（并非实数集 $\mathbf{R}$），$|R|$为副本集合的个数。使用 0～$|R|-1$ 范围内的整数表示每一个副本。设$|R| \geqslant 3f+1$，其中 f 是可能失效的副本节点的最大数量。当$|R|>3f+1$ 时，多于 $3f+1$ 的节点并不能提高系统可靠性，反而会降低性能，因此在这里我们假设副本集合的数量公式为：

$$|R| = 3f + 1$$

我们将全部服务器的配置信息称为一个视图，视图会根据实际情况一直切换。在某个视图中，我们选取某个副本节点作为主节点，则其余的副本均作为从节点。主节点负责接收客户端的请求，同时对收到的请求按照顺序进行排列。主节点在接收到客户端请求后向所有从节点发送消息。从节点接收并验证主节点发出的消息，若验证通过，从节点执行对应的操作，再将结果返回。设主节点的编号为 p，选取主节点的公式为：

$$p \equiv v \bmod |R|$$

其中 v 是视图编号，p 是主节点编号。若当前主节点失效，系统会进行视图切换以选取新的主节点。

每个副本节点想要参与共识有以下两个前提条件。

（1）确定性。所有的节点在状态和参数相同的情况下，执行同一个操作后的结果相同。

（2）所有节点执行时的起始状态都相同。

在这两个前提条件下，即使存在一定范围内的失效节点，共识算法中的其他副本节点在这两个前提条件的约束下，仍然能够正常工作，保证系统运行，从而保证安全。

PBFT 主要包含三部分协议，除了典型的三阶段一致性协议外，还有用于垃圾回收等的检查点协议和在主节点失效时进行的视图切换协议。在这里我们主要对三阶段一致性协议进行介绍。PBFT 一致性协议流程如图 3-20 所示，解释如下。

（1）算法根据前述公式选取当前视图的主节点，在之后的共识过程中该主节点和当前视图绑定。除非进行视图切换，否则该主节点一直不变。

（2）客户端向主节点发送请求<*REQUEST,operation,timestamp,client*>，其中 *operation* 为请求要求的具体操作，*timestamp* 是为该请求添加的时间戳，*client* 是客户端的相关信息。主节点收到请求后，将请求发给从节点。

（3）包括主节点在内的所有节点执行客户端要求的操作，并分别将结果<*REPLY,v,t,c,i,r*>回复客户端，其中 v 是当前视图编号，i 是返回结果的节点编号，r 是请求操作的结果。

（4）当客户端收到 $f+1$ 个不同副本节点回复的信息且这些信息的结果相同时，则该请求达成共识，算法结束。

节点对客户端发送的请求达成一致性，需要执行三阶段协议，分别是预准备阶段、准备阶段、确认阶段。三阶段协议的具体过程如下所述。

预准备阶段：主节点将从客户端收到的消息进行排序并给消息 m 一个编号 n，将消息进行哈希得到 d，之后发送预准备消息<<*PRE-PREPARE,v,n,d*>,*m*>给所有从节点。

准备阶段：从节点接收并验证预准备消息是否正确，检查通过后则向其他节点发送准备消息<*PREPARE,v,n,d,i*>。每个节点在发送准备消息的同时也等待接收验证其他节点发送的准备消息。当节点 *i* 成功验证了从 2*f* 个不同节点发送的准备消息且这些准备消息对应之前所发送的预准备消息后，节点 *i* 在自己的日志中记录并存储这些信息。此时准备阶段结束，进入确认阶段。

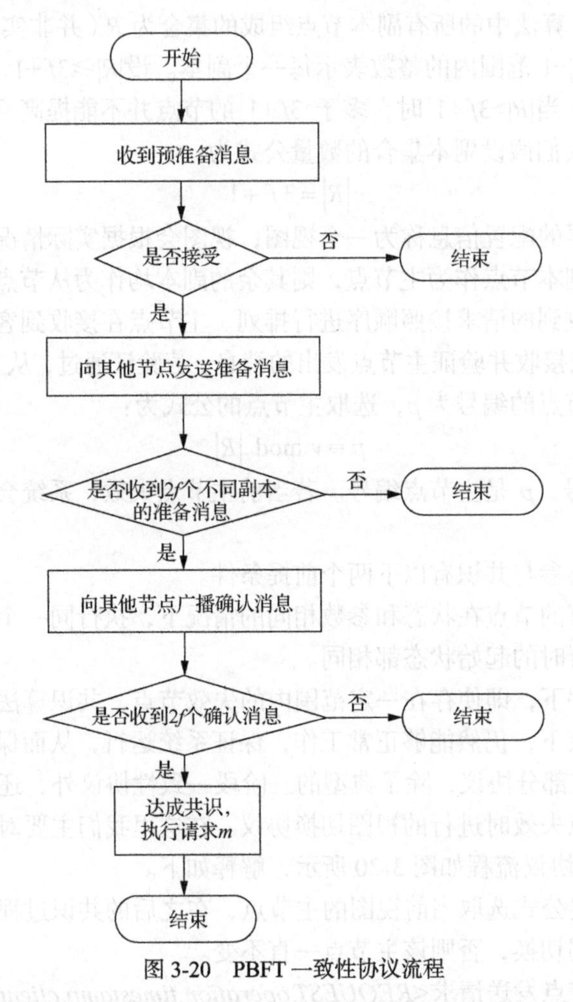

图 3-20　PBFT 一致性协议流程

确认阶段：节点 *i* 向其他节点发送消息<*COMMIT,v,n,D*(*m*),*i*>，其他副本节点在接收到确认消息后，验证该消息是否正确，当节点成功验证的确认消息数量达到 2*f* 的时候，共识节点达成一致，通过客户端请求。

副本节点 *i* 在确认阶段完成后将结果返回给客户端，当客户端收到的结果数量达到 *f*+1 时，共识完成。

PBFT 算法对存在拜占庭问题节点的系统是最好的解决算法，该算法能够解决去中心化系统中各个节点的共识问题并实现秒级的速度。PBFT 算法在吞吐量、速度和耗能方面表现都很出色，同时还提供了(*n*−1)/3 的最大容错能力。但是 PBFT 算法还存在以下问题。

（1）与区块链中点对点网络的性质不符。

传统的 PBFT 算法是基于 C/S 架构模式的，由客户端发出请求，主节点接收后再转发给其他副本节点达成共识，完成客户端的请求。这与区块链中点对点网络的性质不符。

（2）共识节点均以静态形式存在。

传统的 PBFT 算法中，节点不能随时加入或退出。同时，一些恶意节点长期存在于共识过程中，大大降低了算法的共识效率。

（3）对恶意节点的惩罚不足。

传统的 PBFT 算法中，选取主节点时所有节点被选中的概率相同，这种选取方式缺乏对恶意节点的筛选功能。并且在之前共识中作恶的节点仍有可能在接下来的共识过程中继续作恶，从而降低共识成功完成的概率。

（4）通信复杂度高。

传统 PBFT 算法的复杂度为 $O(n^2)$，在节点较少时通信效率表现良好，但随着节点数目的增加，当节点数目达到某个阈值后，如达到 100 个节点时，系统性能会迅速下降。

2. Paxos 算法

Paxos 算法由兰伯特最早在 1990 年提出。由于 Paxos 算法在云计算领域得到了广泛应用，因此兰伯特获得了 2013 年图灵奖。

Paxos 算法提出只要系统中 $2f+1$ 个节点中的 $f+1$ 个节点可用，那么系统整体可用并且能保证数据的强一致性，它对可用性的提升是巨大的。这里我们仍然假设单个节点的可用性是 P，那么 $2f+1$ 个节点中任意组合的 $f+1$ 以上个节点正常的可用性 $P(\text{total})=\sum_{i=f+1}^{2f+1} C(i,2f+1)P^i(1-P)^{2f+1-i}$。又假设 $P=0.99$，$f=2$，$P(\text{total})=0.9999901494$，可用性将从单个节点的小数点后 2 个 9 提升到小数点后 5 个 9，这意味着系统每年的宕机时间从 87.6h 降到 0.086h，这已经可以满足大多数的应用需求。在了解 Paxos 算法的具体过程之前，我们先熟悉一下算法中的基本概念。Paxos 算法把每个数据写请求比喻成一次提案，每个提案都有一个独立的编号，提案会转发给提交者（Proposer）来提交，提案必须被 $2f+1$ 个节点中的 $f+1$ 个节点接受才会生效，$2f+1$ 个节点叫作这次提案的投票委员会（Quorum），投票委员会中的节点叫作接收者（Acceptor）。同时，Paxos 算法流程还需要满足以下两个约束条件。

（1）接收方必须接受它收到的第一个提案。

（2）如果一个提案的 v 值被大多数接收方接受过，那么后续的所有被接受的提案中也必须包含 v 值（v 值可以理解为提案的内容，提案由一个或多个 v 和提案编号组成）。

Paxos 算法流程划分为两个阶段，第一阶段是发起方学习提案最新状态的准备阶段；第二阶段是根据学习到的状态组成正确提案提交的阶段，完整的算法过程如下。

第一阶段：发起方选择一个提案编号 n，然后向半数以上的接收方发送编号为 n 的 prepare 请求；如果一个接收方收到一个编号为 n 的 prepare 请求，且 n 大于它已经响应的所有 prepare 请求的编号，那么它不会再通过（accept）任何编号小于 n 的提案，同时将它已经通过的最大编号的提案（如果存在的话）作为响应。

第二阶段：如果发起方收到来自半数以上的接收方对它的 prepare 请求（编号为 n）的响应，那么它会发送一个针对编号为 n、value 值为 v 的提案的 accept 请求给接收方，在这里 v 是收到的响应中编号最大的提案的值，如果响应中不包含提案，那么它就是任意值；如果接收方收到一个针对编号 n 的提案的 accept 请求，只要它还未对编号大于 n 的 prepare 请求做出响应，它就可以通过这个提案。

上述 Paxos 算法流程看起来比较复杂，是因为要保证很多边界条件下的算法完备性，如初始值为空、两个发起方同时提交提案等情况，但 Paxos 算法的核心可以简单描述为：发起方先从大多数接收方那里学习提案的最新内容，然后根据学习到的编号最大的提案内容组成新的提案提交，如果提案获得大多数接收方的投票通过就意味着提案被通过。因为学习提案和通过提案的接收方集合都超过了半数，所以一定能学到最新通过的提案值，两次提案通过的接收方集合中也一定存在一个公共的接收方，在满足约束条件 b 时这个公共的接收方保证了数据的一致性，于是 Paxos 算法又被称为多数派算法。

3. Raft 算法

Raft 和 Paxos 一样是一个针对非拜占庭问题所提出的算法，不考虑分布式网络中有作恶节点的情况。也就是说这样的节点可能宕机或者延迟，但是不会出现错误信息。Raft 算法的设计中，服务器节点都可以有 3 种状态，即 Follower、Candidate 和 Leader。所有的节点都是从 Follower 状态开始，当处于这个状态的节点不愿意听从 Leader 节点的意见时，它们的状态可以改变为 Candidate。对处于 Candidate 状态的节点来说，它们会向其他节点“拉选票”，其他节点回复它们的投票情况，如果能达到大部分的投票，则处于 Candidate 状态的节点可以成为 Leader，这个过程也叫 Leader 选举。对处于 Leader 状态的节点来说，所有对系统的修改都会先经过 Leader，同时每个更改都作为条目添加到节点的日志中。Raft 算法节点之间的状态转换过程如图 3-21 所示。

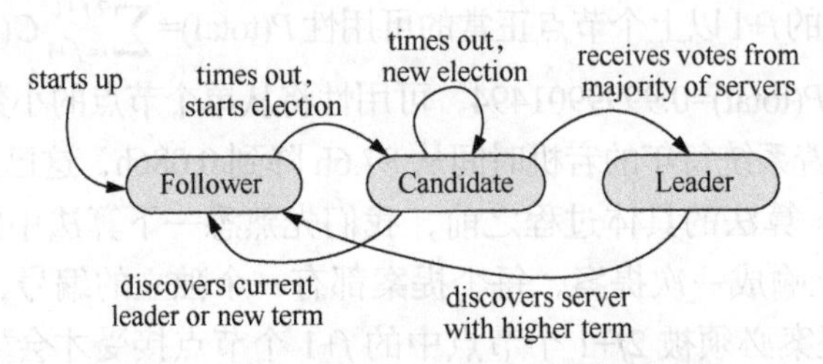

图 3-21 Raft 算法节点之间的状态转换过程

Raft 算法有两个阶段，即选举（Leader Election）阶段和日志复制（Log Replication）阶段，在正式介绍这两个阶段之前，我们先来介绍一个概念——Term。Raft 算法中引入了一个可以理解为任期的概念——Term。用 Term 作为一个周期，每个 Term 都是一个连续递增的编号，每一轮选举都是一个 Term 周期，在一个 Term 中只能产生一个 Leader。先简单描述一下 Term 的变化流程：Raft 开始时所有 Follower 的 Term 为 1，其中一个 Follower 逻辑时钟到期后转换为 Candidate，Term 加 1，此时 Term 为 2（任期），然后开始选举，这时候有以下几种情况会使 Term 发生改变。

（1）如果当前 Term 为 2 的任期内没有选举出 Leader 或出现异常，则 Term 递增，开始新一任期选举。

（2）当这轮 Term 为 2 的周期选举出 Leader 后，Leader 宕机，然后其他 Follower 转为 Candidate，Term 递增，开始新一任期选举。

（3）当 Leader 或 Candidate 发现自己的 Term 比别的 Follower 小时，Leader 或 Candidate 将转为 Follower，Term 递增。

（4）当 Follower 的 Term 比别的 Term 小时，Follower 也将更新 Term，保持与其他 Follower 一致。

可以说每次 Term 的递增都将发生新一轮的选举，Raft 算法保证一个 Term 只有一个 Leader。在 Raft 算法正常运转时，所有节点的 Term 都是一致的，如果节点不发生故障，一个 Term 会一直保持下去。当某节点收到的请求中 Term 比当前 Term 小时则拒绝该请求。

接下来看选举阶段。Raft算法的选举由定时器触发，每个节点的选举定时器时间都是不一样的，开始时状态都为Follower，某个节点定时器触发选举后Term递增，状态由Follower转为Candidate，向其他节点发起RequestVote RPC请求，这时候有3种可能的情况发生。

（1）该RequestVote请求接收到$n/2+1$（过半数）个节点的投票，从Candidate转为Leader，向其他节点发送heartBeat以保持Leader的正常运转。

（2）在此期间如果收到其他节点发送过来的AppendEntries RPC请求，且该节点的Term更大，则当前节点转为Follower，否则保持Candidate，拒绝该请求。

（3）选举过期则计数发生，Term递增，重新发起选举。

在一个Term期间每个节点只能投票一次，所以当有多个Candidate存在时，系统中就会出现每个Candidate发起的选举都存在接收到的投票数不过半的问题。这时每个Candidate都将Term递增、重启定时器并重新发起选举。由于每个节点中定时器的时间都是随机的，因此不会多次存在有多个Candidate同时发起投票的问题。

具体来说，在什么情况下会发起选举呢？首先，当Raft算法初次启动，不存在Leader时，发起选举；其次，当Leader宕机或Follower没有接收到Leader的heartBeat，发生选举过期计数时发起选举。最后就是日志复制阶段。

日志复制的主要作用是保证节点的一致性，这个阶段所做的操作也是为了保证一致性与高可用性。当Leader选举出来后，其便开始负责客户端的请求，所有事务（更新操作）请求都必须先经过Leader处理，这些事务请求或命令也就是这里说的日志。要保证节点的一致性就要保证每个节点都按顺序执行相同的操作序列，日志复制就是为了保证执行相同的操作序列所做的工作。在Raft算法中，当接收到客户端的日志（事务请求）后，先把该日志追加到本地的日志系统中，然后通过heartBeat把该写入操作同步给其他Follower，Follower接收到日志后记录日志，然后向Leader发送ACK信息，当Leader收到大多数（$n/2+1$）Follower的ACK信息后，将该日志设置为已提交并追加到本地磁盘中，通知客户端，并在下一个heartBeat中Leader通知所有的Follower将该日志存储在自己的本地磁盘中。

能容忍拜占庭错误情况的算法，一般包括以PBFT为代表的确定性系列算法和以PoW为代表的概率算法等。对于确定算法，一旦达成对某个结果的共识就不可逆转，即共识是最终结果；而对于概率类算法，共识结果则是临时的，随着时间推移或某种强化，共识结果被推翻的概率越来越小，成为事实上的最终结果。拜占庭容错算法往往性能较差，容忍不超过1/3的故障节点。此外，CFT的改进算法可以提供类似CFT的处理响应速度，并能在大多数节点正常工作时提供BFT保障。以上两种算法（PBFT、PoW）均是针对非拜占庭类错误提出的，那么需要考虑拜占庭错误的区块链网络又该如何去维护它的一致性呢？

区块链通常被定义为去中心化的分布式记账系统，该系统中的节点无须互相信任。那么如何来维护这样一份账本呢？这就需要区块链事务达成分布式共识的机制——共识机制。由于点对点网络下存在着或高或低的网络延迟，因此各个节点接收到的事务的先后顺序可能不一样，区块链系统需要设计一种机制，让节点对在差不多时间内发生的事务的先后顺序实现共识，这就是共识机制。目前区块链中用到的共识机制与传统分布式网络中用的共识机制有什么区别呢？从上面的介绍中可以知道，传统的对分布式网络一致性的问题的解决都是弱化了CAP问题中的一个。而对于区块链网络中的一致性问题的解决，中本聪创造性地跳出了CAP的限制，利用经济的手段来让区块链网络中的节点不愿意作恶而去“自觉”达成共识，提出了PoW，而后来的PoS和DPoS也都沿用了这种经济的手段去解决共识问题的思想，摆脱了 CAP 的限制。

3.3.5 共识机制比较

DPoS 算法采用类似“董事会”的机制，通过在全网投票选择出得票最高的 101 个代表节点组成一个“董事会”，“董事会”中的成员按时隙轮流产生区块。PoW 算法无需各方交换额外的数据就能够达成共识，许多区块链平台都采用 PoW 算法作为共识算法，但 PoW 算法存在大量算力浪费及电力浪费的问题，同时 PoW 算法在交易吞吐量、延迟、确认时间等方面有较大缺陷。针对算力资源浪费等情况，PoS 较 PoW 有了很大改进，PoS 引入“币龄”的概念，节点通过投入自己的“币龄”来降低挖矿难度，一旦成功出块则清空投入的“币龄”。PoS 算法在一定程度上解决了 PoW 算法资源浪费、出块时间长等问题，但“币龄”的出现也带来了“富者愈富”的问题，拥有代币数量较多的节点有更大的可能性获得出块权。同时该算法对代币有较大依赖。基于“拜占庭问题”提出的 PBFT 算法能够实现较高的交易吞吐量，但由于其网络通信量随着网络中节点的增加而增加，因此 PBFT 算法不适用于节点规模庞大的公共链，而常用于节点规模较小的联盟链或私有链。对于存在“拜占庭问题”的节点，PBFT 算法是最好的算法，它解决了分布式系统中的共识问题，并可实现秒级速度。PBFT 算法在吞吐量、速度和耗能方面表现都很出色，同时还提供了$(n-1)/3$的最大容错能力。各共识机制算法的具体比较如表 3-5 所示。

表 3-5 各共识机制算法的具体比较

共识机制/算法	吞吐量	速度	耗能	优点	缺点
PoW	低	慢	高	易于实现，恶意破坏账本体系需要付出很高的代价，可有效防止节点作恶	浪费计算资源，区块确认时间长，共识达成时间周期长，效率低
PoS	低	较慢	较高	解决 PoW 机制消耗过多算力的问题，缩短了共识达成的时间	机制略复杂，计算资源仍有一定程度上的浪费
DPoS	低	较快	较高	大大减少了参与验证和记账的节点，交易确认的速度可达到秒级	机制较复杂，真正参与记账的节点较少，因此安全性、健壮性都有所下降
PBFT	高	快	低	实现秒级的快速共识机制，保证一致性	网络规模不宜太大

3.3.6 跨链共识机制

下面通过构建一个从链基于 PoVT（Proof of Vote and Trust，PoVT）共识机制，主链基于 PBFT 机制（算法）的主从多链分层跨链模型，来介绍跨链共识机制。

1. 模型描述

将时间划分为时间片段，每个时间片为一个周期（epoch），每个周期分成多个时隙（slot），每个时隙从链完成完整的从出块到上链的过程，在每个周期的最后一个时隙结束后，代表节点将该周期所有已确认的区块数据上传至主链网络中。模型中的节点被分成 5 种角色：普通节点 N_o、投票节点 N_v、生产节点 N_p、候补节点 N_c、代表节点 N_m。在每个周期开始前根据节点的权益以及信用值（STrust 值）从希望参与共识的节点中选择一些节点组成一个共识节点

集合 $N=\{(A1,S1,STrust1),(A2,S2,STrust2)\cdots(An,Sn,STrustn)\}$，该集合中的节点由 3 种角色组成：生产节点、投票节点、候补节点。其中生产节点从交易池中取出交易并打包组装成区块，投票节点对数据进行验证并投票，候补节点负责在生产节点或投票节点因为某些原因无法继续提供服务时替补成为该角色继续行使使命，保证系统的安全性与稳定性。在集合 N 形成后，通过 PoVT 共识机制来决定每个时隙产生区块的生产节点编号，同时在这个过程中通过运行梅森旋转算法生成一个伪随机数来产生组成主链的代表节点的编号。集合 N 中的节点允许同时拥有主链和从链的双重身份，主链节点负责将其所在主体每个周期内已被确认的区块数据上传至主链网络中，主链节点之间再通过 PBFT 算法对数据达成共识，形成一条主链。系统的结构如图 3-22 所示。

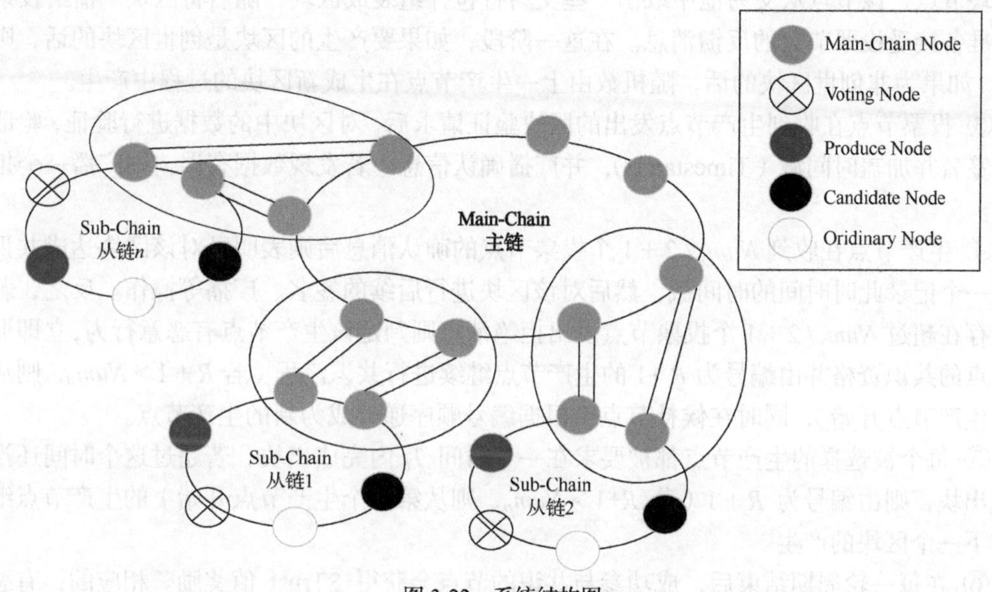

图 3-22　系统结构图

2. 从链共识机制

（1）准备阶段。

在每个周期开始前，系统从希望参与共识的节点中根据节点的权益以及 STrust 值选择一些节点组成共识节点集合 $N=\{(A1,S1,STrust1),(A2,S2,STrust2)\cdots(An,Sn,STrustn)\}$，其中集合 N 中的节点个数 $|N|=Num_p+Num_v+Num_c$，A 为节点的公钥地址，S 为节点的权益，$STrust$ 值为节点的信用值，Num_p 为生产节点的个数，Num_v 为投票节点的个数，Num_c 为候补节点的个数。将集合中的节点进行编号，编号 1 到 Num_p 的节点成为生产节点，编号 Num_p+1 到 Num_p+Num_v 的节点为投票节点，剩下的个数为 Num_c 的节点成为候补节点，普通节点 N_o 不参与共识但需同步最新数据块至本地。

（2）基于投票和信用机制的 PoVT 共识机制。

PoS 共识机制与 PoW 共识机制相比，节点通过投入权益使挖矿的难度下降，投入的权益越多挖矿的难度越低，该方法考虑的是持有代币越多的人越希望保持系统的稳定，这样才能使其利益不受损害。但这样也带来了新的问题，拥有代币越多的人越有更大的可能性获得出块权以此得到出块奖励，这样会形成一个恶性循环，不利于系统长期的公平与稳定，并且 PoS 机制最终还是要通过哈希运算来竞争记账权。针对以上问题，引入一种基于投票机制和信用机制的 PoVT 共识机制，该共识机制通过引入投票机制来更加公平地选择出块节点，彻底避免节点之间的算力竞争，并且引入的信用机制能够保证参与共识的节点的可靠性，同时降低权益对记账权分配的影响，从而增大对系统发起权益粉碎攻击、双花攻击、自私挖矿攻击等的难度。

1）共识流程。

网络中的普通节点产生交易数据，在一个周期内有如下步骤。

① 在周期开始前，根据节点的权益及 STrust 值形成一个共识节点集合。

② 在集合中从范围为（$1,2,\cdots,Num_p$）的生产节点中选择编号与随机数 R 相同的节点成为出块节点，该节点从交易池中取出一些交易打包并组装成区块，随后将区块广播给投票节点并准备接受投票节点的反馈消息。在这一阶段，如果要产生的区块是创世区块的话，则 R 为 1。如果为非创世区块的话，随机数由上一生产节点在生成新区块的过程中产生。

③ 投票节点在收到生产节点发出的区块验证请求后，对区块中的数据进行验证，验证无误后签名并加盖时间戳（Timestamp），并广播确认信息。若发现数据有误，则广播一个拒绝消息。

④ 生产节点在收到 $Num_v/2+1$ 个投票节点的确认消息后则表明已对该区块达成共识，生成一个记录此时时间的时间戳，然后对该区块进行后续的签名、广播等操作。反之，若网络中存在超过 $Num_v/2+1$ 个投票节点发出拒绝消息则判定该生产节点有恶意行为，立即取消该节点的共识资格并由编号为 $R+1$ 的生产节点继续进行共识流程（若 $R+1>Num_p$，则从第一个生产节点开始），同时在候补节点中根据编号顺序递补成为新的生产节点。

⑤ 每个被选择的生产节点都被要求在一个时间 T_b 内完成出块，若超过这个时间还没能完成出块，则由编号为 $R+1$（若 $R+1>Num_p$，则从第一个生产节点开始）的生产节点继续完成下一个区块的产生。

⑥ 在每一轮周期结束后，成功参与共识的节点会获得 STrust 值奖励。相应的，有恶意行为的节点也会受到降低 STrust 值的惩罚，则该节点后续想要参与共识的难度增加。共识流程如图 3-23 所示。

2）随机数 R 的产生。

除了生成创世区块的 R 值默认为 1 之外，每个生产节点生成区块的同时也产生一个记录在区块中的随机数 R 来决定谁是下一个生产节点，随机数 R 生成的过程如下。

生产节点在向投票节点提交区块后同时收集投票节点的反馈消息，即 $Signature[i]\,(1\leqslant i\leqslant Num_v)$，同时根据时间戳（$Timestamp$）得到 $Rsource$：

$$Rsource=\left(\overset{K}{\underset{i=1}{\oplus}} Signature[i]\right)\oplus Timestamp\left(Num_v/2<K\leqslant Num_v\right) \tag{3-4}$$

对得到的 $Rsource$ 进行哈希运算，然后取字符串的后 32 位将其转化成整数，得到 R'。

$$R'=StrToInt\left(SubStringEnd32\left(Hash\left(Rsource\right)\right)\right) \tag{3-5}$$

将 R'由式（3-6）可得随机数 R：

$$R=R' \bmod Num_p\ \left(1\leqslant R\leqslant Num_p\right) \tag{3-6}$$

通过这种方式随机地选择生产节点，避免了当前生产节点出于利益考虑而干扰下一生产节点的选择，能够有效地预防节点之间的共谋攻击，也保证了共识过程的公平与稳定。

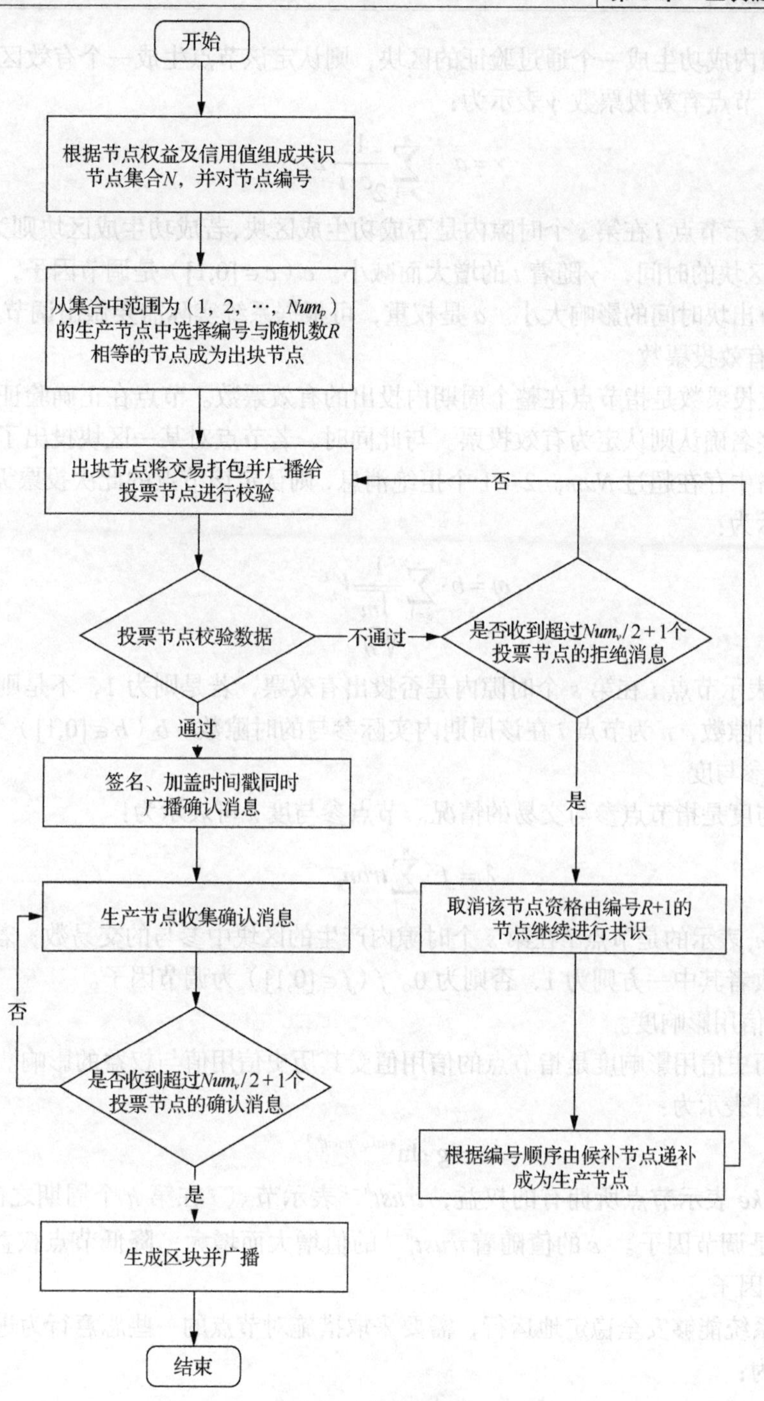

图3-23　共识流程图

3）信用机制。

信用机制通过综合考虑一个节点的有效出块数、有效投票数、参与度等因素，然后使用STrust值来定量地描述一个节点的可信度，再结合节点本身的权益来决定节点是否能够参与共识过程。

① 节点有效出块数。

节点有效出块数是指生产节点在整个周期内生成的有效区块的数量。若一个生产节点在属于它的时隙内成功生成一个通过验证的区块，则认定该节点生成一个有效区块。反之，则为无效区块。节点有效投票数 γ 表示为：

$$\gamma = a \cdot \sum_{s=1}^{n} \frac{1}{2^{c \cdot t}} B_i^s \tag{3-7}$$

其中 B_i^s 表示节点 i 在第 s 个时隙内是否成功生成区块,若成功生成区块则为 1,否则为 0。t 是节点生成区块的时间，γ 随着 t 的增大而减小。c（$c \in [0,1]$）是调节因子，可根据系统的实际考虑调节出块时间的影响大小。a 是权重，可根据系统实际需要做出调节。

② 节点有效投票数。

节点有效投票数是指节点在整个周期内投出的有效票数。节点在正确验证区块及数据无误后按要求签名确认则认定为有效投票。与此同时，若节点对某一区块投出了确认票，但在该时隙内网络中存在超过 $Num_v / 2 + 1$ 个拒绝消息，则认定该节点的此次投票无效。节点的有效投票数表示为：

$$\omega = b \cdot \sum_{s=1}^{n} \frac{1}{\sqrt{\frac{m}{n}}} V_i^s \tag{3-8}$$

其中 V_i^s 表示节点 i 在第 s 个时隙内是否投出有效票，若是则为 1，不是则为-1。m 为该周期内总的时隙数，n 为节点 i 在该周期内实际参与的时隙数。b（$b \in [0,1]$）为调节因子。

③ 节点参与度。

节点参与度是指节点参与交易的情况。节点参与度 λ 可表示为：

$$\lambda = f \cdot \sum_{s=1}^{n} tran_s \tag{3-9}$$

其中 $tran_s$ 表示的是节点 i 在第 s 个时隙内产生的区块中参与的交易数，若节点 i 是交易发送者或接收者其中一方则为 1，否则为 0。f（$f \in [0,1]$）为调节因子。

④ 历史信用影响度。

节点的历史信用影响度是指节点的信用值受其历史信用值与权益的影响。节点的历史信用影响度 ε 可表示为：

$$\varepsilon = g \cdot \ln^{stake \cdot trust_i^{h-1}} \tag{3-10}$$

其中 $stake$ 表示节点所拥有的权益，$trust_i^{h-1}$ 表示节点 i 在第 h 个周期之前的信用值，g（$g \in [0,1]$）是调节因子。ε 的值随着 $trust_i^{h-1}$ 的值增大而增大，降低节点权益的影响占比。

⑤ 惩罚因子。

为确保系统能够安全稳定地运行，需要采取措施对节点的一些恶意行为进行惩罚。惩罚因子 θ 表示为：

$$\theta = c \cdot \sum_{s=1}^{n} b_i^s + d \cdot \sum_{s=1}^{n} v_i^s \tag{3-11}$$

其中 b_i^s 表示节点 i 在第 s 个时隙内是否产生了无效的区块，若是则为 1，否则为 0。v_i^s 表示节点 i 在第 s 个时隙内是否发出了无效的投票，若是则为 1，否则为 0。c 和 d 分别为对应的调节因子，可根据系统实际需要灵活调整对无效块和无效票的惩罚力度。

⑥ 节点信任度更新公式。

周期结束后，系统会根据公式评价共识节点的行为，更新其信用值。信用值更新公式

$trust_i^h$ 可表示为：

$$trust_i^h = \begin{cases} trust_i^{h-1} + \sum_{s=1}^{n}(\gamma + \omega + \lambda - \theta) + \varepsilon & i \in [1, |N| + Num_c] \\ trust_i^{h-1} + 1 & i \in [|N| - Num_c + 1, |N|] \end{cases} \quad (3\text{-}12)$$

其中 $trust_i^h$ 表示节点 i 在第 h 个周期的信用值，为提高节点参与共识的积极性，若节点被选入集合 N 中但实际未参与共识（如候补节点），系统也会给予这些节点信用值奖励。

同时，若节点因为作恶而导致 STrust 值降至系统设定的阈值以下，则会被限制为每隔若干个周期才能参与一次共识，并且若节点持续作恶直至 STrust 值降为 0，则该节点将会永久丧失参与共识的资格。

3. 主链共识机制

（1）主链节点选择。

主链节点从集合 N 中选择，利用从链生产节点计算随机数 R 的过程中得到的中间数据 R' 作为梅森旋转算法（MT19937-32）的种子得到一个随机数 R_m，再从集合 N 中选择编号与 R_m 相同的节点作为代表节点构成主链。R_m 的计算过程如下。

首先将 R'作为种子赋值给 $MT[0]$，根据式（3-13）递推得到剩下的 623 个状态，完成全部 624 个状态的填充。

$$MT[i] = lowest\ 32\ bits\ of\ \left(f \cdot (MT[i-1] \oplus (MT[i-1]) \gg 30) + i\right) \quad (3\text{-}13)$$

然后对得到的旋转链进行遍历并根据式（3-14）对每一个状态位进行处理。

$$MT[i] = MT[i+m] \oplus \left((upper\_mask(MT[i]) \| lower\_mask[MT[i+1]])A\right) \quad (3\text{-}14)$$

其中，$\oplus$ 表示异或操作，m 的取值为 397，$\|$表示将 $MT[i]$的高 1 位和 $MT[i+1]$的低 31 位组合，设组合后的数字为 x，则 xA 的运算规则为：

$$xA = \begin{cases} x \gg 1 & (x_0 = 0) \\ (x \gg 1) \oplus a & (x_0 = 1) \end{cases} \quad (3\text{-}15)$$

其中 a 的取值为 0x9908B0DF，x_0 表示的是该数的最低位。然后再经过式（3-16）的处理，得到一个伪随机数 R'_m。

$$\begin{aligned} y &= x \oplus \left((x \gg u) \,\&\, d\right) \\ y &= y \oplus \left((y \ll s) \,\&\, b\right) \\ y &= y \oplus \left((y \ll t) \,\&\, c\right) \\ R'_m &= y \oplus (y \gg l) \end{aligned} \quad (3\text{-}16)$$

其中令 x=$MT[0]$, (u,d)=(11,FFFFFFFF16), (s,b)=(7,9D2C568016), (t,c)=(15,EFC6000016), l=18。最后将 R'_m 取模处理后得到 R_m。

$$R_m = R'_m \bmod |N| \quad (1 \leqslant R_m \leqslant |N|) \quad (3\text{-}17)$$

其中 $|N|$ 是指集合 N 中生产节点、投票节点、候补节点的数量总和。选取节点编号与 R_m 相同的节点成为主链节点，再由主链节点构建一条主链，完成主链上的事务处理。

（2）主链共识。

在从链的生产节点生成了随机数 R_m 后将之写进新生成的区块中，在每一周期最后一个从链区块产生后，集合 N 中所有编号与写入各区块中的 R_m 相同的节点成为代表节点，代表节点将自己所在从链中已确认的区块数据上传至主链网络中，随后参与共识并将主链区块保存至本地。为了保证主链上保存的从链区块数据都是真实完整、未被篡改的，代表节点在打包之前会检查被上传的从链区块数据的上传次数，只有被不少于其所在从链中一半以上的代表节点上传过的从链区块数据才能被主链节点打包上链。当主链节点确保所打包信息都符合要求后，在主链上通过 PBFT 共识算法达成共识，完成信息在主链上的完整上链过程。

（3）数据跨链。

每一周期被选择成为主链节点的各从链代表节点会将自己所在从链本周期产生的区块上传至主链网络中，同时参与主链共识，在共识完成后各代表节点同样保存主链区块至本地网络中，每一个代表节点保存的主链区块中都包含来自不同从链的区块数据供其所在从链其余节点查询，从而完成不同从链之间的数据跨链。

3.4 编程案例

3.4.1 实现 MD5 算法

为了让读者能进一步地了解和熟悉 MD5 算法的执行过程，在这里对 MD5 算法做一个简单实现。

```
# coding=utf-8
# 引入 math 模块，因为要用到 sin()函数
import math

# 定义常量，用于初始化 128 位变量，注意字节顺序，文中的 A=0x01234567，这里低值存放低字节，即 01 23 45 67，所以运算时 A=0x67452301，其他类似
# 这里用字符串的形式，是为了和 hex()函数的输出统一，hex(10)输出为'0xA'，注意结果为字符串
A = '0x67452301'
B = '0xefcdab89'
C = '0x98badcfe'
D = '0x10325476'

# 定义每轮中用到的函数。L 为循环左移，注意左移之后可能会超过 32 位，所以要和 0xffffffff 做与运算，确保结果为 32 位
F = lambda x, y, z: ((x & y) | ((~x) & z))
G = lambda x, y, z: ((x & z) | (y & (~z)))
H = lambda x, y, z: (x ^ y ^ z)
I = lambda x, y, z: (y ^ (x | (~z)))
L = lambda x, n: (((x << n) | (x >> (32 - n))) & (0xffffffff))

# 定义每轮中循环左移的位数，这里用 4 个元组表示，用元组是因为其速度比列表快
shi_1 = (7, 12, 17, 22) * 4
shi_2 = (5, 9, 14, 20) * 4
shi_3 = (4, 11, 16, 23) * 4
shi_4 = (6, 10, 15, 21) * 4

# 定义每轮中用到的 M[i]次序
m_1 = (0, 1, 2, 3, 4, 5, 6, 7, 8, 9, 10, 11, 12, 13, 14, 15)
m_2 = (1, 6, 11, 0, 5, 10, 15, 4, 9, 14, 3, 8, 13, 2, 7, 12)
m_3 = (5, 8, 11, 14, 1, 4, 7, 10, 13, 0, 3, 6, 9, 12, 15, 2)
m_4 = (0, 7, 14, 5, 12, 3, 10, 1, 8, 15, 6, 13, 4, 11, 2, 9)
```

```
# 定义函数，用来产生常数T[i]，常数有可能超过32位，同样需要执行&0xffffffff操作。注意返回的是十进制的数
def T(i):
    result = (int(4294967296 * abs(math.sin(i)))) & 0xffffffff
    return result

# 定义函数，用来将列表中的元素循环右移。原因是在每轮操作中，先运算A的值，然后是D、C、B，16轮之后又恢复原来的顺序，所以只要每次操作第一个元素即可
def shift(shift_list):
    shift_list = [shift_list[3], shift_list[0], shift_list[1], shift_list[2]]
    return shift_list
# 定义主要的函数，参数当作种子的列表，每轮需要用到F、G、H、I，生成的M[ ]，以及循环左移的位数。该函数完成一轮运算
def fun(fun_list, f, m, shi):
    count = 0
    global Ti_count
    # 引入全局变量，T(i)是从1~64循环的
    while count < 16:
        xx = int(fun_list[0], 16) + f(int(fun_list[1], 16), int(fun_list[2], 16), int(fun_list[3], 16)) + int(m[count],16)+ T(Ti_count)
        xx = xx & 0xffffffff
        ll = L(xx, shi[count])
        fun_list[0] = hex((int(fun_list[1], 16) + ll) & (0xffffffff))[:-1]
        # 最后的[:-1]是为了去除类似'0x12345678L'最后的'L'
        fun_list = shift(fun_list)
        count += 1
        Ti_count += 1
        print(fun_list)
    return fun_list

# 该函数生成每轮需要的M[ ]，最后的参数是为了当有很多分组时进行偏移
def genM16(order, ascii_list, f_offset):
    ii = 0
    m16 = [0] * 16
    f_offset = f_offset * 64
    for i in order:
        i = i * 4
        m16[ii] = '0x' + ''.join((ascii_list[i + f_offset] + 
  ascii_list[i + 1 + f_offset] + ascii_list[
            i + 2 + f_offset] + ascii_list[i + 3 + f_offset]).split('0x'))
        ii += 1
    for c in m16:
        ind = m16.index(c)
        m16[ind] = reverse_hex(c)
    return m16

# 翻转十六进制数的顺序：'0x01234567' => '0x67452301'
def reverse_hex(hex_str):
    hex_str = hex_str[2:]
    hex_str_list = []
    for i in range(0, len(hex_str), 2):
        hex_str_list.append(hex_str[i:i + 2])
    hex_str_list.reverse()
    hex_str_result = '0x' + ''.join(hex_str_list)
    return hex_str_result
# 显示结果函数，将最后运算的结果列表进行翻转，合并成字符串的操作
def show_result(f_list):
```

```
        result = ''
        f_list1 = [0] * 4
        for i in f_list:
            f_list1[f_list.index(i)] = reverse_hex(i)[2:]
            result = result + f_list1[f_list.index(i)]
    return result

# 程序主循环
while True:
    abcd_list = [A, B, C, D]
    Ti_count = 1

    input_m = raw_input('msg>>>')

    # 对每一个输入先添加一个'0x80'，即'10000000'
    ascii_list = map(hex, map(ord, input_m))
    msg_lenth = len(ascii_list) * 8
    ascii_list.append('0x80')

    # 补充 0
    while (len(ascii_list) * 8 + 64) % 512 != 0:
        ascii_list.append('0x00')

    # 最后 64 为存放消息长度，注意长度存放顺序低位在前
    # 例如，消息为'a'，则长度为'0x0800000000000000'
    msg_lenth_0x = hex(msg_lenth)[2:]
    msg_lenth_0x = '0x' + msg_lenth_0x.rjust(16, '0')
    msg_lenth_0x_big_order = reverse_hex(msg_lenth_0x)[2:]
    msg_lenth_0x_list = []
    for i in range(0, len(msg_lenth_0x_big_order), 2):
        msg_lenth_0x_list.append('0x' + msg_lenth_0x_big_order[i:i + 2]
)
    ascii_list.extend(msg_lenth_0x_list)
    print
    ascii_list

    # 对每个分组进行 4 轮运算
    for i in range(0, len(ascii_list) / 64):
        # 将最初 128 位种子存放在变量中
        aa, bb, cc, dd = abcd_list
        # 根据顺序产生每轮 M[]列表
        order_1 = genM16(m_1, ascii_list, i)
        order_2 = genM16(m_2, ascii_list, i)
        order_3 = genM16(m_3, ascii_list, i)
        order_4 = genM16(m_4, ascii_list, i)

        # 主要进行 4 轮运算，注意输出的结果列表已经被进行过右移操作
        abcd_list = fun(abcd_list, F, order_1, shi_1)
        print('--------------------------------------')
        abcd_list = fun(abcd_list, G, order_2, shi_2)
        print ('--------------------------------------')
        abcd_list = fun(abcd_list, H, order_3, shi_3)
        print ('--------------------------------------')
        abcd_list = fun(abcd_list, I, order_4, shi_4)
        print ('--------------------------------------')
```

```
        # 将最后输出与最初 128 位种子相加。注意，最初种子不能直接使用 abcd_list[0]等，因
为 abcd_list 已经被改变
        output_a = hex((int(abcd_list[0], 16) + int(aa, 16)) & 0xffffffff)[:-1]
        output_b = hex((int(abcd_list[1], 16) + int(bb, 16)) & 0xffffffff)[:-1]
        output_c = hex((int(abcd_list[2], 16) + int(cc, 16)) & 0xffffffff)[:-1]
        output_d = hex((int(abcd_list[3], 16) + int(dd, 16)) & 0xffffffff)[:-1]

        # 将输出放到列表中，作为下一次 128 位种子
        abcd_list = [output_a, output_b, output_c, output_d]

        # 将全局变量 Ti_count 恢复，以便开始下一个分组的操作
        Ti_count = 1

        # 最后调用函数，格式化输出
        print ('md5>>>' + show_result(abcd_list))
```

3.4.2　实现 RSA 算法

在前文我们已经介绍了 RSA 算法的基本原理，在其具体的实现过程中，我们应分 3 步完成。首先分别生成一个公钥和一个私钥，然后用生成的公钥和私钥实现加解密过程，最后给密文做签名。下面就是具体代码的实现。

```
import random

def fastExpMod(b, e, m):
    """
    e = e0*(2^0) + e1*(2^1) + e2*(2^2) + ... + en * (2^n)

    b^e = b^(e0*(2^0) + e1*(2^1) + e2*(2^2) + ... + en * (2^n))
        = b^(e0*(2^0)) * b^(e1*(2^1)) * b^(e2*(2^2)) * ... * b^(en*(2^n))

    b^e mod m = ((b^(e0*(2^0)) mod m) * (b^(e1*(2^1)) mod m) * (b^(e2*(2^2)
) mod m) * ... * (b^(en*(2^n)) mod m) mod m
    """
    result = 1
    while e != 0:
        if (e&1) == 1:
            # ei = 1, then mul
            result = (result * b) % m
        e >>= 1
        # b, b^2, b^4, b^8, ... , b^(2^n)
        b = (b*b) % m
    return result

def primeTest(n):
    q = n - 1
    k = 0
    #Find k, q, satisfied 2^k * q = n - 1
    while q % 2 == 0:
        k += 1;
        q /= 2
    a = random.randint(2, n-2);
    #If a^q mod n= 1, n maybe is a prime number
    if fastExpMod(a, q, n) == 1:
        return "inconclusive"
    #If there exists j satisfy a^((2^j) * q)mod n == n-1, n maybe is
a prime number
```

```
        for j in range(0, k):
            if fastExpMod(a, (2**j)*q, n) == n - 1:
                return "inconclusive"
        #a is not a prime number
        return "composite"
def findPrime(halfkeyLength):
    while True:
        #Select a random number n
        n = random.randint(0, 1<<halfkeyLength)
        if n % 2 != 0:
            found = True
        #If n satisfy primeTest 10 times, then n should be a prime number
            for i in range(0, 10):
                if primeTest(n) == "composite":
                    found = False
                    break
            if found:
                return n

def extendedGCD(a, b):
    #a*xi + b*yi = ri
    if b == 0:
        return (1, 0, a)
    #a*x1 + b*y1 = a
    x1 = 1
    y1 = 0
    #a*x2 + b*y2 = b
    x2 = 0
    y2 = 1
    while b != 0:
        q = a / b
        #ri = r(i-2) % r(i-1)
        r = a % b
        a = b
        b = r
        #xi = x(i-2) - q*x(i-1)
        x = x1 - q*x2
        x1 = x2
        x2 = x
        #yi = y(i-2) - q*y(i-1)
        y = y1 - q*y2
        y1 = y2
        y2 = y
    return(x1, y1, a)

def selectE(fn, halfkeyLength):
    while True:
        #e and fn are relatively prime
        e = random.randint(0, 1<<halfkeyLength)
        (x, y, r) = extendedGCD(e, fn)
        if r == 1:
            return e

def computeD(fn, e):
    (x, y, r) = extendedGCD(fn, e)
    #y maybe < 0, so convert it
    if y < 0:
        return fn + y
    return y
```

```
def keyGeneration(keyLength):
     #generate public key and private key
     p = findPrime(keyLength/2)
     q = findPrime(keyLength/2)
     n = p * q
     fn = (p-1) * (q-1)
     e = selectE(fn, keyLength/2)
     d = computeD(fn, e)
     return (n, e, d)

def encryption(M, e, n):
    #RSA C = M^e mod n
    return fastExpMod(M, e, n)

def decryption(C, d, n):
    #RSA M = C^d mod n
    return fastExpMod(C, d, n)


#Unit Testing
(n, e, d) = keyGeneration(1024)
#AES keyLength = 256
X = random.randint(0, 1<<256)
C = encryption(X, e, n)
M = decryption(C, d, n)
print ("PlainText:", X)
print ("Encryption of plainText:", C)
print ("Decryption of cipherText:", M)
print ("The algorithm is correct:", X == M)
```

本章小结

本章主要介绍了在区块链中会使用的一系列现代密码学算法和区块链网络中的核心问题——共识机制，为我们后面构建区块链网络做相应的准备。同时希望通过本章的学习，读者能去思考现有区块链网络中存在的安全问题和一致性问题，随着学习的深入，可以逐步形成自己对解决特定区块链应用的特定问题的共识方案。

思 考 题

1. 在 3.1.3 小节我们介绍了盲签名的过程，按照这个过程，用代码实现其功能。

2. 了解简化拜占庭容错算法（Simplified Byzantine Fault Tolerant，SBFT），并和传统拜占庭容错算法进行比较。

第4章 区块链数据存储

【本章导读】

本章将基于区块链中的存储问题，介绍区块链的数据结构、梅克尔树以及开发区块链存储的案例。

4.1 哈希指针与区块链

4.1.1 哈希指针

哈希指针（Hash Pointer）是一个指向数据存储位置和数据的哈希值的指针，即指向某个区块的地址，只不过这个地址进行了哈希转换，用哈希值来表示。通过哈希指针，我们可以快速定位到某个区块，且能按一定的顺序进行排列。哈希指针可以保证交易的不可篡改性，一旦区块形成后，如果有人想要篡改某个区块中的信息，那么后面一个区块的哈希值匹配就会出现错误。哈希指针的存在，使得任何篡改行为牵一发而动全身，让作恶者无法篡改区块中的信息，从而保证数据的完整性。

4.1.2 区块链

如图4-1所示，我们通过哈希指针构建了一个区块链。在普通链表中，每个区块既有数据，也有指向上一个区块的指针，而在区块链中，上一个区块的指针被替换成哈希指针。因此，每个区块不仅能告诉我们上一个区块的值在哪里，还包含了该值的摘要（原文经过哈希函数形成），从而能够验证这个值是否被改变。

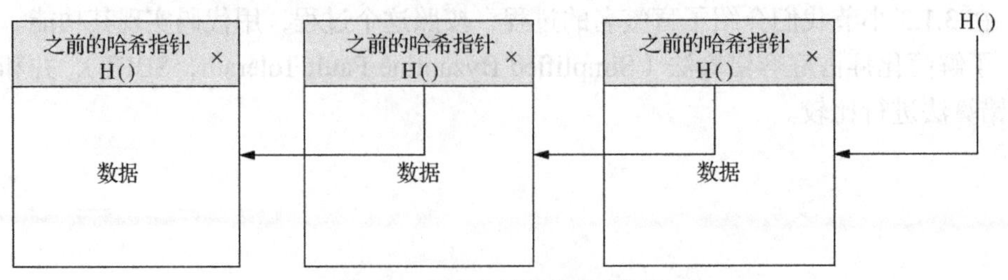

图4-1 哈希指针构建的区块链

区块链的一个应用就是“防止篡改日志”，这意味着我们要构建一个存储大量数据的日志数据结构，以便能够将数据附加到日志末尾。只要有人篡改日志前面的数据，我们就可以监测到。

为什么说区块链具有“防止篡改日志”的功能呢？让我们先来看看如果对手想要篡改区块链中的数据会发生什么？具体来说，对手的目的是让只记得区块链头部的哈希指针的人无法监控数据的改变。但是，如果改变了 x 区块的数据，那么区块 x+1 的哈希值将不匹配。从 3.1.1 小节我们知道哈希函数是抗碰撞的，只要哈希值不匹配，就可以检测到区块值被修改了。如果你想完成这个修改，必须继续修改下一个区块的哈希值，直到链表的头部，工程量浩大。且只要我们能保证区块头的安全，那么前面所有的修改就都白费功夫了。

这样做的结果是，如果对手想要篡改区块链中任一位置的数据，为了保证内容的一致，他需要篡改所有的哈希指针直至最开始的地方。这样做最终会碰到障碍，因为他不能篡改区块链头部的指针。由此，我们便知道：仅通过记住一个哈希指针，我们就基本记住了整个链表的防篡改哈希值。因此，我们可以搭建一个包含很多区块的区块链网络，链表头部的区块就被称为创世区块。

4.2　梅克尔树简介

4.2.1　二叉树

在正式介绍梅克尔树之前，先来看一下二叉树。二叉树是树型结构的一种，下面先结合树型结构（见图 4-2）来介绍一下树的基本术语和概念。

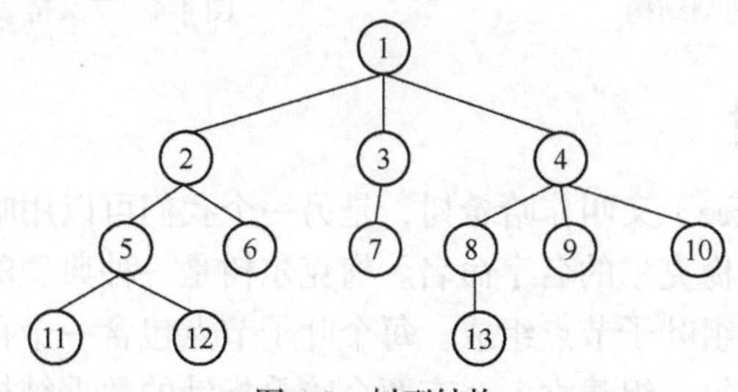

图 4-2　树型结构

（1）考虑节点 11，根 1 到节点 11 的唯一路径上的任意节点，称为节点 11 的祖先节点。如节点 2 是节点 11 的祖先节点，而节点 11 是节点 2 的子孙节点。路径上最接近节点 11 的节点 5 称为节点 11 的双亲节点，而节点 11 称为节点 5 的孩子节点。根 1 是树中唯一一个没有双亲的节点。有相同双亲的节点称为兄弟节点，如节点 2、节点 3 和节点 4 有相同的双亲节点 1，则称节点 2、节点 3、节点 4 为兄弟节点。

（2）树中一个节点的子节点个数称为该节点的度，树中节点的最大度数称为树的度。如节点 2 的度为 2，节点 4 的度为 3，节点 8 的度为 1。

（3）度大于 0 的节点称为分支节点（又称非终端节点）；度为 0（没有子女的节点）的节点称为叶子节点（又称终端节点）。在分支节点中，每个节点的分支树就是该节点的度。

（4）节点的层次从树根开始定义，根节点为第一层（也有一些地方把它定义为第 0 层），它的子节点为第二层，依此类推。

（5）节点的深度是从根节点开始自顶向下逐层累加的。

（6）节点的高度是从叶子节点开始自底层向上逐层累加的。

（7）树的高度（又称深度）是树中节点的最大层数。

（8）树中两个节点之间的路径是由这两个节点之间经过的节点序列构成的，而路径长度是路径上经过的边的条数。图 4-2 中节点 1 和节点 12 之间的路径为节点 1—节点 2—节点 5—节点 12，路径长度为 3。

从上面树的介绍可以知道，二叉树就是每个节点至多有两棵子树（二叉树中不存在度大于 2 的节点）的树。并且，二叉树有左右之分，即其次序不能任意颠倒。二叉树树型结构如图 4-3 所示。对于二叉树的存储结构，在数据结构上有顺序存储和链式存储两种，而常用的存储结构是链式存储结构，包括区块链中使用的也是链式存储结构。图 4-4 所示的二叉链表存储结构，二叉树中的每一个节点用链表的一个链节点来存储。二叉链表每个节点一般包括数据域和左右指针（可以和链表结构进行对比），这与我们接下来要讲的梅克尔树的结构完全一样，只不过在区块链中应用的梅克尔树存储的数据更为复杂。

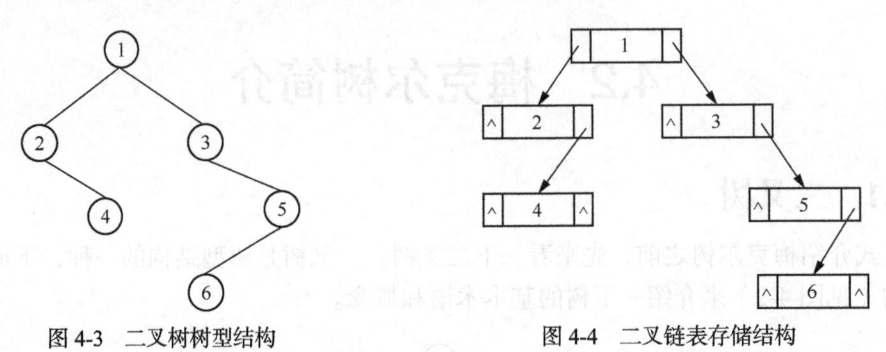

图 4-3　二叉树树型结构　　　　图 4-4　二叉链表存储结构

4.2.2　梅克尔树

梅克尔树（Merkle Tree）又叫作哈希树，是另一个我们可以用哈希指针建立的二叉树树型数据结构，以其发明者梅克尔的名字命名。梅克尔树是一种典型的二叉树结构，由一个根节点、一组中间节点和一组叶子节点组成。每个叶子节点包含一个存有数据的区块，然后把所有叶子节点两两分组，每一组建立一个有两个哈希指针的数据结构，每个指针指向一个叶子节点，也就形成了一个父节点，依此类推，直到得到一个单一的节点，也就是根节点。梅克尔树示例如图 4-5 所示。

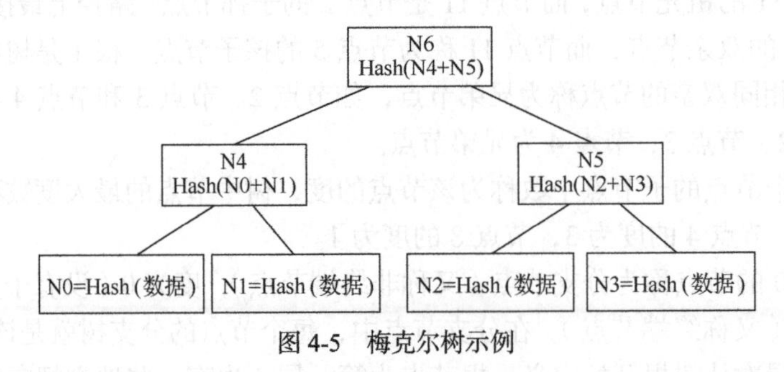

图 4-5　梅克尔树示例

梅克尔树逐层记录哈希值的特点与我们之前介绍的区块链的特点相似，底层数据的任何变动都会传到其父节点，一层一层沿着路径一直到树根。所以我们只需要记住树根的哈希指针就能追溯到任何一个节点，检测所有数据是否被修改，也即保证树根的安全就能保证整棵树的安全。目前，梅克尔树的典型应用场景很多，下面做简单介绍。

1. 比对或验证处理

在处理比对或验证的应用场景时，特别是在分布式环境下进行比对或验证时，梅克尔树会大大减少数据的传输量以及计算的复杂度。例如在图 4-5 中，假如 N0、N1、N2、N3 是 4 个数据块的哈希值，我们把这些数据从 A 传输到 B，当数据传输到 B 后，需要验证传输到 B 的数据的有效性（验证数据是否在传输过程中发生变化），我们只需要验证 A 和 B 上所构造的梅克尔树的根节点值是否一致即可。如果一致，表示数据是有效的，传输过程中没有发生改变。

由于哈希运算的过程十分快速，预处理可以在短时间内完成，利用梅克尔树结构能为比对带来巨大的性能优势。

2. 快速定位修改

如图 4-5 所示，如果 N0 对应的数据被修改，会直接影响到 N1、N4 和 N6。因此，一旦发现某个节点如 N6 的数值发生变化，沿着 N6—N4—N0 即可快速定位到实际发生改变的地方。也就是说如果整棵树有 n 个节点，只需要展示 $\ln(n)$个项目，因为每个步骤仅需要计算子区块的哈希值，验证过程需要的时间约为 $O(\ln(n))$。因此，即使梅克尔树包含大量的区块，我们仍可以在较短的时间内做定位，这个过程也可以叫作隶属证明。

3. 确保不可伪造和无重复交易

在比特币的设计中，梅克尔树存在于每个区块中，它被应用于交易的存储上。每笔交易都会生成一个哈希值，然后不同的哈希值向上继续做哈希运算，最终生成唯一的根，并把这个梅克尔树根作为数据区块的区块头。我们利用梅克尔树的特性可以确保每笔交易都不可伪造和没有重复交易。

4.3　区块链存储案例分析

4.3.1　100%准备金证明

在了解 100%准备金证明之前，我们要先知道什么是准备金。简单来说，准备金就是平台留存的钱。100%准备金就是用户存 100 元，平台必须保留 100 元；10%准备金就是用户存 100 元，平台只需要保留 10 元，剩下的 90 元平台可以拿来做别的事。银行通过放贷来赢利，所以银行就需要大量吸储。那么 100%准备金证明有什么用呢？链下机制是用户的币在平台只做登记，币由平台完全控制。链上机制是用户的币由自己通过私钥管理，平台无法动用。所以只有链下机制才有可能低于 100%准备金且需要证明，链上机制始终都是 100%准备金。那么它的证明机制又是怎样的呢？最简单的证明方法就是公布所有用户数据。该方法很直接，但易伪造。如果想要保证逻辑完备性，需要证明以下两点。

（1）没有伪造，包括没有伪造用户和没有伪造用户余额。

（2）没有遗漏，包括没有直接遗漏用户（即某个用户在公布的数据里找不到自己）和间接遗漏用户（即两个或者两个以上的用户对应一条数据）。

第一点是伪造。伪造虚假用户的结果是：准备金率下降。伪造用户余额的结果是：任何用户发现余额与公布的不一致，这意味着平台造假。还有一种就是仅伪造平台控制的用户数据（自己人的账户），这会导致准备金率下降或者说就没有意义了。但不可避免的情况是：伪造大量的零余额的用户，但这并不影响准备金率。

第二点是遗漏。直接遗漏也毫无意义，一旦用户发现他找不到自己的账户，就会立即露馅。间接遗漏的情况较多。防止间接遗漏最直接的方法是公布用户的电子邮件地址，但这样会暴露用户的隐私，通常需要设计一个哈希算法，例如 hash_value=HASH(user_id + nonce + balance)。user_id 字段必须每个用户唯一且固定不变，通常是选择 E-mail 或者手机号码，因为其天然具有唯一性且不可伪造。确定哈希算法后，用户的识别由 E-mail 地址改为 hash_value。

综上，要完成100%准备金的证明，可以用到梅克尔树。这个证明的主要过程是构建梅克尔树，当构建完该树且根节点的余额与公布的储蓄余额相同时，即可 100%储备。

4.3.2 分布式存储

区块链通常被定义为去中心化的记账系统，如何使这个记账系统始终以一种可信的方式来记录数据就是区块链要解决的问题。那么要使得用户信任区块链系统记录的数据，而不需假设记账节点的可信性，应该如何实现呢？“无信任性”技术的解决办法就是假设互相不信任，因此每个节点都要存储一个完整的数据记录，每条交易记录都要被每个节点重新验证。当一个节点重新加入网络并需要同步数据的时候也是从其他节点同步交易历史，然后重新计算验证，这就决定了区块链的一个特点——分布式存储。我们在第 3 章讲到的共识机制就是为了解决分布式存储中的一致性问题。为了能对之前讲到的共识机制、拜占庭问题、FLP 不可能原理、CAP 原理有更深刻的认识，我们这里再来系统地介绍一下分布式存储。分布式存储系统是大量普通计算机或服务器通过 Internet 互联，对外作为一个整体提供存储服务的系统。它的特点是可扩展、成本低、性能高、易用。分布式存储涉及的设计主要来自两个领域：分布式系统和数据库。分布式存储系统分为以下 4 类。

1. 分布式文件系统

分布式文件系统以对象的形式组织，对象之间不存在关联，这种数据一般称为二进制大对象（Binary Large Object，BLOB）数据。分布式文件系统还经常用作分布式表系统和分布式数据库的底层存储。分布式文件系统存储 3 种类型的数据：BLOB 对象、定长块和大文件。在系统实现层，分布式文件系统根据数据块（Chunk）来组织数据。每个数据块的大小大致相同，每个数据块可以包含多个 BLOB 对象或定长块，一个大文件也可以拆分为多个数据块。分布式文件系统将这个限额的数据块分布到存储集群，处理数据复制、一致性、负载均衡、容错和其他分布式系统难题，并将用户对 BLOB 对象、定长块和大文件的操作映射到底层数据块操作。

2. 分布式键值系统

分布式键值系统用于存储关系简单的半结构化数据。它只提供基于主键的创建、读取、更新和删除（Create、Retrieve、Update、Delete，CRUD）功能，即根据主键创建、读取、更新或删除一个键值记录。从数据结构上看，分布式键值系统与传统的哈希表相似。不同之处在于，分布式键值系统支持将数据分布到集群中的多个存储节点。分布式键值系统是分布式表系统的简化实现，通常用作缓存。一致性哈希是分布式键值系统中常用的一种数据分发技术。

3. 分布式表系统

分布式表系统用于存储具有更复杂关系的半结构化数据。与分布式键值系统相比，分布式表系统不仅支持简单的 CRUD，而且支持扫描某个主键范围；以表格为单位组织数据，每个表格包含许多行，其中一行由主键标识；支持基于主键的 CRUD 功能和范围搜索功能；支持某种程度上的事务。与分布式数据库相比，分布式表系统主要支持对单个表的操作，不支持一些特别复杂的操作，如多表关联、多表联接、嵌套子查询等。在分布式表系统中，同一表的多个数据行也不要求包含相同类型的列。

4. 分布式数据库系统

分布式数据库系统是在集中式数据库系统的基础上发展来的，具有灵活的体系结构，系统经济，可靠性高，可用性好，在一定条件下响应速度快，可扩展性好，易于集成现有系统，也易于扩充。为了保证数据的一致性，集中式数据库系统必须支付一定的维护代价，减少冗余的目标是通过数据共享来实现的。但是在分布式数据库系统中，我们希望添加冗余数据，并在不同的站点存储相同数据的多个副本，目的是提高系统的可靠性和可用性。分布式数据库系统的结构更适合具有地理分布特性的组织或机构使用，允许分布在不同区域、不同级别的各个部门对其自身的数据实行局部控制。

4.4 编程案例

4.4.1 实现哈希列表

在开始本次编程案例之前，首先回顾一下第 3 章的内容：哈希函数是一个把任意长度的数据映射成固定长度数据的函数，同时加密哈希函数还有另外一些独特的性质。哈希函数经常被用于数据完整性校验，最简单的方法是对整个数据做哈希运算，得到固定长度的哈希值，然后把得到的哈希值公布在网上。这样用户下载数据之后，对数据再次进行哈希运算，将运算结果和网上公布的哈希值进行比较，如果两个哈希值相等，说明下载的数据没有被损坏。可以这样做是因为输入数据的些许改变就会引起哈希运算结果的面目全非，而且根据哈希值反推原始输入数据的特征是困难的。如果从一个稳定的服务器下载，采用单一哈希是可取的；但如果数据源不稳定，一旦数据损坏，就需要重新下载，这样下载的效率是很低的。在点对点网络中进行数据传输的时候，往往会同时从多个服务器上下载数据，而且其中很多服务器可以认为是不稳定或者是不可信的，这时需要有更加巧妙的做法。

实际操作中，点对点网络在传输数据的时候其实都是把比较大的一个文件切成小的数据块（块是虚拟块，块大小通常为 2KB 的整数次方，硬盘上并不产生各个块文件）。在下载文件之前，通常需要先下载一个种子文件，这个种子文件里包含着每个块的索引信息和哈希验证码，因此也被称为索引文件。这时就出现了一个问题，怎么确定这个哈希列表本身是否正确呢？答案是需要一个根哈希。把每个小块的哈希值拼到一起，然后对整个长长的字符串再做一次哈希运算，最终的结果就是哈希列表的根哈希。如果下载者能够从服务器得到一个正确的根哈希（种子文件），就可以用它来校验哈希列表中的每一个哈希是否正确，进而可以保证下载的每一个数据块的正确性。使用哈希列表进行数据完整性校验的原理如图 4-6 所示。

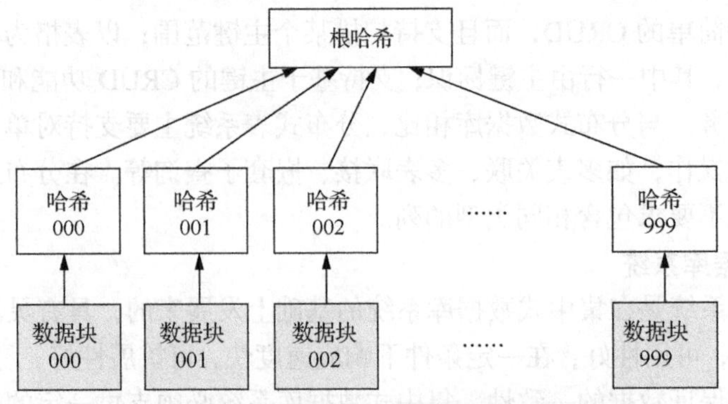

图 4-6　使用哈希列表进行数据完整性校验的原理

为了模拟数据在传输过程中的分片，以下代码创建了 9 个大小均为 2KB 的文件，文件中写入的内容是当前时间字符串的 SHA-256 哈希值。由于每个 SHA-256 的运算结果固定为 256 个二进制数字，可转换为 64 个十六进制数字，每个数字写入文件中会占用 1B 空间，因此每写入一次文件，文件大小增加 64B。为了使文件大小恰好是 2KB，当前时间字符串的 SHA-256 哈希值会被重复写入 32 次。

```
# -*- coding:utf-8 -*-

import hashlib
import time

if __name__ == '__main__':

    #文件名列表，表示分片后的文件名
    fileNameList=["1.txt","2.txt","3.txt","4.txt","5.txt","6.txt","7.txt","8.t
xt","9.txt"]

    #根据文件名列表创建多个文件分片
    for fileName in fileNameList:
        #为了保证每个文件分片的内容不一样，将当前时间字符串的 sha256 运算结果写入文件
        string=str(time.time())#获取时间字符串
        stringEncode=string.encode()#将字符串编码
        #获取 sha256 运算结果的字符串形式，该字符串是 sha256 运算结果的十六进制形式
        stringHash=hashlib.sha256(stringEncode).hexdigest()
        f=open("./file/"+fileName,'w')#创建文件

        #写入 32 次 sha256 运算结果恰好可得到大小为 2KB 的文件。2KB 是常用的文件分片大小
        for i in range(32):
            f.write(stringHash)
        f.close()           #关闭文件
        time.sleep(1)       #程序暂停 1s，防止 time.time()在两次循环中取得相同结果
```

如下代码负责计算分片文件的哈希列表和哈希列表的哈希值。它首先会对所有分片文件单独计算其哈希值，并将所有哈希值组织成一个列表，即哈希列表；随后会将所有的哈希值按照文件的前后顺序组成单个字符串；最终计算这个字符串的哈希值，就可得到哈希列表的哈希值。

```
# -*- coding:utf-8 -*-
```

```
import hashlib

#计算哈希列表和哈希列表的哈希值
def hash_list(data):
    hashlist=list()
    hashlstring=""
    for d in data:
        dencode=d.encode()
        dhash=hashlib.sha256(dencode).hexdigest()
        hashlist.append(dhash)
        hashlstring=hashlstring+dhash          #将每个分片文件的哈希值拼凑在一起
    hashlencode=hashlstring.encode()
    return hashlist,hashlib.sha256(hashlencode).hexdigest()

if __name__ == '__main__':
    data=list()
    #读取分片文件
    for i in range(9):
        fileName=str(i+1)+".txt"
        f=open("./file/"+fileName,'r')
        data.append(f.read())
        f.close()
    (hashlist,hash)=hash_list(data)
    print(hash)
    print(hashlist)
```

4.4.2　实现梅克尔树

在 4.4.1 小节的编程案例当中，我们通过使用一种被称为哈希列表的数据结构，实现了数据的完整性校验。然而，在实际操作中，存在一种更好的方法可以实现数据的完整性校验，那就是本小节介绍的梅克尔树。在最底层，梅克尔树把数据分成小的数据块，原理与生成哈希列表相同，有相应的哈希和它对应。但是在上层中，梅克尔树并不直接运算根哈希，而是把相邻的两个哈希合并成一个字符串，然后运算这个字符串的哈希，这样每两个哈希就“结婚生子”，得到一个子哈希。如最底层的哈希总数是单数，最后必然出现一个单身哈希，在这种情况下可以直接对它进行哈希运算，或者将这个单身哈希直接作为它自己的子哈希，这样也能得到它的子哈希。往上推，依然是一样的方式，我们可以得到数目更少的新一级哈希，最终必然形成一棵倒挂的树，到了树根的位置，这一代就剩下一个根哈希了，即梅克尔树根。

相对于哈希列表，梅克尔树一个明显的优点是可以单独拿出一个分支（作为一个小树）来对部分数据进行校验，这为很多使用场合带来了哈希列表所不能比拟的方便和高效。如图 4-7 所示，使用梅克尔树对数据进行高效检验，假设 8 号文件在下载过程中出现了错误，那么检验出错误文件的过程如下。

（1）检验梅克尔树的根哈希，发现错误。

（2）检验 1 号节点和 2 号节点的哈希值，发现 2 号节点哈希值错误。

（3）检验 5 号节点和 6 号节点的哈希值，发现 5 号节点哈希值错误。

（4）检验 11 号节点和 12 号节点的哈希值，发现 11 号节点哈希值错误。

（5）检验 23 号节点和 24 号节点的哈希值，确认 8 号文件错误。

在这个例子中，如果采用哈希列表，那么必须要对比 16 个分片文件的哈希值，才能确定究竟是哪个分片文件出现了错误，而使用梅克尔树，需要检验的哈希值只有 8 个。

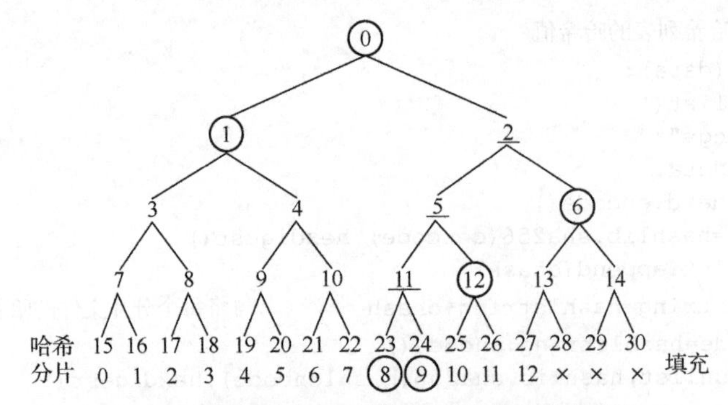

图 4-7　使用梅克尔树对数据进行高效检验的例子

下面以 9 个分片文件为例，介绍如何生成一棵梅克尔树，如图 4-8 所示。

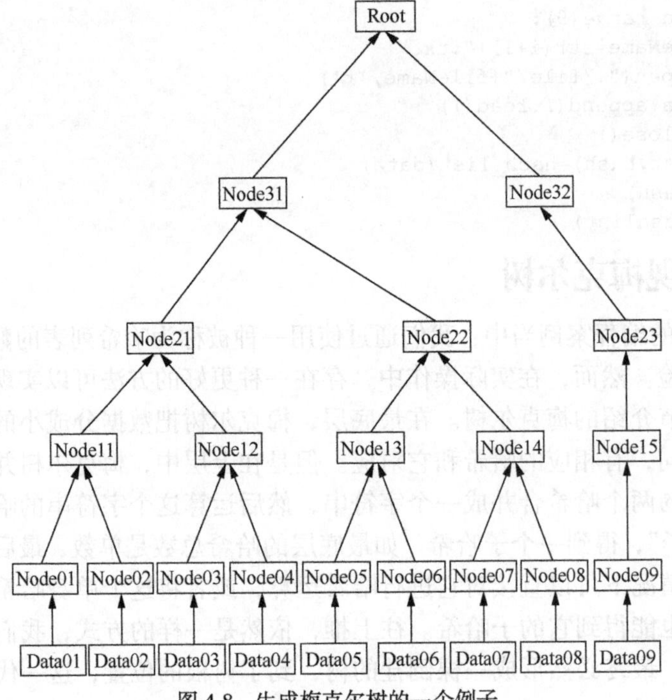

图 4-8　生成梅克尔树的一个例子

（1）假如最底层有 9 个数据块。

（2）第五层：对 9 个数据块进行哈希运算，Node0i=hash(Data0i)，i=1, 2, ⋯, 9。

（3）第四层：相邻两个哈希块串联，然后进行哈希运算，Node1i= hash(Node0j+Node0(j+1))，i=1, 2, 3, 4，j=1, 2, ⋯, 8；对于 j=9，Node15=hash(Node09)。

（4）第三层：重复步骤（3）。

（5）第二层：重复步骤（3）。

（6）第一层：重复步骤（3），生成梅克尔树根。

生成梅克尔树的示例代码如下。

```
# -*- coding:utf-8 -*-
```

```
import hashlib
class merkletree:
    def __init__(self,datalist):
        self.datalist = datalist
        self._mt = dict()
        self.hashlist = self.init(datalist)
        (self.hashlist, self.layerlength) = self.grow(self.hashlist)
        self.merkle_root = self.hashlist["layer_{}".format(len(self.hashlist)-1)]

    def init(self,datalist):
        # 生成叶子节点的哈希值
        hashl = list()
        for x in datalist:
            msg = hashlib.sha256()
            msg.update(str(x).encode('utf-8'))
            hashl.append(msg.hexdigest())
        return hashl

    def grow(self,datalist):
        # 形成完备二叉树，并以 list 形式保存
        isOdd = True
        if len(datalist) % 2 == 0:
            isOdd = False
        pairnum = int(len(datalist) / 2)
        mt = dict()
        layercount = 0
        prevlayerlist = list()
        layerlength = list()
        while len(prevlayerlist) >= 1 or layercount == 0:
            if layercount == 0:
                prevlayerlist = datalist
            mt["layer_{}".format(layercount)] = prevlayerlist
            layerlength.append(len(prevlayerlist))
            layercount += 1
            if len(prevlayerlist) == 1:
                break
            layerlist = list()
            for i in range(pairnum):
                layerlist.append(self.combinehash(prevlayerlist[2*i],
prevlayerlist[2*i+1]))
            if isOdd == True:
                layerlist.append(prevlayerlist[-1])
            prevlayerlist = layerlist
            isOdd = True
            if len(layerlist) % 2 == 0:
                isOdd = False
            pairnum = int(len(layerlist)/ 2)
        return mt,layerlength

    def combinehash(self,data1,data2):
        m = hashlib.sha256()
        m.update(data1.encode("utf-8"))
        m.update(data2.encode("utf-8"))
        return m.hexdigest()

if __name__ == '__main__':
    data=list()
```

```
    for i in range(9):
        fileName=str(i+1)+".txt"
        f=open("./file/"+fileName,'r')
        data.append(f.read())
        f.close()
    tree=merkletree(data)
    for key in list(tree.hashlist.keys())[::-1]:
        print(key,tree.hashlist[key])
```

本章小结

本章基于区块链中的存储问题向读者介绍了区块链的数据结构、梅克尔树及其应用场景，并介绍了区块链的存储案例，希望读者能更直观地了解区块链的存储特性。由于区块链是一个基于分布式存储的记账系统，编者给读者又介绍了不同的分布式系统及其运作机理。读者可比较其中的差异，积累更多的区块链这种分布式记账系统的相关知识。

思考题

1. 在 4.4.1 的编程案例当中，数据检验所用的哈希算法是 SHA-256。在实际操作中，如果仅仅是为了防止数据丢失，而不是为了防止蓄意的损坏或篡改，可以改用一些安全性低但效率高的校验和算法，如 CRC。尝试修改 4.4.1 编程案例的示例代码，使用如 CRC 这样效率更高的哈希算法，并对比不同哈希算法的执行效率。

2. 请在 4.4.2 编程案例的基础上，完成梅克尔树的查询操作。要求当给定某个分片文件的编号时，能够自动给出从树根节点到达该文件路径上的所有节点的哈希值。

第5章 区块链网络构建

【本章导读】

本章从网络架构的节点、运行机制入手，分析去中心化的工作量证明机制、共识机制，阐述基于开源的Hyperledger、InterLedger和Steem的核心技术。在本章的学习中，读者需要将从前文所学的各种技术结合到一起，首先实现一个最基础的私有链，然后在私有链的基础上开发一个完整的公有链项目，最后实现简单的私有链和公有链网络的搭建。

5.1 网络架构

5.1.1 网络中的节点

通常来说，计算机网络中的节点指的是一台有独立地址并具有传送或接收数据功能的设备，这个设备可以是工作站、个人计算机、服务器、打印机和其他与网络连接的设备。而在区块链中，节点必须具有以下几个特点。

（1）具有一定的存储空间：任何节点都必须存储整条区块链或区块链的一部分。

（2）连接网络：通常来说，区块链网络由多个节点组成，因此这些节点必须通过网络相连。

（3）参与区块链：任何一个区块链节点必须运行与区块链相关的程序。

在区块链的早期发展阶段，如2008年前后，网络中基本上所有的节点都被认为是所谓的"全节点"，网络中的每个节点都保存着整个比特币区块链网络中的数据，网络中每产生一次交易，接收到信息的节点会对交易信息的安全性、合规性等进行验证，验证通过后再广播到全网络的其他节点。显而易见地，随着时间的推移，区块链上所存储的交易会越来越多，随之也就造成了区块链的数据容量不断增大。由于区块链的冗余备份，要求所有节点都保存全量的数据文件是不现实的。这是因为对普通用户来说，他想要的肯定是一个可以安装在手机上的、大小只有几十MB的App，而不是一个几十个GB甚至更大的软件。此外，要求每个用户都去验证、同步和广播交易也是非常浪费资源且没有必要的。

在现在的区块链应用中，区块链中的节点可分为矿工节点、全节点和轻节点。

1．矿工节点

在区块链早年的设想里，矿工节点就是普通的个人计算机，每台计算机使用自己的CPU

进行挖矿，每台计算机都有机会创建自己的区块，即“每个 CPU 一票”，因此区块链是一个强大的去中心化系统。然而到了今天，普通的计算机基本上已经不可能再参与到挖矿中了。总之，现有的矿工节点运行于强大或专用的硬件（如ASIC）上，它们唯一的目标是尽可能快地挖出新区块。矿工是区块链中唯一可能会用到工作量证明的角色，因为挖矿实际上意味着解决工作量证明的难题。

2. 全节点

全节点验证矿工挖出来的块的有效性，并对交易进行确认。为此，它们必须拥有区块链的完整副本。同时，全节点执行路由操作，帮助其他节点发现彼此。对区块链网络来说，非常重要的一点就是要有足够多的全节点。因为正是这些全节点执行了决策功能：它们决定了一个块或一笔交易的有效性。

3. 轻节点

轻节点并不存储整个区块链副本，但是仍然能够对交易进行验证（不过不是验证全部交易，而是一个交易子集，如发送到某个指定地址的交易）。一个轻节点依赖一个全节点来获取数据，可能有多个轻节点连接到一个全节点。轻节点使得轻量级应用成为可能：用户不需要下载整个区块链，但是仍能够验证他的交易。

5.1.2 区块链的运行机制

通常来说，一个系统可以根据中心机构的数量分为 3 类：中心化系统、多中心化系统和去中心化系统。

（1）中心化系统：只存在一个中心机构。

（2）多中心化系统：同时存在多个中心机构。

（3）去中心化系统：不存在任何中心机构。

图 5-1 显示了中心化系统、多中心化系统和去中心化系统的特点。

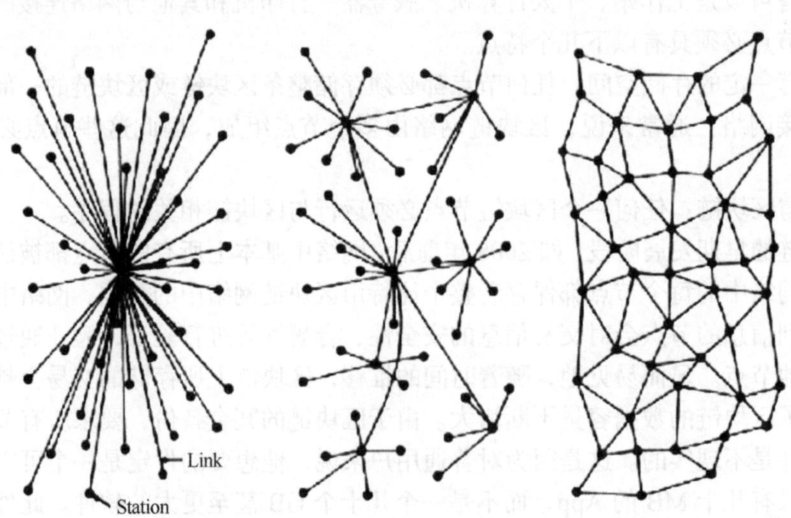

图 5-1 中心化系统（左）、多中心化系统（中）和去中心化系统（右）

区块链网络通常来说是去中心化的，这意味着没有服务器，客户端也不需要依赖服务器来获取或处理数据。在区块链网络中，每个节点是网络的一个完全（Full-Fledged）成员。节点就是一切，它既是一个客户端，也是一个服务器。区块链网络是一个 P2P 的网络，即节点直接连接到其他节点。它的拓扑是扁平的，因为在节点的世界中没有层级之分。区块链网络示意图如图 5-2 所示。

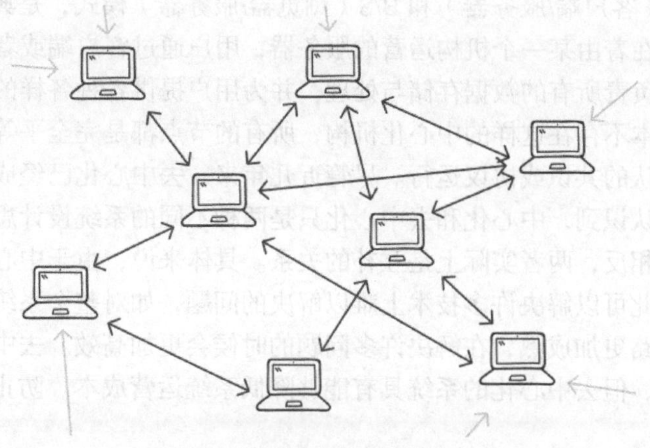

图 5-2　区块链网络示意图

要实现这样一个 P2P 网络的节点更加困难，因为这些节点必须执行很多操作。每个节点必须与其他很多节点进行交互，它必须请求其他节点的状态，并与自己的状态进行比较，当状态过时则进行更新。

5.2　去中心化

5.2.1　去中心化的定义

去中心化是与中心化相对的一个概念。简单来说，中心化的意思是中心决定节点，节点必须依赖中心，节点离开了中心就无法生存。去中心化恰恰相反，在一个分布有众多节点的系统中，每个节点都具有高度自治的特征，每个节点都是一个“小中心”。随着网络服务形态的多元化，去中心化网络模型越来越清晰，也越来越容易实现。

在互联网发展的第一个时代，也就是从 20 世纪 80 年代到 21 世纪初，互联网服务建立在互联网社区控制的开放协议上。在了解互联网的固定规则后，用户和组织就增加了他们在互联网中的存在感。同期，Yahoo!、Google、Facebook、LinkedIn、YouTube 等大公司都建立了大量的网络资产。在这个过程中，像 AOL 这样的集中式平台的重要性大大降低了。在互联网发展的第二个时代，从 21 世纪初到现在，发展较好的几家科技公司——Google、Apple、Facebook 等构建了快速超越开放协议功能的软件和服务。智能手机的爆炸式增长加速了这一趋势，移动应用已经成为人们使用互联网的主要方式。最终，用户从开放服务迁移到这些更复杂的集中式服务上。即使用户仍然会使用开放协议访问网络，他们也很可能通过上面几家公司提供的软件和服务访问网络。这样做的好处是，数以亿计的人可以通过优秀的技术获得非常好的体验，而且他们中的大多数人都可以免费使用这些技术。缺点是，初创公司、企业家和其他组织很难从互联网上分一杯羹，虽然这个集中的平台不会抢走他们的用户和利润。这一事实反过来又抑制了创新的趋势，使互联网变得不那么有趣和活跃。中心化系统也会导致社会紧张关系的泛化，包括出现假新闻、系统机器人、言论没有自由的平台用户等。这些有争议的情况将在今后几年内加剧。

最后，我们要简单讨论一下中心化与去中心化的关系。目前的绝大多数系统（如微信、微博）都基于 C/S（客户端/服务器）和 B/S（浏览器/服务器）模式，是典型的中心化系统。在中心化系统中存在着由某一个机构运营的服务器，用户通过客户端或者浏览器访问这些服务器，这些服务器负责所有的数据存储与处理，并为用户提供各种各样的服务。而在去中心化的系统中，则根本不存在这样的中心化机构，所有的节点都是完全平等的，通常是按照一个大部分节点都承认的共识或协议运行。尽管近几年来，去中心化已经成为一个非常热门的话题，但我们必须认识到，中心化和去中心化只是两种不同的系统设计思路，两者其实分不出谁优谁劣，恰恰相反，两者实际上是互补的关系。具体来说，由于中心化设计里存在着强大的中心机构，因此可以解决许多技术上难以解决的问题，如对整个系统的监督和管理。目前中心化的设计思路更加成熟，在解决许多问题的时候会更加高效。去中心化系统通常存在着效率低下的问题，但去中心化的系统具有能够降低系统运营成本、防止系统被中心机构掌控的优点。

关于中心化与去中心化更具体的讨论，请见本书的第 7 章。中心化和去中心化是相辅相成的关系，未来的技术肯定会不断地调整中心化和去中心化的平衡，以取得相应场景的最高效率。因此绝对的中心化和去中心化没有意义，当向一个方向倾斜时，会带来相应的好处，同时也会带来相应的弊端。

5.2.2 工作量证明机制

区块链作为一个分布式网络，首先需要解决分布式一致性的问题，也就是所有的节点如何对同一个提案或者值达成共识。这一问题在一个所有节点都是可以被信任的分布式集群中是一个比较难以解决的问题，更不用说在复杂的区块链网络中了。区块链技术最重要的创新之一，便是通过工作量证明机制来实现分布式共识，同时通过提高攻击成本来防御恶意攻击。

工作量证明机制的历史比区块链技术早很多，它最早是一个用于阻止拒绝服务攻击和解决类似垃圾邮件等服务错误问题的协议，在 1993 年被 Cynthia Dwork 和 Moni Naor 提出。它能够帮助分布式系统实现拜占庭容错。工作量证明的关键特点就是，分布式系统中请求服务的节点必须解决一个有难度但是可行的问题，但是验证问题答案的过程对服务提供者来说非常容易，也就是一个不容易解答但是容易被验证的问题。这种问题通常需要消耗一定的 CPU 时间来计算某个问题的答案，目前绝大部分的区块链都选择使用工作量证明的分布式共识机制，网络中的所有节点通过执行解密来获得创建新区块的权利。工作量证明其实相当于提高了做“叛徒”（发布虚假区块）的成本，在工作量证明下，只有第一个完成证明的节点才能广播区块，竞争难度非常大，需要很高的算力。如果不成功，其算力就白白地耗费了（算力是需要成本的）。如果有这样的算力作为诚实的节点，同样也可以获得很大的收益（这就是矿工所完成的工作），这样就不会有做“叛徒”的动机，整个系统也因此而更稳定。

所谓的工作量证明，就是要构造出一个满足以下要求的解密问题：问题的答案必须非常难以找到（可以理解为除了穷举之外，没有其他简便办法可以找到答案），但对于任何一个给定的答案，都能够非常容易且快速地验证这个答案的正确与否。我们先看一个简单的例子，倘若有这样一个问题：假设一个整数 x 加上另一个整数 y 的和的 SHA-256 哈希值必须以 2 个以上的 0 结尾，即 Hash(x+y)=ac23dc⋯000，设 x=10，求 y 的值。根据第 3 章中对加密哈希函数的定义，除了遍历 y 的值，不会有什么方法能够直接解出这个问题的答案，但只要得到了答案，那么只需要一次哈希运算就能够验证得到的答案是否正确。求解这一问题的 Python 代码如下。

```
from hashlib import sha256
x=10
y=0
r=str(x+y).encode()
r= hashlib.sha256(r).hexdigest()
while r[-1] != "0" or r[-2] != "0":
    y=y+1
print(f'The solution is y = {y}')
```

最后解出来的结果是 393。

简单来说，在基于工作量证明机制的分布式共识机制中，最先解出问题答案的节点可以获得一次提案的机会，其他的节点会验证该节点的答案是不是正确的，如果答案是正确的，就会确认该节点的提案。不同区块链应用中所使用的工作量证明机制各有差异，但其思想基本与上面的问题相同。矿工们争相通过遍历计算某一个问题的结果，最先计算出问题结果的矿工可以得到创建区块的权力，并通过创建区块获得一定的奖励，同时只有在该矿工计算出来的结果得到其他矿工认可的情况下，该矿工创建的区块才会被其他矿工认可。

5.2.3　区块链共识

当一个节点挖出一个新区块后，默认会立即将新区块链接到本地存储的区块链的末尾，并且广播到整个网络中。其他节点在收到这一新区块后，会验证这一区块的有效性并决定是否接收这一区块。当同时收到多个新区块时，节点默认只承认那些连接到共识链（最长链）上最后一个被确认的新区块，并以第一个满足条件的区块所在的链为共识链。对于收到的其他区块，节点可以自己选择处理方式，推荐的方式为将较新的区块以支链的形式保存起来。如果一个节点收到的区块的索引远远大于该节点当前共识链的最后一个区块的索引，那么说明该节点很有可能已经失去与其他节点的同步，需要立即重新进行同步（从其他节点下载区块链）。按照上述共识机制，经过一段时间的区块竞争后，一定会有一条最长的共识链形成。图 5-3 至图 5-9 显示了区块链就最长链达成共识的详细过程。

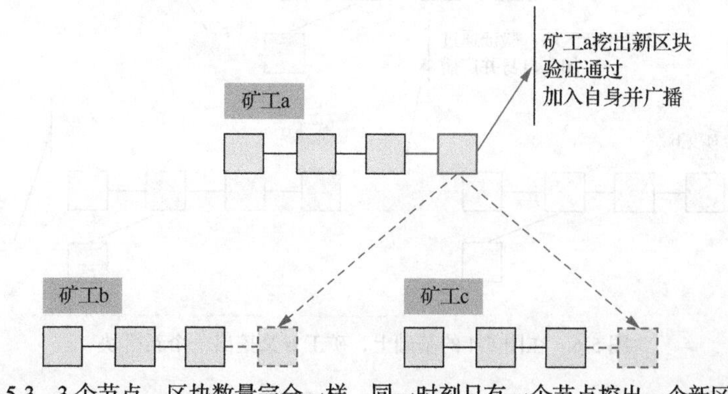

图 5-3　3 个节点，区块数量完全一样，同一时刻只有一个节点挖出一个新区块

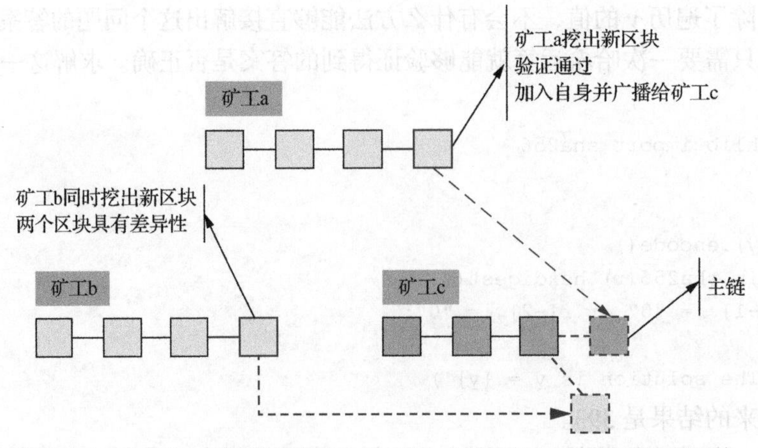

图 5-4　3 个节点，区块数量完全一样，同一时刻不止一个节点挖出新区块

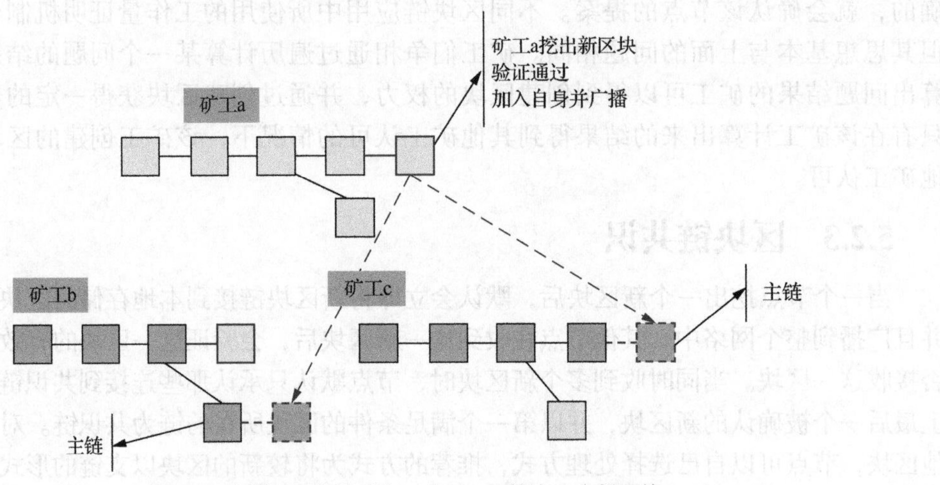

图 5-5　在图 5-4 的基础上，矿工 a 又挖出一个新区块

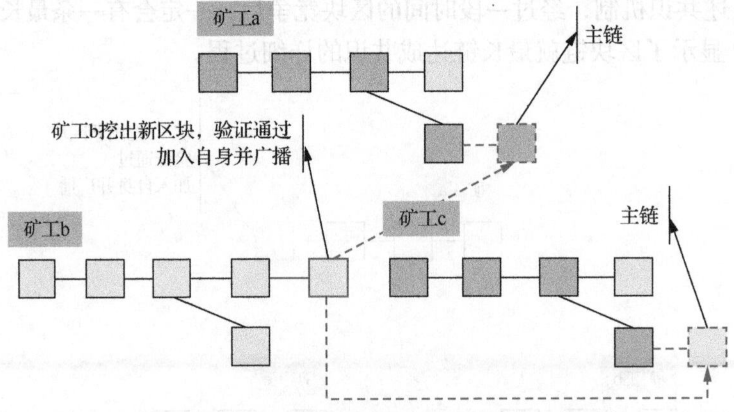

图 5-6　在图 5-4 的基础上，矿工 b 又挖出一个新区块

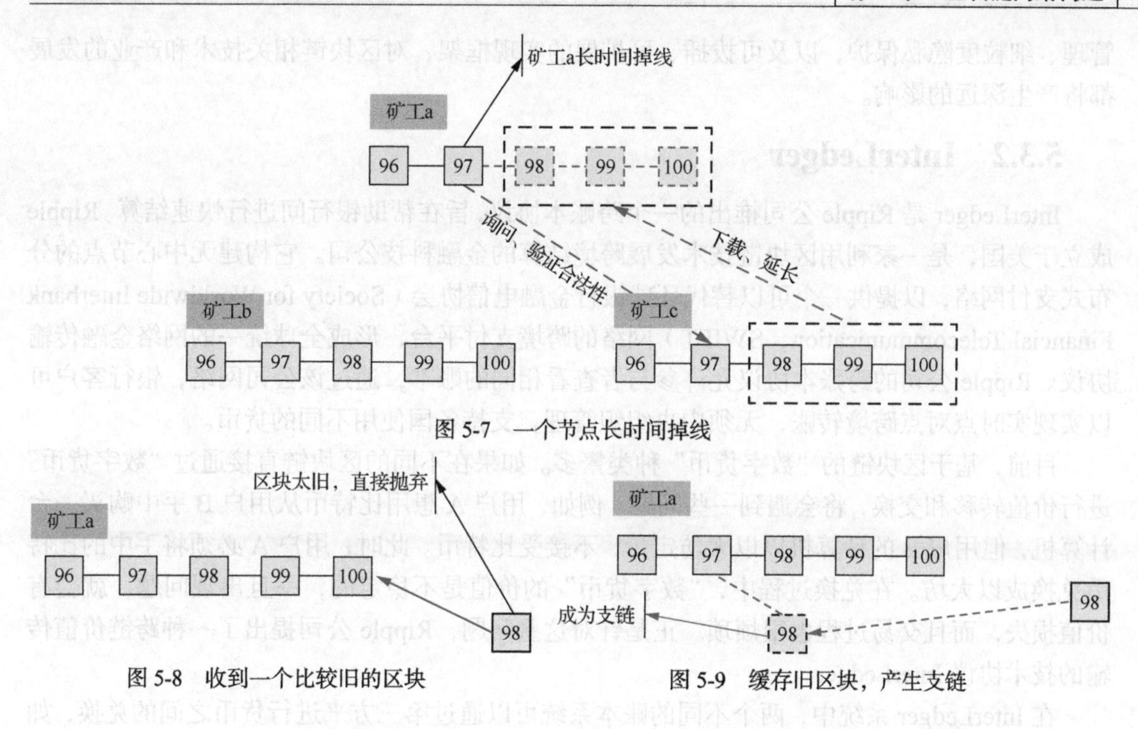

图 5-7　一个节点长时间掉线

图 5-8　收到一个比较旧的区块

图 5-9　缓存旧区块，产生支链

5.3　基于开源区块链项目

5.3.1　Hyperledger

2015 年 12 月，开源世界的旗舰组织——Linux 基金会，联合 30 家初始企业成员（包括 IBM、Accenture、Intel、J.P.Morgan、R3、DAH、DTCC、FUJITSU、HITACHI、SWIFT、Cisco 等），共同宣布成立 Hyperledger（超级账本）联合项目（Collaborative Project）。超级账本项目为透明、开放和去中心化的企业级分布式账本技术提供了开源参考实现，并促进了区块链和分布式账本相关协议、规范和标准的发展。

作为一个联合项目，超级账本由用于不同目的和场景的子项目组成。目前包括 Fabric、Sawtooth Lake、Iroha、Blockchain Explorer、Cello、Indy、Composer、Burrow、Quilt、Caliper 十大顶级项目。所有项目都遵守 Apache V2 许可，并约定共同遵守以下基本原则。

（1）重视模块化设计：包括交易、合同、一致性、身份、存储等技术场景。

（2）重视代码可读性：保障新功能和模块都可以很容易添加和扩展。

（3）可持续的演化路线：随着需求的深入和应用场景的增加，不断增加和演化新的项目。

如果说以比特币为代表的“数字货币”提供了区块链技术应用的原型，以以太坊为代表的智能合约平台延伸了区块链技术的功能，那么进一步引入权限控制和安全保障的超级账本项目则开拓了区块链技术的全新领域。超级账本首次将区块链技术引入分布式联盟账本的应用场景，这就为未来基于区块链技术打造高效率的商业网络打下了坚实的基础。

超级账本项目的成立，实际上宣布区块链技术已经不仅仅局限在单一应用场景中，也不仅仅局限在完全开放的公有链模式下，区块链技术已经正式被主流企业市场认可并在实践中采用。同时，超级账本项目中提出和实现了许多创新的设计和理念，包括完备的权限和审查管理、细粒度隐私保护，以及可拔插、可扩展的实现框架，对区块链相关技术和产业的发展都将产生深远的影响。

5.3.2 InterLedger

InterLedger是Ripple公司推出的一个跨账本协议，旨在帮助银行间进行快速结算。Ripple成立于美国，是一家利用区块链技术发展跨境结算的金融科技公司。它构建无中心节点的分布式支付网络，以提供一个可以替代环球银行金融电信协会（Society for Worldwide Interbank Financial Telecommunication，SWIFT）网络的跨境支付平台，形成全球统一的网络金融传输协议。Ripple公司的跨账本协议允许参与者查看相同的账本，通过该公司网络，银行客户可以实现实时点对点跨境转账，无须中央组织管理，支持各国使用不同的货币。

目前，基于区块链的“数字货币”种类繁多。如果在不同的区块链直接通过“数字货币”进行价值转移和交换，将会遇到一些问题。例如，用户A想用比特币从用户B手中购买一台计算机，但用户B的计算机以以太坊定价，不接受比特币。此时，用户A必须将手中的比特币兑换成以太坊。在兑换过程中，“数字货币”的价值是不稳定的，一旦出现问题，就会有价值损失，而且交易过程也很烦琐。正是针对这些问题，Ripple公司提出了一种跨链价值传输的技术协议InterLedger。

在InterLedger系统中，两个不同的账本系统可以通过第三方来进行货币之间的兑换，如图5-10所示。账本系统不需要信任第三方，因为协议使用密码算法为这两个账本系统和第三方创建资金托管，并且当各方在资金上达成共识时，它们可以互相进行交易。由“账本”提供的第三方将向发送方保证，它们的资金只有在“账本”收到证明和接收方收到款项后，才将资金转给连接者；第三方也向连接者保证，一旦他们完成协议的最后一部分，他们就将收到来自发送方的资金。这意味着此类交易不需要受到法律合同的保护和过多的审查，大大降低了交易的门槛。

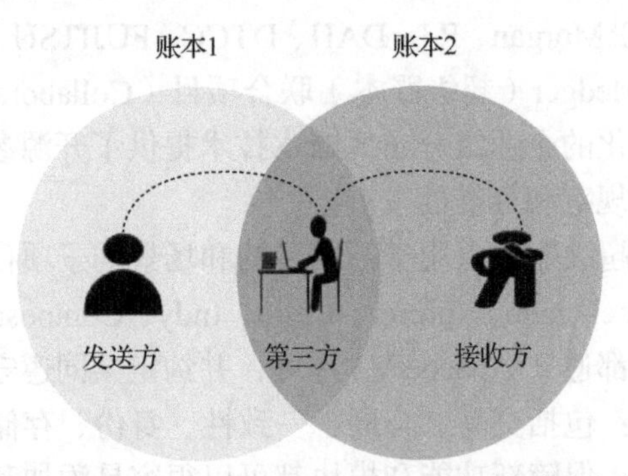

图5-10　InterLedger系统两个不同的账本系统通过第三方来进行货币之间的兑换

1. InterLedger协议功能

InterLedger协议（InterLedger Protocol，ILP）有3个关键功能，即具有ILP数据包、可进行无信任发送和具有打包价值。

（1）具有ILP数据包。

InterLedger协议的核心是ILP数据包，这是发送方、第三方、接收方之间使用的消息传递标准。该数据包受Internet协议（IP）数据包和地址启发，是网络的核心。ILPv4具有3种数据包类型，即“准备”“实现”“拒绝”，分别对应请求、响应和错误消息3种信号。连接器将“准备数据包”从发送方转发到接收方，而连接器将“完成”或“拒绝”数据包从接收方转发回发送方。准备数据包包含 5 个字段，即目的地址、数量、端到端数据，以及启用无信任发送的条件和到期时间。

（2）可进行无信任发送。

InterLedger 的第二个关键功能是其能够让用户通过第三方网络进行汇款，而不需要信任它们。ILP 保证发送方的钱在发送过程中不会丢失或被盗，这对建立开放且具有竞争力的网络至关重要。InterLedger 使用“向前/向后数据包流程”，或者激励性的二阶段提交（二阶段提交是为了使基于分布式系统架构下的所有节点在进行事务提交时保持一致性而设计的一种算法）。在该过程中，接收方在钱离开发送方账户之前就已收到付款。

过程主要由向前部分和向后部分组成：在向前部分中，完成数据包从发送方发至接收方并表示付款承诺，前提是第三方证明接收方已付款；在向后部分中，完成数据包证明接收方已付款并通过第三方中继回发送方的证明。只有接收方才能生成正确的证明，这是哈希的简单原像。无论数据包通过第三方网络采取何种路径，发送方都可以确定钱什么时候已经收到。如果数据包被错误地传输或丢弃，发送方将永远不会得到结果，并且钱也永远不会离开他们的账户。如果接收方不希望接收“准备数据包”或该数据包未通过接收方的检查，则接收方会退回“拒绝数据包”。如果准备数据包在返回实现之前已过期，第三方也可能退回拒绝数据包，发送方可以重新发送被拒绝的数据包，因为他们尚未汇款，并且基于 InterLedger 构建的高级协议会自动处理重试。

（3）具有打包价值。

InterLedger 的第三个重要功能是打包价值，或将较大的转账分成许多低价值的数据包。这与将互联网发送的大文件分为多数量小文件发送非常相似。好处是同质数据包提高了网络的效率、安全性和互操作性。第三方使用有限的资金或流动资金来处理分类账数据包，这样对控制成本是非常有效的。每个“准备数据包”都需要第三方保存指定的金额，直到交易完成或被拒绝。较小的数据包量帮助第三方在不确定是否完成之前为每笔交易保留大量资金。第三方可以在较小的流动资金池中运行，并提高资金流动速度和利用率。分组支付还提高了网络的安全性和弹性。第三方可以分配其流动性，例如互联网带宽（支付带宽），以防止用户干扰他人的连接。较小的数据包还可以使用较短的“准备数据包”延时，这对缓解自由选择权问题（锁定攻击者可能利用的汇率）至关重要。同时，价值较低的数据包降低了由于未能及时交付“实现数据包”而给第三方带来的风险。

此外，分组支付帮助 InterLedger 连接更多不同类型的分类账，并促使应用范围更广泛。较小的数据包可以通过 ILP 托管，而无须分类账的托管。这将集成分类账的要求降低，仅具有转移价值的能力。第三方可以优化速度和吞吐量，因为从大笔采购到小额支付流的每笔交易都会变成同等的 ILP 数据包。

2. 案例说明

（1）基本信息。

对象：发送方——甲，接收方——乙，连接者——丙。

账本关系：甲拥有 Bitcoin 账户，乙拥有 Ripple 账户，丙拥有 Bitcoin 与 Ripple 账户。

场景：甲要从网上购买乙的物品，定价为 32 289 枚 Ripple 币。

（2）流程。

① 甲通过即时通信软件或者其他通信手段，得到乙提供的一个共享密码。通信一定要以

加密方式进行，保证在沟通后只有甲与乙知道这个共享密码，同时乙会告诉甲自己在 ILP 网络中对应的唯一地址。

② 甲向丙询价，查询打算发送的 32 289 枚 Ripple 币需要多少 BTC，此时丙会按实时的行情算出需要 1 枚比特币，同时丙会多收 0.00001 枚 BTC 作为手续费，最终甲得到的询价结果为需要向丙支付 1.00001 枚 BTC。

③ 甲按 ILP 规定的消息格式生成所需要的 ILP 包，ILP 包里明确目标地址为丙，同时基于 ILP 包的私有内容与共享密码生成一个条件原像，对条件原像进行哈希，得到一个托管交易的条件。

④ 甲在 Bitcoin 账本系统上发起一个托管创建操作，设置了步骤③中的托管条件及一个限定时间，同时设置 ILP 包。

⑤ 丙在 Bitcoin 上监测到一个涉及自己的托管创建操作。

⑥ 丙解析 ILP 包，计算出自己应该向乙转 32 289 枚 Ripple 币，同时修改 ILP 中的目标地址为乙。

⑦ 丙在 Ripple 账本系统上发起一个托管创建操作，设置了步骤③中的托管条件及一个限定时间，此限定时间要小于步骤④中的限定时间，同时设置 ILP 包。

⑧ 乙在 Ripple 上监测到一个涉及自己的托管创建操作。

⑨ 乙解析 ILP 包，用自己的共享密码及 ILP 包里的私有内容生成一个条件原像及对应的条件。通过对比托管创建交易里携带的条件与自己生成的是否相同，即核实托管交易中指定的资产数量是否是 32 289，来确认接受或拒绝托管交易。我们这里假定接受。

⑩ 乙在 Ripple 账本系统上发起一个托管确认操作，设置条件原像，Ripple 账本上的托管交易完成，乙收到 32 289 枚 Ripple 币。

⑪ 丙在 Ripple 上监测到一个涉及自己的托管确认操作。

⑫ 丙分析托管确认操作的内容，得到条件原像。

⑬ 丙在 Bitcoin 账本系统上发起一个托管确认操作，设置条件原像，Bitcoin 账本上的托管交易完成，丙收到 1.000 01 个 BTC。

通过介绍，我们发现 ILP 的精妙之处在于其并未创建一个统一的账本系统，也未要求参与各方信任任何个人或者机构，而是依靠现有的、已经存在的托管交易来保证各方的利益。ILP 的核心有两个，一是保证交易流程中的各个子交易能确定转移的账户，二是保证各方采用统一的格式进行消息传递。这些也都是 ILP 在支付和转账领域有力竞争的武器。

5.3.3 Steem

用户为社交媒体带来了大量流量和收入，却很少享受到平台发展带来的红利。在传统的内容分发和版权交易过程中，大部分内容生产者和普通用户都很难获得任何收益。Steem 项目使用加密货币奖励用户，解决了现有社交平台利润分配不合理的问题。Steem 是社交媒体网站 Steemit 发行的一种“数字货币”，用户在平台上发布内容（文章、图片、评论）后，根据用户投票、评论等规则，获得系统奖励代币 Steem。简言之，Steem 是一个通过加密货币奖励来支持社区建设和社交互动的区块链数据库。

下面简单介绍 Steem 的两个重要特色。

1. 共识机制

Steem 系统采用石墨烯技术，所以区块链记账采用的是 DPoS 算法。具体来说，每个周期，系统会根据电子货币持有者的投票结果选出得票数最高的 20 个人，再在未进入前 20 名的得票人中随机挑选一个人组成 21 个人来进行一轮记账工作。每个记账区块的生成时间为 3s。每一轮记账工作结束后，选举将重新开始，然后下一轮的记账工作将继续进行。如果记账员在记账过程中被发现作弊，他将被投票取消记账权。

2. 首创零手续费

Steem 是一个社交平台系统，所以它需要鼓励尽可能多的人参与，但是原始的区块链在进行代币分发和转移时需要支付少量的转让费，为记账员提供工资补贴，最重要的是防止用户滥用链上的资源。然而，在一个社交系统中，绝大多数用户的贡献是非常有限的，相应的奖励也是非常有限的。在这种情况下，如果存在手续费，就无法达到用奖励来激励用户积极参与平台建设的目的。回想一下，一个区块链公有链可以运行下去，最基本的要求就是见证人（记账员）有足够的工资，因为 Steem 使用新发行的代币给见证人（记账员）发工资，加上 Steem 使用的是 DPoS 共识机制，记账员记账不会有太大的工作量，所以大部分的价值可以保存下来并分发给平台中的其他贡献者。所有记账员的工资占 Steem 系统每年产生新代币总数的 10%。

为了适应社交平台的建设，Steem 首创零手续费模式，为 Steem 平台的兴起奠定了坚实的基础，让每个用户都可以免费参与到新的社交平台的建设中来。在这里，普通用户可以看到他们想要免费观看的内容，可以给自己喜欢的内容点赞，并且会因为找到好的内容而得到系统的奖励。不仅如此，用户还可以给他们喜欢的作者打赏。

零手续费模式很好地解决了小奖励的问题，但同时也出现了收费防止计算资源被滥用的问题。为了解决这一问题，Steem 系统实现了一种类似于股份制的计算资源使用和分配制度，即用户可获得的计算资源与他们所持有的代币数量成比例。这样，当网络拥挤时，每个人的交易都会同时延迟。每个人都可以使用的计算资源仅取决于他们拥有的电子货币数量占总体电子货币数量的百分比。这种新的解决方案的效率不仅比之前的小额手续费解决堵塞更高，而且它也从根本上消除了个人让整个网络瘫痪的可能性。因为在收取交易费用的情况下，只需要少数账户同时发送大量的转账就可以让整个网络拥堵很久。此外，Steem 系统可以达到每秒 1 万笔交易的记账速度，远远高于比特币和常用的以太坊网络，因此零手续费模式在 Steem 公有链上的运行简直天衣无缝。另外，零手续费的模式即使在考虑每年产生新代币的通胀情况下，也比现有收取转账费的比特币和以太坊网络要便宜得多。

5.4 编程案例

5.4.1 实现私有链

1. 准备工作

在正式开始开发之前，需要理解下列技术的基本原理和功能：哈希密码函数、工作量证明机制、哈希指针、公钥和私钥、数字签名。如果对上述技术还存在着任何的疑问，请仔细阅读本书第 3 章和第 4 章内容。

本小节的内容将会用到 hashlib 模块、RSA 模块和 Flask 框架。关于这些模块的安装和使用，请阅读本书的第 2 章。

下面对本小节的开发目标做一个简单的说明：本小节的目标是开发一个能够在本地运行的私有链，这一区块链接收和存储本地用户上传的数据，且每个用户在上传数据时需要提供自己的数字签名以验证自己的身份。

简易区块链架构如图 5-11 所示。

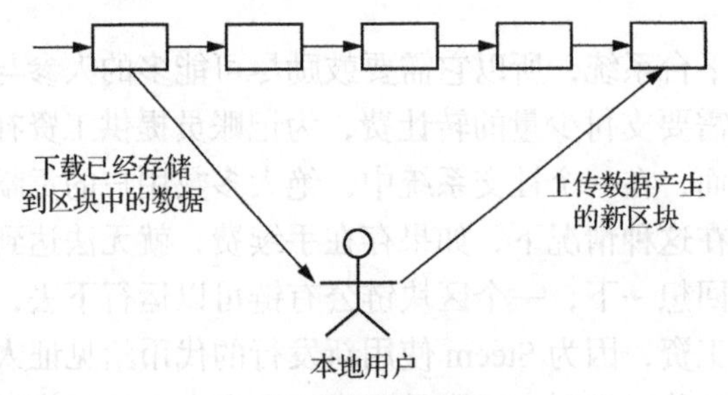

图 5-11 简易区块链架构

2. 区块结构构建

区块是区块链的基本数据结构。借用数据库的概念，区块所存储的数据可以分为两类——用户数据和元数据。所谓的用户数据就是我们希望存储到区块链中的数据，例如银行的一笔交易记录、公证所的一次公证记录等；而元数据也被称为中介数据，它是负责描述数据的数据，例如某个数据存储在哪里、它的拥有者是谁，等等。具体到区块链中，用户数据通常根据应用需求的不同而具有多种多样的形式。在绝大多数区块链应用中，为了提高效率，通常会将区块中的用户数据以梅克尔树或某种更复杂的形式组织起来。但在本小节中为简便起见，我们只是简单地将其以列表的形式进行组织。一般来说，区块链中的区块必须包含下列元数据：区块产生的时间，谁生成了这个区块，上一个区块的哈希值，工作量证明的结果等。本小节使用的区块包含的属性如下。

```
{
    "hash": "1637a8b78d52483027348c6eb5ab226ab58eebae8fa1f5cdfc9ccce86e969cb1",
    "index": 1,
    "proof": 961113,
    "time": 1528351959.8756618,
    "trans": [
      {
        "amount": 5,
        "information": null,
        "receiver": "a",
        "sender": "system"
      },
      {
        "amount": 5,
        "information": null,
        "receiver": "b",
        "sender": "system"
      },
      {
        "amount": 2,
        "information": null,
        "receiver": "a",
        "sender": "system"
      }
    ]
  }
```

每个区块都必须包含以下属性：前一个区块的哈希值（hash）、工作量证明（proof）、索引（index）、时间戳（timestamp）以及交易列表（trans）。需要特别注意的是，每个新的区块都包含上一个区块的哈希值，这是关键，它保障了区块链的不可更改性。如果攻击者破坏了前面的某个区块，那么它后面所有区块的哈希值都会变得不正确。

区块中具体需要包含哪些属性，是根据开发人员的需求而定的，因此针对不同的应用可能会在区块中定义不同的属性。

3. Blockchain 类开发

回忆一下前文对这个私有链的要求，它需要完成 3 个功能。

（1）能够接收区块链拥有者上传的数据，并把接收到的数据存储到区块链中。

（2）能够执行工作量证明算法，产生存储数据的新区块，并将未确认的数据写入新区块。

（3）能够对数据提交者的身份进行验证，只有通过了验证，系统才会接收提交的数据。

将 3 个功能分成 3 个方法，并将其他辅助用的变量、数据结构和方法集合成一个类，其基本框架如下。

```
import hashlib
import json
from time import time
from urllib.parse import urlparse
import requests
import rsa

hard=4#全局变量，用于调整挖矿难度，随着 hard 值的增大，挖矿难度会呈指数级增长

class Blockchain(object):
#完成类的初始化
    def __init__(self):
        self.chain = []
        self.trans = []

#产生新区块并将未确认的数据写入区块
    def newBlock(self):
        pass

#接收交易（上传的数据）
    def newTrans(self):
        pass

#计算区块的哈希值
    @staticmethod
    def hash(block):
        pass

#进行工作量证明
    def workProof():
        pass

#验证数字签名
@staticmethod
    def signProof():
        pass
```

```
#查看最新的区块
@staticmethod
    def lastBlock():
        pass
```

Blockchain 类的功能是管理区块链，它能执行存储交易、加入新区块、验证签名等操作。在它的构造方法中还创建了两个列表：chain 列表用于存储区块链，trans 列表用于存储尚未确认的交易（数据）。下面我们就将逐步实现 Blockchain 类的各项功能。

（1）newTrans()方法。因为收到的交易并不会立刻写入区块链，而是只有在得到矿工节点的确认之后，才会被加入矿工新挖出来的区块链，所以新提交的交易首先需要缓存在矿工节点的 trans 列表中，直到它得到确认才加入新区块。真实的区块链矿工节点对交易的确认和缓存可能会非常复杂，而在这里我们只是将其简单地以 Python 列表的形式缓存在内存中，newTrans()方法的示例代码如下。

```
#输入
#sender：交易发起者
#receiver：交易接受者
#amount：交易的数量
#information：交易的其他信息
###################################
#返回
#将会容纳这个交易的区块的索引号
###################################
#说明
#创建一个新的交易，并将其加入交易还没有得到确认的区块
###################################
def newTrans(self,sender=None,receiver=None,amount=None,information=None):
    tran={
        'sender':sender,
        'receiver':receiver,
        'amount':amount,
        'information':information
    }
    self.trans.append(tran)
    return self.lastBlock()['index']+1
```

可以看到，所有用户上传的交易都会缓存到 trans 列表中，每一笔交易包括了 4 个信息：交易发起者（sender）、交易接收者（receiver）、数量（amount）和交易信息（information）。这样的区块结构已经足够用作简单数字账本的开发了，例如存储家里的银行卡的转账记录或自己的日常开销记录。如果希望使用区块链存储其他类型的数据，只需要对 trans 的定义进行修改即可。另外，因为 Python 列表非常灵活，其中的元素可以具备不同的类型，所以也完全可以在一条区块链上存储具有不同类型和结构的数据。

需要注意的是，通常来说区块链不适合存储大规模数据，每条交易的数据大小应该得到控制，因此把大量数据作为交易内容存储到区块链中是不明智的。但是仍然可以将数据的摘要、存储位置等信息作为交易内容存储到区块链中，以利用区块链的不可更改性等性质保证数据的安全和可信。

（2）newBlock()方法。它的作用是待工作量证明完成之后，创建一个新的区块。newBlock()

方法首先需要将 trans 列表中未确认的交易加入该区块，然后将新区块加入区块链（chain 列表）的末尾。newBlock()方法的示例代码如下。

```
#输入
#block：合法的新区块
#####################################
#返回
#新挖出的区块
#####################################
def newBlock(self,block=None):
    self.chain.append(block)
    self.trans=[]
    return block
```

需要注意的是，区块链网络在启动运行的时候需要构造一个创世区块（即区块链中的第一个区块），因此现在需要对 Blockchain 类的构造方法进行修改。

```
def __init__(self):
        self.chain=[]
        self.trans=[]
        #建立创世区块，即区块链中的第一个区块
        self.chain.append({
            'index':len(self.chain)+1,
            'time':time(),
            'trans':[],
            'proof':961113,
            'hash':self.hash(961113)
        })
```

（3）hash()方法。该方法是一个静态方法，其调用方式与非静态方法不同。hash()方法的功能是对输入的数据执行 SHA-256 运算，并将运算的结果以字符串的形式返回。hash()方法需要调用 hashlib 模块中的方法。hash()方法的示例代码如下。

```
#输入
#block：一个区块
#####################################
#返回
#输入区块的哈希值
#####################################
@staticmethod #声明该方法为静态方法
def hash(block):
    #json.dumps()用于将 dict 类型的数据转换成 str，sort_keys 选项选择是否按照键值进行重新排序
    #encode 方法用于将字符串转换为字节类型
    blockString=json.dumps(block,sort_keys=True)
    blockEncode=blockString.encode()
    #下面进行 sha256 加密
    blockHash=hashlib.sha256(blockEncode).hexdigest()
    return blockHash
```

该方法首先会将传入的区块转换为 String 类型的数据，然后将 String 类型的数据转换为字节类型，最后对其进行 SHA-256 哈希运算，并将运算结果转换为字符串。

（4）工作量证明机制。本小节使用的工作量证明机制如下。

矿工需要不断尝试自己希望创建的新区块中的字段 proof，直到新区块的哈希值以 hard 个 0 结尾为止。这里的 hard 是一个可以调整挖矿难度的参数。很明显，随着 hard 值的增加，

挖矿的难度也会呈指数级上升，工作量证明机制的代码如下。

```
#返回
#挖矿中找到的有效的工作量证明
######################################
#说明
#进行工作量证明（挖矿），规则是 proof 从 1 开始不断加 1，直到找到一个可以通过工作量证明的 proof
######################################
def workProof(self):
    proof=0
    while True:
        block={
        'index':len(self.chain)+1,
        'time':time(),
        'trans':self.trans,
        'proof':proof,
        'hash':self.hash(self.lastBlock())
        }
        block_hash=Blockchain.hash(block)
        i=0
        for j in range(len(block_hash)):
            if block_hash[j]!="0":
                break
            else:
                i=i+1
        if i>=hard:
            self.newBlock(block)
            return block
        proof=proof+1
```

（5）signProof()方法。它通过 RSA 数字签名技术验证用户的身份。用户上传的数据和数字签名首先会被 signProof()方法处理。该方法首先会验证数字签名是否正确，只有在数字签名通过验证的情况下，该方法才会调用 newTrans()方法并将数据上传到 trans 列表，以等待矿工的处理。本小节中使用到的所有非对称加密体系和数字签名都依赖于 Python 开源库中的 RSA 模块。signProof()方法的实例代码如下。

```
#输入
#tran：用户提交的一次交易，dict 类型
#sign：用户提交的数字签名
#pubkey：用户的公钥
######################################
#返回
#=布尔值，True 表示交易被接受，False 表示交易被拒绝
######################################
def signProof(self,tran,sign,pubkey):
    try:
        rsa.verify(str(tran).encode(), signature, pubkey)
        sender=tran["sender"]
        receiver=tran["receiver"]
        amount=tran["amount"]
        information=tran["information"]
        self.newTrans(sender,receiver,amount,information)
        return True
    except rsa.VerificationError as e:
```

```
            return False
        except KeyError as e:
            return False
```

（6）lastBlock()方法。该方法非常简单，功能是返回区块链上的最后一个区块，lastBlock()方法的代码如下。

```
    def lastBlock(self):
            return self.chain[-1]
```

到这里，Blockchain 类的开发已经基本完成了，它能够验证上传数据者的身份，将未确认的新交易缓存起来，创建新的区块并将缓存的交易写入其中。现在，我们只需要编写一个 Python 脚本，实例化 Blockchain 类，就可以测试其各种功能是否正常。但是，我们想要的是一个能够和我们进行交互的区块链小应用，而不是一个只能在命令行界面中运行的脚本文件。此外，这是本小节实践环节的第一部分，我们不想弄得太复杂。那么，有没有什么简单的办法能够快速开发一个可以交互的区块链应用呢？

4. 区块链 API 开发

我们在第 2 章中曾介绍过 Flask 框架，它是一个用 Python 编写的 Web 微框架，我们可以使用 Python 快速方便地实现一个网站或 Web 服务。借助 Flask 框架，我们可以非常方便地将 Blockchain 类提供的各种功能包装为可以通过 HTTP 访问的网络接口，这样就可以通过浏览器来与我们编写的区块链进行交互了。

首先，需要为 Flask 框架编写 HTML 模板。回忆一下第 2 章的内容，所谓的模板也就是一种特殊的 HTML 文件，其特殊之处在于模板中存在一些用“{{}}”标记的特殊变量，当服务器接收到 HTTP 请求时，会自动用相应的变量中的内容填充模板以形成返回给用户的 HTML 文件。目前我们需要两个模板，一个是控制区块链执行各种操作的页面的模板，另一个是提交交易的页面的模板。控制区块链执行各种操作的页面的模板的示例代码如下。

```
    <html>
    <meta http-equiv="Content-Type" content="text/html; charset=UTF-8">
    <head>
        <title>欢迎</title>
    </head>
    <body>
        <h1 style="font-style:italic">欢迎</h1>
        <a href="{{address1}}">查看区块链</a>
        <a href="{{address2}}">新交易</a>
        <a href="{{address3}}">新区块</a>
    </body>
    </html>
```

提交交易的页面的模板的示例代码如下。

```
    <html>
    <head>
        <title>定义新交易</title>
    </head>
    <body>
        <form action="/newtrans" method="post">
        <legend>请输入交易信息</legend>
        <p><input name="receiver" placeholder="交易接收者" value="{{ receiver }}" style=
"width:1000px;height:50px"></p>
        <p><input name="amount" placeholder="交易数量" value="{{ amount }}" style=
```

```
"width:1000px;height:50px"></p>
        <p><input name="information" placeholder="交易信息" value="{{ information }}"
style="width:1000px;height:50px"></p>
        <p><input name="pubkey" placeholder="你的公钥" value="{{ pubkey }}" style=
"width:1000px;height:50px"></p>
        <p><input name="prikey" placeholder="你的私钥" value="{{ prikey }}" style=
"width:1000px;height:50px"></p>
        <p><button type="submit">提交</button></p>
        </form>
    </body>
    </html>
```

编写完模板之后，就需要为 Flask 框架定制接口了。首先需要确定要对外提供哪些接口。在这个例子里，需要向外界提供 4 类接口：/index——应用的首页，用户在这个页面上可以选择要执行的操作，如创建新交易、执行工作量证明算法等；/chain——查看当前节点存放的所有区块以及区块中存储的数据；/newtrans——提交一个新的交易；/newblock——执行工作量证明算法并生成新的区块。接口文件的大体框架如下。

```
    import block as Block
    import hashlib
    import json
    from textwrap import dedent
    from time import time
    from uuid import uuid4
    from flask import Flask, request, render_template,jsonify
    import requests
    import rsa

    #接口
    #/index：用于浏览器访问首页
    #/chain：查看当前节点存放的所有区块及区块中的数据
    #/newtrans：提交一个新交易
    #/newblock：执行工作量证明算法并生成新的区块（挖矿）

    if __name__ == '__main__':
        #选择 Web 服务器运行的端口
        p=int(input("请输入端口号"))

        #使用 Flask 框架创建一个 HTTP 服务器进程
        app=Flask(__name__)

        #为每个服务器程序选择一个专有的名称
        #uuid4：产生一个在空间和时间上都唯一的随机数
        node_identifier=str(uuid4()).replace('-', '')

        #创建一个区块链节点
        b=Block.Blockchain(p)

        #下面的代码用于在服务器上注册接口
        #可以在浏览器中通过 https://IP 地址:端口号/接口名运行，如 http://127.0.0.1:5000/chain
        #以
```

```
    #@app.route('/index', methods=['GET'])
    #def home():
        #return render_template('index.html')
    #为例
    #@app.route('/index', methods=['GET'])在服务器上注册一个接口，'/index'用于指定接口名称，methods=['GET']指定允许的访问方式
    #def home():用于指定当服务器收到请求时应当做什么处理
    #return render_template('index.html'): 用于返回一个 HTML 模板
    @app.route('/index', methods=['GET'])
    def home():
        pass

    @app.route('/chain', methods=['GET'])
    def allChain():
        pass

    @app.route('/newtrans', methods=['GET'])
    def newtrans2():
        pass

    @app.route('/newtrans', methods=['POST'])
    def newtrans1():
        pass

    @app.route('/newblock', methods=['GET'])
    def newblock():
        pass

    #运行节点
    app.run(host='127.0.0.1',port=p)
```

第一个需要编写的接口是/index，它相当于区块链应用的首页，进入该页面后能选择执行各种不同的操作。目前的操作有：查看整条区块链上的数据，向区块链提交一个新的交易，执行工作量证明算法以产生一个新区块，示例代码如下。

```
@app.route('/index', methods=['GET'])
    def home():
        return render_template('index.html',
        address1="http://127.0.0.1:"+str(p)+"/chain",
        address2="http://127.0.0.1:"+str(p)+"/newtrans",
        address3="http://127.0.0.1:"+str(p)+"/newblock")
```

需要注意的是，这里绑定的 IP 地址是本机地址“127.0.0.1”，因此只能允许本机用户进行访问。当然只要将这里的本机地址改为公网 IP 并将相应的端口打开，然后设置好防火墙，那么理论上来说我们的区块链应用也是可以通过网络进行访问的。事实上，那正是第 6 章要讲述的内容。

第二个需要编写的接口是/chain，它用于查看区块链上存储的所有数据。这里使用了 Flask 框架中的 jsonify()方法，它能够将数据转换成 JSON 格式，使其看起来更加直观。对于某些浏览器而言，如火狐浏览器，甚至可以直接在浏览器中对返回的 JSON 数据进行解析。/chain 接口的实例代码如下。

```
@app.route('/chain', methods=['GET'])
    def allChain():
        response = {
```

```
            'chain': b.chain,
            'length': len(b.chain)
        }
        return jsonify(response)
```

第三个需要编写的接口是/newtrans 接口，该接口用于接收和验证用户提交的数据。如果验证通过，则将其提交至待确认交易列表（trans 列表）中，等待节点执行完工作量证明算法之后，再将其加入新的区块。和其他接口不同的是，前面的接口都是针对 GET 请求进行处理的，而这个接口需要同时对 GET 和 POST 访问方式进行处理。这是因为当用户希望上传数据时，它会使用 GET 访问方式请求一个页面来填写需要上传的数据；而当数据填写完成之后，它会使用 POST 访问方式来提交自己的数据，服务器端需要对上传的数据进行处理。

/newtrans 接口用于处理 GET 访问方式的示例代码如下。

```
@app.route('/newtrans', methods=['GET'])
    def newtrans2():
        return render_template('newtrans.html')
```

/newtrans 接口用于处理 POST 访问方式的示例代码如下。

```
@app.route('/newtrans', methods=['POST'])
    def newtrans1():
        receiver=request.form['receiver']
        amount=request.form['amount']
        information=request.form['information']
        prikey=request.form['prikey']
        prikey=eval(repr(prikey).replace('\\\\', '\\'))
        pubkey=request.form['pubkey']
        pubkey=eval(repr(pubkey).replace('\\\\', '\\'))

        if receiver==None:
            return "提交失败，接收者不能为空"
        if amount==None:
            return "提交失败，数量不能为空"
        if pubkey==None:
            return "提交失败，数字签名不能为空"
        if prikey==None:
            return "提交失败，公钥不能为空"
    #以公钥的哈希值作为用户在区块链上的身份
    sender=Block.Blockchain.hash(pubkey)
tran={"sender":sender,"receiver":receiver,"amount":amount,"information":information}
        print(type(rsa.PrivateKey.load_pkcs1(prikey.encode())))
sign=rsa.sign(str(tran).encode(),rsa.PrivateKey.load_pkcs1(prikey.encode()),'SHA-256')
        if b.signProof(tran,sign,rsa.PublicKey.load_pkcs1(pubkey.encode())):
            return "提交成功！ 你提交的交易为:"+str(b.trans[-1])+"请等待确认"
        else:
            return "提交失败"
```

需要注意的是，Python 会自动将接收到的单个反斜杠转换成两个反斜杠，因此需要使用 eval()方法将处理后的双反斜杠转换回单反斜杠。

最后一个需要编写的接口是/newblock。这一接口的功能和实现都非常简单，即在用户需要的时候调用 Blockchain 类中的 workProof()方法以执行工作量证明算法并产生新的区块。

```
@app.route('/newblock', methods=['GET'])
    def newblock():
```

```
        b.workProof()
        return "新区块生成成功，新区块为："+str(b.lastBlock())
```

5. 测试与运行

编写完成 Blockchain 类和接口.py 文件之后，就可以开始运行区块链了。首先打开命令行窗口，使用 python 命令（Linux 中可能是 python3）运行接口.py 文件（下面假定接口.py 文件为 sever.py）；然后根据提示设置 Web 服务器运行的端口（注意不要和常用端口冲突，建议使用 5000 及以上的端口），运行结果如图 5-12 所示。

```
(base) D:\工作室\书\第4章\区块链1.0>python sever.py
请输入端口号5000
 * Running on http://127.0.0.1:5000/ (Press CTRL+C to quit)
```

图 5-12　sever.py 脚本运行结果

Web 服务器启动之后，会显示服务器绑定的 IP 地址和端口。复制命令行中的“http://127.0.0.1:5000”，将其粘贴到浏览器地址栏中，在末尾加上前文编写的某个接口的名称，如“http://127.0.0.1:5000/index”，即可访问我们编写的页面，其结果如图 5-13 所示。

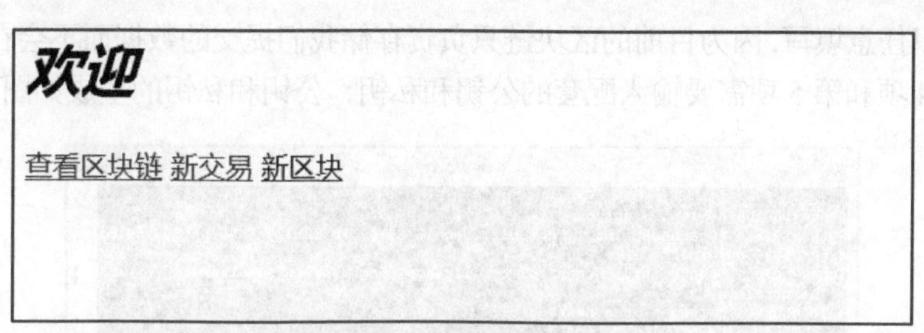

图 5-13　/index 接口访问结果

单击“查看区块链”按钮，就可以看到目前区块链中存储的所有数据，其结果如图 5-14 所示。

```
▼chain:
  ▼0:
    ▼hash:          "1637a8b78d52483027348c6eb5ab226ab58eebae8fa1f5cdfc9ccce86e969cb1"
     index:         1
     proof:         961113
     time:          1528431596.9522712
    ▼trans:
      ▼0:
         amount:        5
         information:   null
         receiver:      "a"
         sender:        "system"
      ▼1:
         amount:        5
         information:   null
         receiver:      "b"
         sender:        "system"
      ▼2:
         amount:        2
         information:   null
         receiver:      "a"
         sender:        "system"
length:             1
```

图 5-14　/chain 接口访问结果

可以看到，目前区块链中只存在初始化 Blockchain 类时建立的创世区块（为了测试，第一个创世区块中随意写入了一些交易，通常来说区块链中的创世区块会依照创作者的喜好，记录一些和创建区块链相关的信息，甚至是创建区块链当天的新闻）。

回到第一个页面，单击“新交易”按钮就会进入交易提交界面，如图 5-15 所示。

请输入交易信息

交易接收者

交易数量

交易信息

你的公钥

你的私钥

提交

图 5-15　交易提交页面

前 3 项可以任意填写，因为目前的区块链只负责存储我们提交的数据而不会在意具体数据是否有意义。第 4 项和第 5 项需要输入配套的公钥和私钥，公钥和私钥的生成如图 5-16 所示。

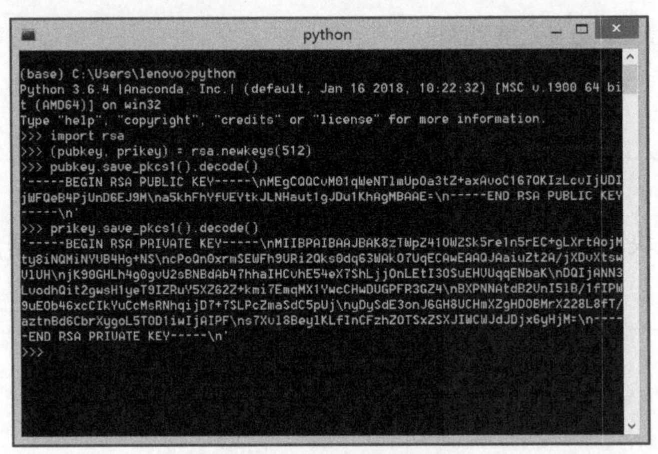

图 5-16　生成公钥和私钥

分别复制命令行中的公钥和私钥到交易提交页面的两个输入框中，单击“提交”按钮即可查看交易提交是否成功。交易提交成功的结果如图 5-17 所示。

提交成功！ 你提交的交易为:{'sender': '20b665ed279cbfb4bfbb53cf135d85b46d3c64f9906d51ec13b30abe4b44aa49', 'receiver': '123456', 'amount': '1', 'information': '测试'}请等待确认

图 5-17　交易提交成功的结果

另外一种产生配套的公钥和私钥的方法是在网上搜索“RSA 密钥在线生成”，可以找到一些提供配套 RSA 密钥生成的网站，如图 5-18 所示。

交易顺利提交之后，再次访问/chain 接口，可以看到刚刚提交的交易还没有加入区块链。这是因为刚刚提交的交易还没有通过工作量证明算法加入新区块，目前仍处于未确认状态。

回到第一个页面，单击“新区块”按钮就会开始执行工作量证明算法，这个过程可能会需要一些时间，特别是如果 hard 被设置得太大，时间会更久。当工作量证明算法完成之后，包含未确认交易的新区块产生并加入区块链，数据正式被区块链存储，其结果如图 5-19 所示。

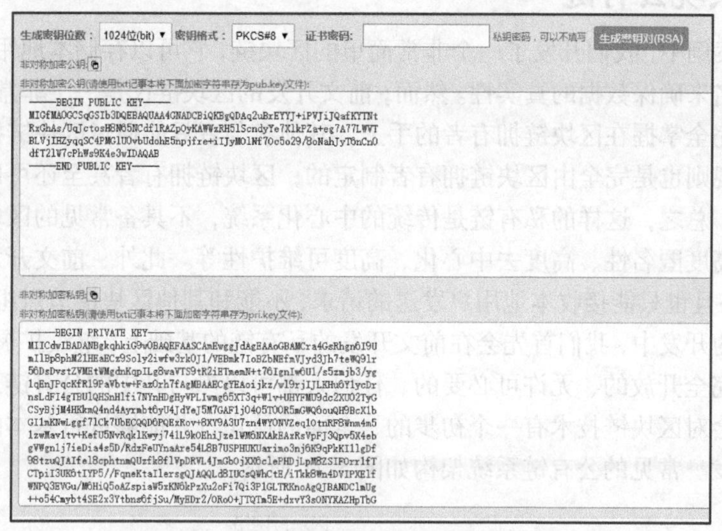

图 5-18　网络上提供的在线 RSA 密钥配套生成

```
新区块生成成功，新区块为：{'index': 2, 'time': 1528434044.0963337, 'trans': [{'sender': '20b665ed279cbfb4bfbb53cf135d85b46d3c64f9906d51ec13b30abe4b44aa49', 'receiver': '123456', 'amount': '1', 'information': '测试'}], 'proof': 47955, 'hash': '07db9561053be7a196bb8813bbb1e63b0858d01c42d4be9127eb41e6b7e700af'}
```

图 5-19　工作量证明算法运行结果

再次访问/chain 接口，可以看到刚才提交的交易已经被存储到区块链中了，其结果如图 5-20 所示。

```
▼ chain:
  ▼ 0:
    ▼ hash:          "1637a8b78d52483027348c6eb5ab226ab58eebae8fa1f5cdfc9ccce86e969cb1"
      index:         1
      proof:         961113
      time:          1528433071.2570887
    ▼ trans:
      ▼ 0:
          amount:        5
          information:   null
          receiver:      "a"
          sender:        "system"
      ▼ 1:
          amount:        5
          information:   null
          receiver:      "b"
          sender:        "system"
      ▼ 2:
          amount:        2
          information:   null
          receiver:      "a"
          sender:        "system"
  ▼ 1:
    ▼ hash:          "07db9561053be7a196bb8813bbb1e63b0858d01c42d4be9127eb41e6b7e700af"
      index:         2
      proof:         47955
      time:          1528434044.0963337
    ▼ trans:
      ▼ 0:
          amount:        "1"
          information:   "测试"
          receiver:      "123456"
        ▼ sender:        "20b665ed279cbfb4bfbb53cf135d85b46d3c64f9906d51ec13b30abe4b44aa49"
length:              2
```

图 5-20　新交易确认后的区块链

5.4.2 实现公有链

在前一个案例中，我们开发了一个非常简单的区块链，它可以存储本地用户上传的数据，并通过数字签名来确保数据的真实性。然而，前文开发的区块链仅是一个非常简单的私有链，它的写入权限完全掌握在区块链拥有者的手上，其他参与者只能通过区块链拥有者来写入数据，并且写入规则也是完全由区块链拥有者制定的，区块链拥有者甚至还可以随意修改区块链的写入规则。总之，这样的私有链是传统的中心化系统，不具备常见的区块链项目的许多其他优点，如高度匿名性、高度去中心化、高度可维护性等。此外，前文开发的区块链只能在本地运行，并且也只能接收本地用户发送的请求，不能和其他区块链节点组成区块链网络。

在接下来的开发中，我们首先会在前文开发的私有链的基础上，继续扩展区块链的功能，将其变为一个完全开放的、无许可必要的、任何人都可以参与其中的公有链。在完成这次开发后，读者将会对区块链技术有一个初步的、全面的认识，并能够进行基本的公有链以及联盟链项目的开发。常见的公有链系统架构如图 5-21 所示。

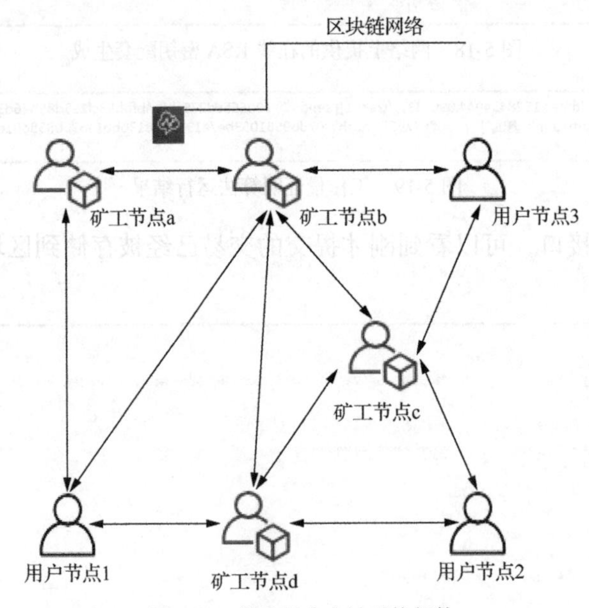

图 5-21 常见的公有链系统架构

1. 准备工作

由于本次开发的区块链是建立在前一次开发的基础上的，因此应当在和前一个开发相同的开发环境下进行本小节的开发工作。

本次开发会涉及大量的 HTTP 报文的发送和接收，因此应该掌握至少一个 HTTP 模块的使用，如 httplib、urllib、urllib2、requests 等。这里推荐使用的 HTTP 模块是 requests 模块，因为它简单、方便、易于上手，编程风格也非常的“Pythoner”，并且能够支持各种版本的 Python。由于常用的 HTTP 模块都是第三方模块，而你的 Python 环境中可能还没有集成这一模块，因此在继续本小节的开发工作之前，一定要确保你已经安装了所需要的 HTTP 模块。

下面对本次开发的目标做一个简单的说明：目标是开发一个公有链节点，每个节点可以接收和存储任意用户上传的数据，并且这些公有链节点可以通过网络自动组成一个公有链网络。

2. 改造 Blockchain 类

回忆一下前文的内容，Blockchain 类集成了区块链运行所需的变量、数据结构和方法。由于本小节要将前文开发的私有链改造成公有链，因此自然要对 Blockchain 类进行一定的改造，改造的主要内容如下。

（1）能够获取其他节点的信息。

（2）能够验证其他节点存储的区块链是否合法。

（3）能够获取区块链网络中具有最长长度的区块链。

改造后的 Blockchain 类的基本框架如下。

```
import hashlib
import json
from time import time
from urllib.parse import urlparse
import requests
import rsa

hard=4#全局变量，用于调整挖矿难度，随着 hard 值的增大，挖矿难度会呈指数级增长，hard=4 时挖矿时间大约在 3s 之内，hard=5 时挖矿时间大约为 30s

#区块链的主类
#方法
#__init__：初始化操作
#newBlock：创建一个新的区块
#newTrans：创建一个新的交易
#hash：计算并返回一个区块的哈希值
#lastBlock：返回区块链中的最后一个区块
#workProof：挖矿
#signProof：验证签名
#registerNode：注册新节点
#validChain：验证给定链是否为合法链
#longChain：寻找区块链网络中的最长链
####################################
#属性
#self.chain 用于存放当前的区块链上的每一个区块
#self.trans 用于存放当前还没有得到确认的区块，即当前还没有加入区块的交易
#self.nodes 存放当前已知的节点
####################################
class Blockchain(object):

    #输入
    #p：运行端口号
    ####################################
    #说明
    #执行类的初始化操作
    ####################################
    def __init__(self):
        pass
```

```
    #输入
    #proof：挖矿的结果，用于工作量证明
    ####################################
    #返回
    #新挖出的区块
    ####################################
    def newBlock(self,block=None):
        self.chain.append(block)
        self.trans=[]
        return block

    #输入
    #sender：交易发起者
    #receiver：交易接受者
    #amount：交易的数量
    #information：交易的其他信息
    ####################################
    #返回
    #将会容纳这个交易的区块的索引号
    ####################################
    #说明
    #创建一个新的交易，并将其加入还没有得到确认的区块
    ####################################
    def newTrans(self,sender=None,receiver=None,amount=None,information=None):
        if(sender==None or receiver==None or amount==None):
            print("Function newTrans wrong")
            if(sender==None):
                print("Beacuse sender can not be None")
            if(receiver==None):
                print("Beacuse receiver can not be None")
            if(amount==None):
                print("Beacuse amount can not be None")
            exit(0)
        tran={
            'sender':sender,
            'receiver':receiver,
            'amount':amount,
            'information':information
        }
        self.trans.append(tran)
        return self.lastBlock()['index']+1

    #输入
    #block：一个区块
    ####################################
    #返回
    #输入区块的哈希值
    ####################################
    @staticmethod #静态方法
    def hash(block):
        if(block==None):
```

```
            print("Function hash wrong")
            print("Beacuse block can not be None")
            exit(0)
        #json.dumps()用于将dict类型的数据转成str,sort_keys选项选择是否按照键值进行重新排序
        #encode方法对字符串进行编码
        blockString=json.dumps(block,sort_keys=True)
        blockEncode=blockString.encode()
        #下面进行sha256加密
        blockHash=hashlib.sha256(blockEncode).hexdigest()
        return blockHash

    def lastBlock(self):
        return self.chain[-1]

    #返回
    #挖矿中找到的有效的工作量证明
    ####################################
    #说明
    #进行工作量证明（挖矿），规则是proof从1开始不断加1，直到找到一个可以通过工作量证明的proof
    ####################################
    def workProof(self):
        proof=0
        while True:
            block={
            'index':len(self.chain)+1,
            'time':time(),
            'trans':self.trans,
            'proof':proof,
            'hash':self.hash(self.lastBlock())
            }
            block_hash=Blockchain.hash(block)
            i=0
            for j in range(len(block_hash)):
                if block_hash[j]!="0":
                    break
                else:
                    i=i+1
            if i>=hard:
                self.newBlock(block)
                return block
            proof=proof+1

    #输入
    #tran：用户提交的一次交易，dict类型
    #sign：用户提交的数字签名
    #pubkey：用户的公钥
    ####################################
    #返回
    #=布尔值，True表示交易被接受，False表示交易被拒绝
    ####################################
    def signProof(self,tran,sign,pubkey):
        try:
            rsa.verify(str(tran).encode(),sign,pubkey)
```

```
                sender=tran["sender"]
                receiver=tran["receiver"]
                amount=tran["amount"]
                information=tran["information"]
                self.newTrans(sender,receiver,amount,information)
                return True
            except rsa.VerificationError as e:
                return False
            except KeyError as e:
                return False

    #输入
    #ip：其他区块链节点的 IP 地址
    #p:其他区块链节点中区块链接口的运行端口
    ####################################
    #返回
    #如果待验证的链为有效链，则返回真，否则返回假
    ####################################
    #说明
    #验证一条链是否为有效（合法）链，包括
    #检查链中每个区块中存放的哈希值是否与前一个区块的哈希计算结果一致，这是区块链不可更改性的关键
    #检查区块链中的每个区块的工作量证明是否有效
    ####################################
    def validChain(self,ip,p):
        pass

    #输入
    #ip：其他区块链节点的 IP 地址
    #p：其他区块链节点中区块链接口的运行端口
    ####################################
    #说明
    #对新发现的节点进行检查和注册
    ####################################
    def registerNode(self,ip,p):
        pass

    #返回
    #如果当前链不是所有已知节点中的最长链，则返回假，否则返回真
    ####################################
    #说明
    #检查当前链是否是所有节点中的最长链，如果不是，就自动切换到最长链（抛弃原来的链）
    #定时执行此操作可保证不同节点能够对区块链达成一致
    ####################################
    def longChain(self):
        pass

#下面这段是测试用的代码
####################################
if __name__ == '__main__':
    b=Blockchain()
    b.registerNode("127.0.0.1","5000")
```

```
    [ip,p]=b.nodes[0].split(":")
    b.workProof()
    b.workProof()
    print(b.chain)
    print(b.longChain())
    print(b.chain)
####################################
```

其中，用 pass 语句作为主体的方法表示在本小节中新增加或进行了改造的方法，而没有用 pass 语句作为主体的方法表示和前文的方法一样。新增的方法有 registerNode()、validChain()和 longChain()。此外，还需要对前文定义的一些方法做一定的修改。

前文建立的区块链的创世区块并不是固定的，它还记录了区块链开始运行的时间，这对私有链来说不存在任何问题，但对公有链或联盟链来说，会造成很大的困扰。这是因为在公有链网络中，为了保证不同节点存储的区块链都是安全、可信的，我们需要确保这些区块链都具有共同的、不可被更改的祖先。这样我们只需要从创世区块开始，检查之后的每一个区块是否是根据事先设定的规则生成的，就可以验证区块链的合法性。确保创世区块具有我们所需的性质的最简单方法，就是将创世区块硬编码到代码中，因此对 init()方法的修改如下。

```
def __init__(self):
        self.chain=[]
        self.trans=[]
        self.nodes=[]
        #建立创世块，即区块链中的第一个区块
        self.chain.append({
            'index':1,
            'time':0,
            'trans':[],
            'proof':961113,
            'hash':self.hash(961113),
        })
```

validChain()方法会访问指定节点的“/chain”接口以获取其他该节点所存储的区块链。接下来 validChain()方法会验证该节点所存储的区块链是否合法，这里的合法有以下 3 层含义。

（1）指定节点存储的区块链的第一个区块是否和公认的创世区块相同。

（2）指定节点存储的区块链的哈希指针是否合法，即后一个区块中存储的哈希值是否与前一个区块的哈希计算结果一致，这是区块链具备不可更改性的关键。

（3）指定节点存储的区块链中的工作量证明是否有效，在本小节中可以理解为区块的哈希值是否以超过 hard 个 0 开头。

validChain()方法的示例代码如下。

```
#输入
    #ip：其他区块链节点的 IP 地址
    #p：其他区块链节点中区块链接口的运行端口
    ####################################
    #返回
    #如果待验证的链为有效链，则返回真，否则返回假
    ####################################
    #说明
    #验证一条链是否有效（合法）
    ####################################
    def validChain(self,ip,p):
```

```
        response=requests.get('http://'+ip+":"+p+'/chain')#访问另外一个节点上的接
口以获取其存储的区块链
        chain=response.json()['chain']#将获取到的数据转换为JSON格式后进行处理
        block0={
            'index':1,
            'time':0,
            'trans':[],
            'proof':961113,
            'hash':self.hash(961113),
        }
        if Blockchain.hash(chain[0])!=Blockchain.hash(block0):
            return False
        for i in range(0,len(chain)-1):
            if chain[i+1]["hash"]!=self.hash(chain[i]):
                return False
            block_hash=Blockchain.hash(chain[i+1])
            i=0
            for j in range(len(block_hash)):
                if block_hash[j]!="0":
                    break
                else:
                    i=i+1
            if i<hard:
                return False
        return True
```

registerNode()方法的作用是在发现了区块链网络中存在的新节点后，可以调用validChain()方法验证新节点存储的区块链是否合法，如果合法，就将其加入已知节点列表。

registerNode()方法的示例代码如下。

```
#输入
#ip：其他区块链节点的IP地址
#p：其他区块链节点区块链接口的运行端口
######################################
#说明
#对新发现的节点进行检查和注册
######################################
def registerNode(self,ip,p):
    address=ip+":"+p
    #加入节点列表前，首先需要判断新节点是否已经存在于节点列表中
    for n in self.nodes:
        if n==address:
            return
    #检查新节点存储的区块链的合法性
    if self.validChain(ip,p):
        self.nodes.append(address)
    return
```

longChain()方法会根据已知节点列表来访问其他节点存储的区块链，并通过调用validChain()方法来验证其存储的区块链的合法性。对于合法的区块链节点，longChain()方法会检查其所存储的区块链的长度，如果发现某个合法节点存储的区块链的长度大于自己存储的区块链的长度，那么longChain()方法会使用该合法节点存储的区块链替换掉自己存储的区块链，最终实现和区块链网络中其他节点的同步。

理解这一方法的关键在于理解第 3 章中提到的一致性问题和共识机制，其核心在于根据某种规则让分布式节点能够达成一致。此外，当发现了新的最长链时如何处理原来的链，也是区块链领域研究的技术热点之一。本例只是简单地演示原有的区块链，但许多区块链应用中会进行分叉，在此基础上还发展出了侧链、闪电网络等技术。具体的细节将放到本书的第 7 章进行讨论。

```
#返回
#如果当前链不是所有已知节点中的最长链，则返回假，否则返回真
####################################
#说明
#检查当前链是否是所有节点中的最长链，如果不是，就自动切换到最长链（抛弃原来的链）
#定时执行此操作可保证不同节点能够对区块链达成一致
####################################
def longChain(self):
    max=len(self.chain)
    for n in self.nodes:
        [ip,p]=n.split(":")
        if self.validChain(ip,p):
            response=requests.get('http://'+ip+":"+p+'/chain')
            chain=response.json()['chain']
            if max<len(chain):
                self.chain=chain
    if max==len(self.chain):
        return True
    else:
        return False
```

3. 改造区块链 API

借助 Flask 框架，可以非常方便地将 Blockchain 类提供的各种功能包装为可以通过 HTTP 访问的网络接口。由于公有链需要在能够执行私有链的各种操作的基础上再增加节点注册、数据验证与同步等操作，因此我们势必要对区块链的 API 进行改造，改造的主要内容如下。

（1）增加了/newnode 接口，功能是调用 Blockchain 类中的 registerNode()方法完成新节点的注册。

（2）增加了/synchronize 接口，功能是验证其他已知节点上存储的区块链的合法性，并完成区块链的同步。

```
import block as Block
import hashlib
import json
from textwrap import dedent
from time import time
from uuid import uuid4
from flask import Flask, request, render_template,jsonify
import requests
import rsa
import threading
from socket import *
import time

url="192.168.1.102"
```

```
if __name__ == '__main__':

    p=int(input("请输入端口号"))
    url=url+":"+str(p)

    #使用 Flask 框架创建一个 HTTP 服务器进程
    app=Flask(__name__)
    #为每个服务器程序选择一个专有的名称，目前还没有用上
    #uuid4：产生一个在空间和时间上都唯一的随机数
    node_identifier=str(uuid4()).replace('-', '')

    #创建一个区块链节点
    b=Block.Blockchain()
    b.nodes.append(url)#将当前节点的地址加入 Blockchain 类的已知节点列表


    #下面这段是测试用的代码
    #####################################
    #b.newTrans("a","b",5,"xxx")
    #b.newTrans("a","b",4,"xxx")
    #b.newTrans("a","b",3,"xxx")
    #pproof=b.lastBlock()["proof"]
    #proof=b.workProof(pproof)
    #b.newBlock(proof)
    #####################################

    ############################################################################
###################################
    #下面的代码用于在服务器上注册接口
    #可以在浏览器中通过 https://IP 地址:端口号/接口名运行，如http://127.0.0.1:5000/chain
    #####################################
    #接口
    #/index：用于浏览器访问首页
    #/chain：查看当前节点存放的所有区块
    #/newtrans：提交一个新交易（如比特币中的转账，分布式数据库中的数据写入请求）
    #/newblock：生成一个新的区块（挖矿）
    #/synchronize：读取和比较其他节点上的区块链，确保不同节点间的一致性
    #/newnode：注册新的已知节点
    #####################################
    #以
    #@app.route('/index', methods=['GET'])
    #def home():
        #return render_template('index.html')
    #为例
    #@app.route('/index', methods=['GET'])在服务器上注册一个接口，'/index'用于指定接
口名称，methods=['GET']指定允许的访问方式
    #def home():用于指定当服务器收到请求时应当做什么处理
    #return render_template('index.html')：用于返回一个 HTML 模板，具体请参考 MVC 框架

    @app.route('/index', methods=['GET'])
```

```
    def home():
        return render_template('index.html',
        address1="http://127.0.0.1:"+str(p)+"/chain",
        address2="http://127.0.0.1:"+str(p)+"/newtrans",
        address3="http://127.0.0.1:"+str(p)+"/newblock",
        address4="http://127.0.0.1:"+str(p)+"/newnode",
        address5="http://127.0.0.1:"+str(p)+"/synchronize")

    @app.route('/chain', methods=['GET'])
    def allChain():
        response = {
            'chain': b.chain,
            'length': len(b.chain),
        }
        return jsonify(response)

    @app.route('/newtrans', methods=['GET'])
    def newtrans2():
        return render_template('newtrans.html')

    @app.route('/newtrans', methods=['POST'])
    def newtrans1():
        receiver=request.form['receiver']
        amount=request.form['amount']
        information=request.form['information']
        prikey=request.form['prikey']
        prikey=eval(repr(prikey).replace('\\\\', '\\'))
        pubkey=request.form['pubkey']
        pubkey=eval(repr(pubkey).replace('\\\\', '\\'))
        if receiver==None:
            return "提交失败，接收者不能为空"
        if amount==None:
            return "提交失败，数量不能为空"
        if pubkey==None:
            return "提交失败，数字签名不能为空"
        if prikey==None:
            return "提交失败，公钥不能为空"
        sender=Block.Blockchain.hash(pubkey)
        tran={"sender":sender,"receiver":receiver,"amount":amount,"information":
information}
        sign=rsa.sign(str(tran).encode(),rsa.PrivateKey.load_pkcs1(prikey.
encode()),'SHA-256')
        if b.signProof(tran,sign,rsa.PublicKey.load_pkcs1(pubkey.encode())):
            return "提交成功！ 你提交的交易为:"+str(b.trans[-1])+"请等待确认"
        else:
            return "提交失败"


    @app.route('/newblock', methods=['GET'])
    def newblock():
        b.workProof()
        return "新区块生成成功，新区块为："+str(b.lastBlock())

    @app.route('/newnode', methods=['GET'])
    def newnode_get():
        pass
```

```
    @app.route('/newnode', methods=['POST'])
    def newnode_post():
        pass

    @app.route('/synchronize', methods=['GET'])
    def synchronize():
        pass

    ##########################################################################
##################################

    #运行节点
    app.run(host=url.split(":")[0],port=p,threaded=True)#threaded=True 表示服务
器使用多线程模式
```

/newnode 接口的作用是让用户可以手动将其他已知节点的 IP 地址和端口添加到当前节点的已知节点列表中，这是通过调用 Blockchain 类中的 registerNode()方法来完成的。和前一次开发中的/newtrans 接口类似，/newnode 接口也需要能够处理 GET 请求和 POST 请求。用户通过 GET 请求获得一个 HTML 页面用于填写其他已知节点的注册信息，而在填写完节点注册信息之后，用户会以 POST 请求的形式将填写的数据发送到接口。

/newnode 接口用于处理 GET 访问方式的示例代码如下。

```
@app.route('/newnode', methods=['GET'])
    def newnode_get():
        return render_template('newnodes.html',nodes=b.nodes)
```

/newnode 接口用于处理 POST 访问方式的示例代码如下。

```
@app.route('/newnode', methods=['POST'])
    def newnode_post():
        newnode=request.form['newnode']
        [ip,p]=newnode.split(":")
        b.registerNode(ip,p)
        return render_template('newnodes.html',nodes=b.nodes)
```

需要注意的是，/newnode 接口的主要作用是为了方便我们进行测试，在开发完成后，/newnode 接口应该被删除。

/synchronize 接口的作用是读取并验证其他已知节点上存储的区块链的合法性，并保证不同节点之间的数据一致性。/synchronize 接口通过调用 Blockchain 类当中的 longChain()来完成同步功能，并将同步的执行结果返回给用户。

/synchronize 接口的示例代码如下。

```
@app.route('/synchronize', methods=['GET'])
    def synchronize():
        if b.longChain():
            return "当前节点存储的是最长链，不需要更新"
        else:
            return "当前节点存储的不是最长链，已更新"
```

和/newnode 接口一样，/synchronize 接口的主要作用也是帮助我们进行测试，在开发完成后，应该将其删除。

尽管/newnode 接口和/synchronize 接口已经足以完成公有链中的节点注册和节点同步操作了，但目前还存在着一个巨大的缺陷，那就是每次执行注册或者同步操作时，需要用户手动启动。那么，有没有什么办法可以让这两个操作自动完成呢？

4. 多任务技术

为了实现自动化运行，提高程序的运行效率，我们在本小节的开发中还会使用到多任务技术。所谓的多任务技术是指操作系统可以同时运行多个任务。打个比方，你一边用浏览器上网，一边听音乐，一边用 Word 赶作业，这就是多任务。现在，多核 CPU 已经非常普及了，但是，即使过去的单核 CPU 也可以执行多任务。这是操作系统通过轮流让各个任务交替执行来实现的，如任务 1 执行 0.01s，切换到任务 2，任务 2 执行 0.01s，再切换到任务 3，任务 3 执行 0.01s……这样反复执行下去。表面上看，每个任务都是交替执行的，但是，由于 CPU 的执行速度实在是太快了，我们感觉就像所有任务都在同时执行一样。真正的并行执行多任务只能在多核 CPU 上实现，但是，由于任务数量远远多于 CPU 的核心数量，操作系统也会自动把很多任务轮流调度到每个核心上执行。

对操作系统来说，一个任务就是一个进程（Process），如打开一个浏览器就是启动一个浏览器进程，打开一个记事本就启动了一个记事本进程，打开两个记事本就启动了两个记事本进程，打开一个 Word 就启动了一个 Word 进程等。有些进程还不止同时干一件事，如 Word，它可以同时进行打字、拼写检查、打印等任务。在一个进程内部，要同时干多件事，就需要同时运行多个“子任务”，我们把进程内的这些“子任务”称为线程（Thread）。

由于每个进程至少要干一件事，因此一个进程至少有一个线程。像 Word 这种复杂的进程可以有多个线程，多个线程可以同时执行。多线程的执行方式和多进程是一样的，也是由操作系统在多个线程之间快速切换，让每个线程都短暂地交替运行，看起来就像同时执行一样。真正地同时执行多线程需要多核 CPU 才可能实现。

前文编写的所有的 Python 程序，都是执行单任务的进程，也就是只有一个线程。如果我们要同时执行多个任务怎么办？常用两种解决方案：一种是启动多个进程，每个进程虽然只有一个线程，但多个进程可以一次执行多个任务；另一种是启动一个进程，在一个进程内启动多个线程，这样，多个线程也可以一次执行多个任务。还有第三种解决方案，就是启动多个进程，每个进程再启动多个线程，这样同时执行的任务就更多了。这种模型更复杂，实际很少采用。总结一下就是，多任务的实现有以下 3 种方式。

（1）多进程模式。

（2）多线程模式。

（3）多进程+多线程模式。

同时执行多个任务，通常各个任务之间并不是没有关联的，而是它们之间需要相互通信和协调。有时任务 1 必须暂停，等待任务 2 完成后才能继续执行，有时任务 3 和任务 4 又不能同时执行，所以多进程和多线程的程序的复杂度要远远高于我们前文编写的单进程单线程的程序。因为复杂度高，调试困难，所以我们尽量不编写多任务。但是很多时候多任务是必需的。想想在计算机上看电影，就必须由一个线程播放视频，另一个线程播放音频，否则单线程实现的话就只能先把视频播放完再播放音频，或者先把音频播放完再播放视频，这显然是不行的。Python 既支持多进程，又支持多线程，不过在本小节的学习中我们只会涉及多线程。

Python 的标准库提供了两个模块：_thread 和 threading。_thread 是低级模块，threading 对_thread 进行了封装，是高级模块。绝大多数情况下，我们只需要使用 threading 模块。启动一个线程就是把一个函数传入并创建 Thread 实例，然后调用 start()开始执行。让我们先从下面的例子开始。

```
import time, threading

# 新线程执行的代码
def loop():
    print('thread %s is running...' % threading.current_thread().name)
    n = 0
    while n < 5:
        n = n + 1
        print('thread %s >>> %s' % (threading.current_thread().name, n))
        time.sleep(1)
    print('thread %s ended.' % threading.current_thread().name)

print('thread %s is running...' % threading.current_thread().name)
t = threading.Thread(target=loop, name='LoopThread')
t.start()
t.join()
print('thread %s ended.' % threading.current_thread().name)
```

程序执行结果如图 5-22 所示。

```
thread MainThread is running...
thread LoopThread is running...
thread LoopThread >>> 1
thread LoopThread >>> 2
thread LoopThread >>> 3
thread LoopThread >>> 4
thread LoopThread >>> 5
thread LoopThread ended.
thread MainThread ended.
```

图 5-22　程序执行结果

任何进程默认只启动一个线程，我们把该默认启动的线程称为主线程，主线程又可以启动新的线程。Python 的 threading 模块有一个 current_thread()函数，它永远返回当前线程的实例。主线程实例的名字为 MainThread，子线程的名字在创建时指定，我们用 LoopThread 命名子线程。名字仅仅在输出时用来显示，完全没有其他意义。如果不起名字，Python 就自动将线程命名为 Thread-1、Thread-2 等。有了多线程技术，就可以把节点注册和同步改造成自动化运行了。此外，还可以让工作量证明机制的执行也实现自动化。挖矿和节点同步线程的主程序的方法如下。

```
#挖矿和节点同步线程的主程序
def newBlock2():
    time.sleep(10)
    while True:
        pproof=b.lastBlock()["proof"]
        proof=b.workProof(pproof,b.chain[int((b.lastBlock()["index"]-1)/ChangeHash)*
ChangeHash])
        b.newBlock(proof)
        b.longChain()
```

为了完成节点的自动同步，我们需要同时执行两个线程。其中一个线程用于专门对外广播自己的地址，而另一个线程则负责接收其他节点广播的地址。

对于这里涉及的 UDP 的套接字编程，下面进行简要介绍。计算机为了联网，就必须规定通信协议，早期的计算机网络都是由各厂商自己规定一套协议，如 IBM、Apple 和 Microsoft 都有各自的网络协议，互不兼容。这就好比一群人有的说英语，有的说中文，有的说德语，说同一种语言的人可以交流，说不同语言的人之间就无法交流。为了把全球不同类型的计算机都连接起来，就必须规定一套全球通用的协议。互联网协议包含了上百种协议标准，但是用得最多的两个协议是 TCP 和 UDP。TCP 是建立可靠连接，并且通信双方都可以以流的形式发送数据的协议。相对 TCP，UDP 则是面向无连接的协议。使用 UDP 时，我们不需要建立连接，只需要知道对方的 IP 地址和端口号就可以直接发数据包。但是对方未必能收到数据包。虽然用 UDP 传输数据不可靠，但和 TCP 相比，它的优点是速度快，对于不要求可靠到达的数据，就可以使用 UDP。

使用 UDP 的通信双方分为客户端和服务器端。无论是服务器端还是客户端，首先都需要使用 Python 中的 socket 模块创建套接字，并指定传输协议为 UDP。创建完套接字后，服务器端需要绑定端口，即确定要从哪个端口接收 UDP 传输的数据，而客户端则需要指定传输方式。本例中传输方式为广播，即向所有地址发送数据。下面来看一个 UDP 通信的例子。

服务器端的示例代码如下。

```
from socket import *

udp=socket(AF_INET,SOCK_DGRAM)
udp.bind(('',5555))
data, addr=udp.recvfrom(1024)
data=data.decode()
print(data)
```

客户端的示例代码如下。

```
from socket import *

data="hello"
udp=socket(AF_INET,SOCK_DGRAM)
udp.bind(('', 0))
udp.setsockopt(SOL_SOCKET,SO_BROADCAST,1)
udp.sendto(data.encode(),('<broadcast>',5555))
```

先运行服务器端代码，发现服务器端进程暂停执行；再运行客户端代码，会发现服务器端收到了客户端发送的数据；继续运行，将收到的数据（字符串“hello”）输出到控制器上。

回到区块链，现在只需将上面的例子稍作修改，就可以实现节点的自动注册。对外广播自己地址的线程的方法的示例代码如下。

```
#广播本节点地址线程的主程序
def broadcastSender():
    udp=socket(AF_INET,SOCK_DGRAM)
    udp.bind(('', 0))
    udp.setsockopt(SOL_SOCKET,SO_BROADCAST,1)
    while True:
        udp.sendto(url.encode(),('<broadcast>',5555))
        time.sleep(10)#防止广播进程执行得太过于频繁
```

监听其他节点的地址广播线程的方法的示例代码如下。

```
#监听其他节点的地址广播线程的主程序
def broadcastReceiver():
    udp=socket(AF_INET,SOCK_DGRAM)
    udp.bind(('',5555))
    while True:
        data, addr=udp.recvfrom(1024)
        data=data.decode()
        b.registerNode(data)
```

最后，我们还需要启动上述的 3 个线程，启动线程的代码如下。

```
thread=threading.Thread(target=xxx)
thread.start()
```

其中“xxx”表示需要启动的线程对应的方法。

针对上面新增加的接口，我们还需要增加和修改部分 HTML 模板。

由于增加了新节点注册和同步功能，因此我们需要对 index.html 进行一些修改。针对 index.html 的修改代码如下。

```
<html>
<meta http-equiv="Content-Type" content="text/html; charset=UTF-8">
<head>
    <title>欢迎</title>
</head>
<body>
    <h1 style="font-style:italic">欢迎</h1>
    <a href="{{address1}}">查看区块链</a>
    <a href="{{address2}}">新交易</a>
    <a href="{{address3}}">新区块</a>
    <a href="{{address4}}">注册新节点</a>
    <a href="{{address5}}">同步</a>
</body>
</html>
```

同时还需要留意，我们对/index 接口也做了一点点小的修改。

本小节中新增的模板是 newnodes.html，负责接收用户输入的新节点地址，并将其以 POST 方式传递给服务器端。它类似于 5.4.1 小节中的 newtrans.html。

newtrans.html 的示例代码如下。

```
<html>
<head>
    <title>加入新节点</title>
</head>
<body>
    <p>已知节点：{{ nodes }}</p>
    <form action="/newnode" method="post">
    <legend>请输入新节点</legend>
    <p><input name="newnode" placeholder="交易发起者" value="{{ username }}"></p>
    <p><button type="submit">提交</button></p>
    </form>
</body>
</html>
```

5. 测试与运行

为了方便测试，本小节没有使用自动化运行，而是借助/newnode 接口和/synchronize 接口完成对公有链的测试工作。对创建新交易、新区块等已经在前一次开发中出现过的功能，本次开发中并未有大的改动，因此不再对其进行测试。若读者对前文出现过的功能的运行方法有疑问，可以参考前一次编程案例。首先同时在两个控制台中运行接口.py 文件，并且为两个接口进程设置不同的端口（本例中为 5000 和 5001）。运行结果如图 5-23 所示。

```
请输入端口号5000
 * Running on http://127.0.0.1:5000/ (Press CTRL+C to quit)
```

```
请输入端口号5001
 * Running on http://127.0.0.1:5001/ (Press CTRL+C to quit)
```

图 5-23　同时运行两个接口.py 文件的运行结果

然后通过浏览器访问两个接口进程对应的首页，即 127.0.0.1:5000/index 和 127.0.0.1:5001/index。首页的访问结果如图 5-24 所示。

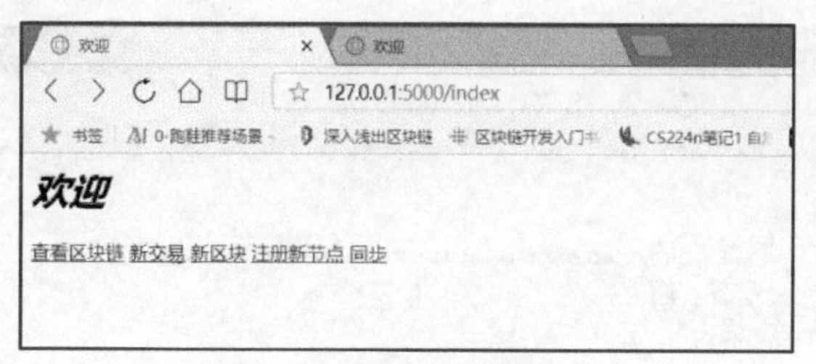

图 5-24　首页的访问结果

接下来单击“注册新节点”按钮，可以看到当前的已知节点列表中只有该节点自身，如图 5-25 所示。

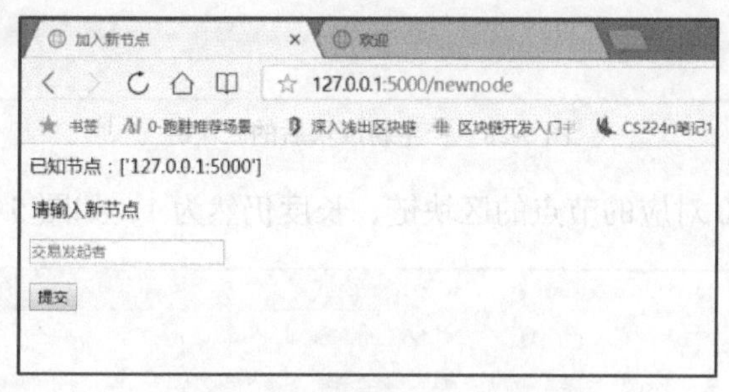

图 5-25　首次访问/newnode 接口

输入另一个已知节点的地址，本例中即 127.0.0.1:5001，然后单击“提交”按钮，发现已知节点列表已经更新，如图 5-26 所示。

图 5-26　更新后的节点列表

回到首页，单击“同步”按钮。由于当前两个节点存储的区块链的长度相同（都只包括一个相同的创世区块），因此系统会提醒当前存储的区块链为最长链，不需要更新。运行结果如图 5-27 所示。

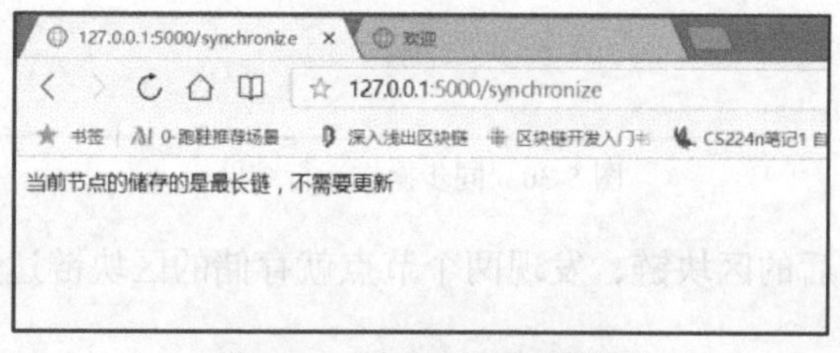

图 5-27　同步操作运行结果

接下来在 127.0.0.1:5001 对应的节点执行工作量证明算法，产生新的区块。产生新区块后的区块链如图 5-28 所示。

127.0.0.1:5000/synchronize
127.0.0.1:5001/chain
127.0.0.1:5001/chain
书签 AI 0-跑鞋推荐场景 - 深入浅出区块链 区块链开发入门 CS224n笔记1
{
  "chain": [
    {
      "hash": "1637a8b78d52483027348c6eb5ab226ab58eebae8fa1f5cdfc9ccce86e969cb1",
      "index": 1,
      "proof": 961113,
      "time": 0,
      "trans": []
    },
    {
      "hash": "8d40b9fd4c07e779928fbe1bd4bf8256ff728b27d1edfdcbff85ade26fb8068b",
      "index": 2,
      "proof": 1059,
      "time": 1536231585.1072855,
      "trans": []
    }
  ],
  "length": 2
}

图 5-28　产生新区块后的区块链

查看 127.0.0.1:5000 对应的节点的区块链，长度仍然为 1，如图 5-29 所示。

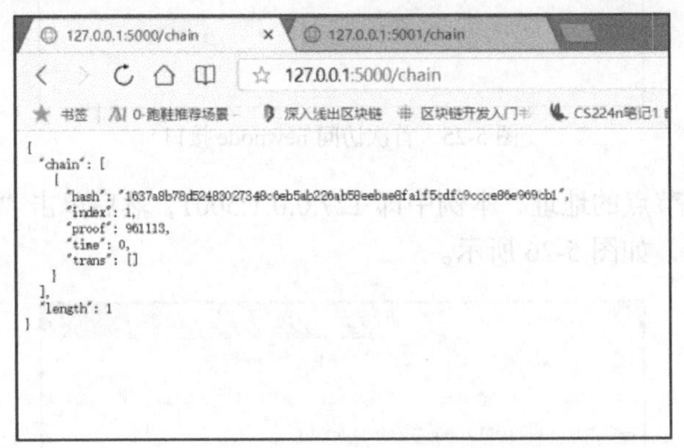

图 5-29　未产生新区块的节点存储的区块链

在 127.0.0.1:5000 对应的节点启动同步操作。因为该节点当前存储的区块链的长度仍然为 1，所以在检测到更长的合法区块链时，会自动抛弃当前存储的区块链，改而存储更长的链。运行结果如图 5-30 所示。

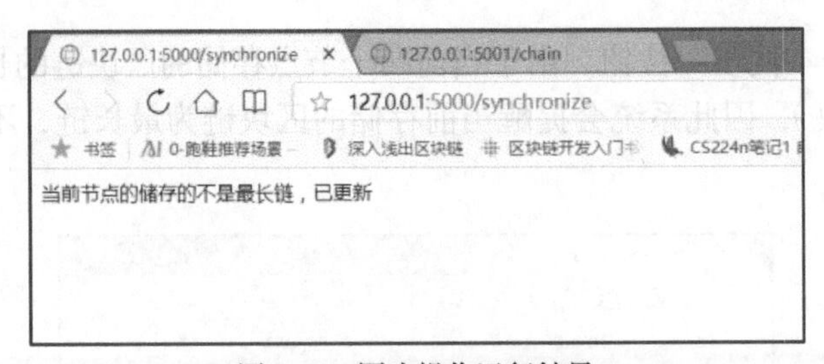

图 5-30　同步操作运行结果

最后再次查看更新后的区块链，发现两个节点就存储的区块链达成一致。更新后的区块链如图 5-31 所示。

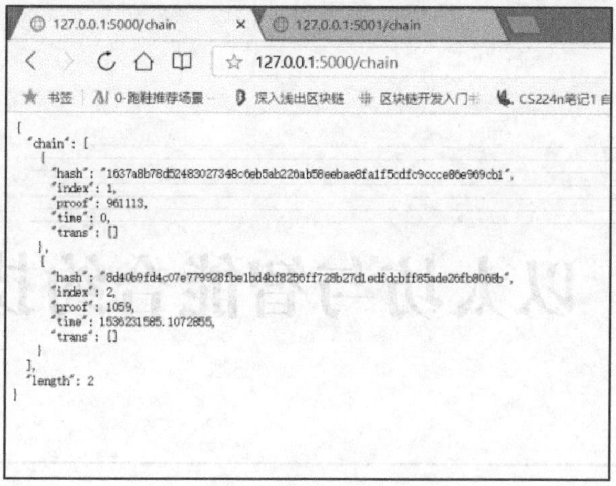

```
{
  "chain": [
    {
      "hash": "1637a8b78d52483027348c6eb5ab226ab58eebae8fa1f5cdfc9ccce86e969cb1",
      "index": 1,
      "proof": 961113,
      "time": 0,
      "trans": []
    },
    {
      "hash": "8d40b9fd4c07e779928fbe1bd4bf8256ff728b27d1edfdcbff85ade26fb8068b",
      "index": 2,
      "proof": 1059,
      "time": 1536231585.1072855,
      "trans": []
    }
  ],
  "length": 2
}
```


图 5-31　更新后的区块链

本章小结

在本章中主要讨论了区块链的网络结构。首先，区块链中存在着轻节点、全节点和矿工节点 3 类节点，由这 3 类节点组成的网络是去中心化的。其次，区块链的去中心化的分布是通过工作量证明机制和其他分布式共识机制实现的，这些分布式共识机制在一定程度上解决了拜占庭将军问题。此外，目前已经出现了许多基于区块链技术的不同应用，如比特币、以太坊等。最后，在本章的编程案例中，分别实现了一条私有链和一条公有链。需要注意的是，本章的编程案例非常重要，是后面一系列编程案例的基础。

思考题

1. 由于我们开发的区块链是将数据存储在内存中，因此一旦关机或者重新启动区块链，之前存储的数据就会全部丢失。为了避免这样的情况，我们需要将区块链中的数据写入 U 盘或移动硬盘以长期保存。请在前文开发的区块链的基础上进行改进，实现数据在 U 盘或移动硬盘上的长期存储。

2. 如果区块链上存储的数据太多，那么人工查找会非常困难，因此需要一个简单的“搜索引擎”来查找区块链上存储的数据。请在问题 1 实现的区块链的基础上开发一个能够根据交易发起者的身份来查找数据的方法，并将其包装为对外提供访问的 HTTP 接口。

第 6 章 以太坊与智能合约技术解析

【本章导读】

本章首先介绍以太坊技术的整体架构、核心名词以及智能合约等技术；接着分别介绍 Fabric、Sawtooth Lake、Libra 这 3 个典型的超级账本项目；然后分析 Solidity 智能合约开发框架 Truffle 的技术；最后利用 Solidity 实现一个拥有投票功能的智能合约。

6.1 以太坊技术

2013 年下半年以太坊的诞生宣告区块链 2.0 时代的到来。以太坊具有图灵完备性的脚本将可信任的代码嵌入区块链，实现去中心化应用，它是对区块链技术的一次颠覆。

以太坊使用了同比特币一样的区块链技术，但是在比特币区块链技术上做了一些调整。区块主要由区块头、交易列表、叔区块头三部分组成。区块头包含下列信息：父块的散列值、叔块的散列值、状态树根散列值、交易树根散列值、收据树根散列值、时间戳、随机数等。以太坊区块链上区块数据结构的一个重大改变就是保存了三棵 Merkle 树的树根，分别是状态树、交易树和收据树。存储三棵树方便账户做更多的查询。交易列表是由矿工从交易池中选择收入区块的一系列交易。区块链上的第一个区块称为“创世区块”。区块链上除了创世区块以外，每个区块都有它的父块，这些区块连接起来组成一个区块链。以太坊大约每 15s 挖出一个新区块。有了以太坊，用户就可以直接开发自己的区块链应用，而无须担心底层的区块链系统。以太坊的每一个网络节点都可以安装以太坊虚拟机来执行相同的智能合约。以太坊并未给用户预设操作（如比特币交易），而是允许用户根据自己的意愿创建复杂的分布式应用。

6.1.1 以太坊整体架构

以太坊是公有链技术的代表之一。以太坊的整体架构如图 6-1 所示，分为 3 层：底层服务、核心层、顶层应用。

1. 底层服务

底层服务包括 P2P 网络、LevelDB 数据库、加密算法和分片优化等基础服务。P2P 网络中的每个节点彼此对等，各个节点共同提供服务，没有特殊的节点，网络中的节点可以生成或审核新数据。以太坊中的区块、交易和其他数据最终存储在 LevelDB 数据库中。以太坊使用加密算法来确保数据隐私和区块链安全。分片优化使得系统可以并行验证交易，大大地加快了区块的生成速度。这些底层服务一起促使区块链系统平稳地运行。

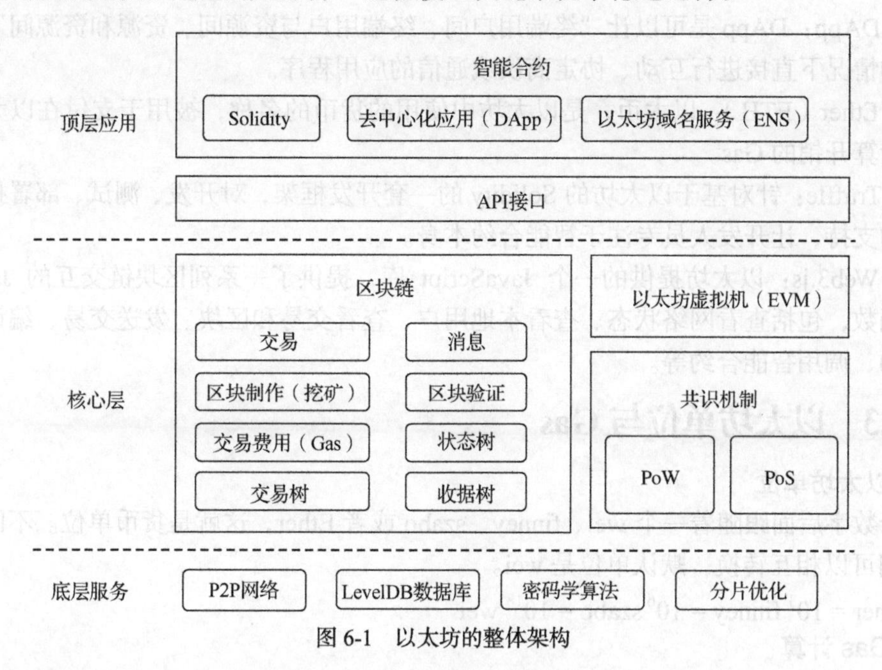

图 6-1　以太坊的整体架构

2. 核心层

核心层包含区块链、共识机制和以太坊虚拟机等核心元件，它以区块链技术为主体，辅以以太坊特有的共识机制，以以太坊虚拟机为载体运行智能合约，是以太坊的核心组件。区块链构建的去中心化账本解决的首要问题是如何保证不同节点上的账本数据的一致性和正确性，而共识算法正是用于解决这个问题。以太坊虚拟机是以太坊的重大创新，它是以太坊中智能合约的运行环境，使以太坊可以实现更复杂的逻辑。

3. 顶层应用

这一层包括 API 接口、智能合约和去中心化应用等。以太坊的去中心化应用（Decentralized Application，DApp）通过 Web3.js 与智能合约交换信息。所有智能合约都运行在以太坊虚拟机上，并使用远程过程调用（Remote Procedure Call，RPC），该层是最接近用户的层。企业可以根据自己的业务逻辑实现独特的智能合约，以帮助它们更高效地执行任务。

在底层服务中，LevelDB 数据库存储交易和区块等数据。加密算法对区块的生成和交易的传输进行加密。分片优化加快了交易验证的速度。共识算法用于解决 P2P 网络节点之间账本的一致性。顶层应用程序中的 DApp 需要在以太坊虚拟机上执行。可见，各个层次的结构相互配合，各司其职，共同构成了一个完整的以太坊体系。

6.1.2　以太坊核心名词

（1）ETH Wallet：以太坊客户端，也可以理解为一个智能合约运行环境。它提供账户管理、挖矿、转账、智能合约部署和执行等功能。以太坊虚拟机也是由以太坊客户端提供的。

（2）EVM：以太坊虚拟机，也就是以太坊中智能合约的运行环境。如果把 Solidity 比作 Java，那么 EVM 就是 JVM。

（3）Solidity：一种语法类似于 JavaScript 的高级编程语言。Solidity 会被编译为用于 EVM 的代码。

（4）DApp：DApp 是可以让“终端用户间、终端用户与资源间、资源和资源间”在没有中间人的情况下直接进行互动、协定商议或通信的应用程序。

（5）Ether（ETH）：以太币，是以太坊中使用的货币的名称，被用于支付在以太坊虚拟机进行计算开销的 Gas。

（6）Truffle：针对基于以太坊的 Solidity 的一套开发框架，对开发、测试、部署提供了非常友好的支持，让开发人员专注于智能合约本身。

（7）Web3.js：以太坊提供的一个 JavaScript 库，提供了一系列区块链交互的 JavaScript 对象和函数，包括查看网络状态、查看本地用户、查看交易和区块、发送交易、编译和部署智能合约、调用智能合约等。

6.1.3 以太坊单位与 Gas

1. 以太坊单位

一个数字后面跟随着一个 wei、finney、szabo 或者 Ether，这就是货币单位。不同的货币单位之间可以相互转换，默认单位是 wei。

1 Ether = 10^3 finney = 10^6 szabo = 10^{18} wei

2. Gas 计算

图 6-2 所示是以太坊各个区块的信息。

Height	Age	txn	Uncles	Miner	GasUsed	GasLimit	Avg.GasPrice	Reward
5936296	40 secs ago	163	0	Nanopool	6040095 (75.50%)	8000029	29.84 Gwei	3.18026 Ether
5936295	1 min ago	110	0	Nanopool	4399094 (54.99%)	7999955	26.11 Gwei	3.11484 Ether
5936294	1 min ago	187	1	SparkPool	7991153 (99.99%)	7992185	22.87 Gwei	3.27651 Ether
5936293	1 min ago	163	1	Ethermine	7975854 (99.70%)	7999992	11.43 Gwei	3.18493 Ether
5936292	2 mins ago	95	0	SparkPool	7986962 (99.93%)	7992222	10.68 Gwei	3.08529 Ether

图 6-2　以太坊各个区块的信息

这里主要解释一下后 4 个与 Gas 相关的信息。其中，GasUsed 是当前区块已经使用的 Gas 量。GasLimit 是当前区块允许的 Gas 总量。Avg.GasPrice 是每个 Gas 的价格。Reward 是矿工获得的报酬，它的值与 GasUsed 和 Avg.GasPrice 相关，即 Reward=3Ether（当前每个区块奖励 3 枚以太币）+GasUsed × Avg.GasPrice。GasLimit 可以决定单个区块中能打包多少交易。例如，我们有 5 笔交易的 GasLimit 分别是 10、20、30、40、50，区块的 GasLimit 是 100，那么就只有前 4 笔交易能成功打包进入这个区块。

6.1.4 叔块与奖励计算

1. 叔块

由于矿工是各自独立工作的，因此就有可能出现两个独立的矿工先后发现两个不同的满足要求的区块，即前文学习中提到的分叉。同时区块链又是一个“势利眼”，只有最长的链才会被承认。在比特币中，不被承认的块叫作孤块，直接被抛弃。但是，由于以太坊出块的平均速度只有 20s 左右，比起比特币的 10min 得到了大幅度的缩短，因此以太坊更容易出现分叉和孤块。同时，较短的出块时间也使得区块在整个网络中难以充分传播，尤其是对于那些网速慢的矿工，这是一种极大的不公平。为了平衡各方的利益，以太坊设计了一个叔块机制。叔块在全部挖掘出来的区块中所占的比例叫作叔块率，目前叔块率在 9.7%左右。值得注意的是，叔块中的交易会重新回到交易池，等待重新打包。一个区块最多有两个叔块。

2. 奖励计算

在上面的学习中，我们已经知道一个普通区块的奖励包含两部分：一是固定奖励 3ETH，二是区块内包含的所有程序的 Gas 总和。而如果一个普通区块包含了叔块，在这两个部分的基础上每含有一个叔块就可以得到固定的奖励 3ETH 的 1/32，也就是 0.09375ETH。

而叔块的奖励公式是：叔块奖励=（叔块高度+8-包含叔块的区块的个数）×普通奖励/8。通过这个公式可以发现，叔块被发现得越早，则奖励越高。

6.1.5　以太坊智能合约

1. 智能合约

智能合约（Smart Contract）由尼克·萨博在 1994 年提出。广义上的智能合约指能够让用户自己编写，并能够实现用户所需的交易逻辑的代码程序。智能合约最初是一套以数字形式定义的承诺，包括合约参与方可以在上面执行这些承诺的协议。但是由于早期的技术和使用场景的限制，智能合约在很长一段时间内发展缓慢。直到比特币的底层技术区块链出现，人们发现区块链的去中心化、可信执行环境完美契合智能合约，智能合约则为区块链提供了可编程性，拓展了区块链的应用前景。

区块链 2.0 在区块链 1.0 的基础上引入了智能合约。智能合约从本质上来说是通过算法、程序编码等技术手段将传统合约内容编码成为一段可以在区块链上自动执行的程序，是传统合约的数字化形式。智能合约使区块链在保留去中心化、不可篡改等特性的基础上增加了可编程性。区块链通过智能合约的调用和事件的触发完成数字资产的自动处理，适用于包括众筹在内的金融领域。而因其自动按照合约规则执行的特点，智能合约也适用于互联网、管理等领域。

以太坊是一个内置了图灵完备编程语言的区块链，通过建立抽象的基础层，任何人都可以创建合约和去中心化应用，并设置其自由定义的所有权规则、交易方法和状态传递函数。创建一个代币的主体框架只需要 2 行代码就可以实现，货币和信誉系统等其他协议只需要不到 20 行代码就可以实现。智能合约就像在以太坊的平台上创建的包含价值而且只有满足某些条件才能打开的加密箱子。

（1）生命周期。

智能合约的生命周期可大致概括为协商、开发、部署、运行、销毁这 5 个阶段。智能合约的主要工作是在开发、部署、运行这几个阶段完成的。智能合约的本质是将传统合约变成一段可以自动执行的程序。在合约形成之初，合约的创造者们应就合约内容进行协商，此时的合约与传统合约一样，是从法律、商业等角度设计的一套行为规则，通过规则的触发产生不同的结果。在规则确定之后，专业的技术人员将规则程序化，经过验证测试后得到逻辑与原合约规则一致的代码，最后将合约发布到区块链上。在合约发布之后，用户可以通过触发合约的事件完成合约的调用，而当合约不再被需要时，则由合约的部署者通过调用合约函数完成合约的自毁。

（2）运行原理。

比特币通过执行未花费的交易输出（Unspent Transaction Output，UTXO）上的锁定脚本

（Locking Script）和解锁脚本（Unlocking Script）的结果来判断交易是否可被执行，这些脚本算是智能合约的雏形。但比特币脚本只能执行简单的逻辑和有限的循环，因此比特币脚本是非图灵完备的。智能合约的运行机制如图 6-3 所示。

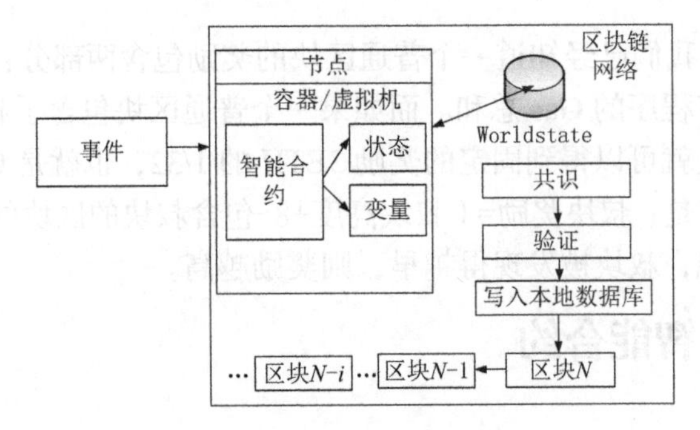

图 6-3　智能合约的运行机制

受比特币的启发，以太坊开发了 2 种图灵完备语言 Serpent、Solidity，使以太坊智能合约能够完成除交易之外的其他功能。以太坊智能合约包含若干状态、变量、规则和对应的操作。以太坊中的账户分为外部账户和合约账户。外部账户可以完成合约的部署以及通过调用合约地址实现对合约的调用。合约创建者将合约编写完成后部署到区块链上，区块链会定期遍历所有智能合约的状态机和触发条件。外部账户通过发送交易的形式来部署和调用智能合约，而区块链在监听到某个合约的触发条件后就将该合约放到一个队列中。各节点在验证合约的正确性之后激活该合约的代码并在自己的 EVM 中运行，然后将最终的运行结果打包到新区块中。考虑到合约的执行会消耗带宽、计算、存储等资源，也为了防止垃圾交易和死循环等恶意程序使区块链失控，合约的调用会消耗一定的燃料（Gas）。Gas 是通过以太币兑换的，如果 Gas 不足或指令异常导致合约执行中断，已消耗的 Gas 作为矿工消耗的资源的补偿将不被退回。区块链的不可篡改性也意味着合约一旦被部署到区块链上就不允许再被修改，而有缺陷的合约往往会造成不可估量的损失。2016 年的“The DAO”事件就是智能合约本身的漏洞被黑客攻击，导致约 1200 万个以太币损失，虽然以太坊官方团队最终没能使攻击者如愿转走这些以太币，但以太坊也因此产生了硬分叉，而被人们看好的众筹项目团队“The DAO”也宣布解散。

（3）运行环境。

智能合约是不能直接运行在区块链节点的外部环境上的，因为合约如果能够直接读写区块链，就会给恶意代码创造可乘之机。智能合约必须运行在一个与外界隔离的沙箱环境中。目前主流的区块链智能合约的运行环境有 2 种：容器（Container）和虚拟机（Virtual Machine）。

容器是一种轻量级的、可移植的、操作系统层面的虚拟机，它为应用软件及其依赖组件提供了一个资源独立的运行环境。容器是直接建立在宿主机操作系统之上的，容器中的应用软件所依赖的组件会被打包成一个可重用的镜像，镜像的运行环境不会与主操作系统共享内存、CPU、硬盘等资源，所以保证了容器内部进程与容器外部进程的独立关系。Hyperledger Fabric 就使用轻量级的 Docker 来作为智能合约的沙箱，容器的特性使智能合约的运行环境与外部环境隔离，防止了宿主机环境对智能合约的影响，也使各合约不彼此干扰。

虚拟机作为一种成熟的虚拟技术在许多领域得到使用。与容器不同的是，虚拟机在宿主机操作系统之上通过 Hypervisor 软件虚拟出 CPU、内存、I/O 等操作系统所必需的硬件资源，再在这些虚拟硬件上安装操作系统。以太坊的智能合约就运行在以太坊自定义的虚拟机（EVM）上，合约创建者在合约编译器中将合约编译成 EVM 能够执行的字节码，EVM 执行后将输出作为合约的代码永久存储在区块链上，当合约被调用时，节点读取区块链上的数据并在 EVM 中执行该合约内容，然后将结果打包进新块。

2. 开发语言

以太坊的软件开发语言是它最大的特性之一，因为对区块链进行编程是它的首要目标。以太坊有 4 种特殊的语言：Serpent（受 Python 启发）、Solidity（受 JavaScript 启发）、Mutan（受 Go 启发）和 LLL（受 Lisp 启发）。所有这些都是为面向合约编程而从底层开始设计的语言。

作为以太坊的高级编程语言，Serpent 的设计与 Python 非常相似。它被设计得尽可能简洁，将低级语言的高效优势与编程风格中的易用性结合起来。

Solidity 是以太坊的首选语言。它具有 Serpent 的所有内置特性，但语法类似于 JavaScript。Solidity 充分利用了数以百万计开发人员已掌握 JavaScript 这一现状，降低了学习门槛，并且易于掌握和使用。

3. 代码执行

以太坊合约的代码是用一种低级的、基于堆栈的字节码语言编写的，称为“以太坊虚拟机代码”或者“EVM 代码”。代码由一系列字节组成，每个字节代表一个操作。通常，代码执行是一个无限循环，每次程序计数器递增（初始值为 0），代码就会执行一次操作，直到代码执行完成或遇到错误、STOP 或者 RETURN 指令。操作可以访问 3 种存储数据的空间。

（1）堆栈：一种后进先出的数据存储，入栈、出栈的基本单位为 32B。

（2）内存：可无限扩展的字节队列。

（3）合约的长期存储：一个密钥/数值的存储，其中密钥和数值大小都是 32B。与计算结束就重置的堆栈和内存不同，存储内容将长期保持。

代码可以像访问区块头数据一样访问数值、发送和接收到的消息中的数据，还可以将返回数据的字节队列作为输出返回。EVM 代码的正式执行模型非常简单。当以太坊虚拟机运行时，它的完整计算状态可以由元组（block_state、transaction、message、code、memory、stack、pc、gas）来定义，其中 block_state 是包含所有账户余额和存储的全局状态。在每一轮执行期间，通过调用代码的第 pc（程序计数器）个字节，就可以看到每个指令如何影响元组的相关定义。例如，ADD 将两个元素出栈并将它们的和入栈，将 gas 减 1 并将 pc 加 1；stack 将顶部的两个元素出栈，并将第二个元素插入由第一个元素定义的合约存储位置，同样减少最多 200 的 gas 值，并将 pc 加 1。虽然有许多方法可以通过即时编译来优化以太坊，但是以太坊的基础实现可以通过几百行代码来实现。

6.2　超级账本项目

超级账本是由非营利组织 Linux 基金会发起成立的、致力于企业级区块链开发及应用的开源、开放、跨国界、跨行业的项目。在此之前全球大多数区块链项目都要从底层开始摸索，在没有执行标准的情况下，缺乏行业间的通力协作。超级账本项目的目标是建立一个跨行业的开放式标准以及开源代码开发库，允许企业根据自己的需求创建自定义的分布式账本解决方案，以促进区块链技术在各行各业的应用。

截至2016年7月，通过提案进入孵化状态的项目有两个：Fabric和Sawtooth Lake。Fabric由IBM、数字资产和Blockstream这3家公司的代码整合而成。由于这3家公司原来的代码分别使用不同的语言开发，因此无法直接合并到一起。为此，3家公司的开发人员进行了一次黑客松编程。通过黑客松编程，把原来用不同语言编写的3个项目集成到一起，可实现基本的区块链交易和侦听余额变化的功能。黑客松的成果奠定了Fabric项目的基础。Sawtooth Lake来自Intel贡献的代码，是构建、部署和运行分布式账本的高度模块化平台。该项目主要提供了可扩展的分布式账本交易平台，以及两种共识算法，分别是时间消逝证明（Proof of Elapsed Time，PoET）和法定人数投票（Quorum Voting）。

6.2.1 Fabric项目

Fabric项目的目标是实现一个通用的权限区块链（Permissioned Blockchain）的底层基础框架。为了适应不同的场合，它采用了模块化的体系结构，提供可切换和可扩展的组件，包括共识机制、加密安全、数字资产、记录仓库、智能合约和身份鉴权等服务。Fabric克服了比特币等公有链项目的低吞吐量、无隐私性、无最终确定性、低效的一致性算法等缺点，使用户可以轻松开发商业应用。

在超级账本联盟建立之前，IBM已经开源了一个名为“开放区块链”（Open Blockchain，OBC）的项目。在联盟建立之后，IBM为Linux基金会贡献了大约44 000行OBC代码，这部分代码成为Fabric代码的主要部分。在2016年3月的一次黑客松编程活动中，Blockstream和数字资产两个成员公司将各自的区块链功能代码合并到OBC中，最终建立了Fabric的原型，也就是Fabric项目进入孵化阶段的基础代码。

1. 项目架构

Fabric的逻辑架构如图6-4所示。底层由身份服务、策略服务、区块链服务和智能合约服务4部分组成。在这些服务的基础上，为上层应用程序提供编程接口（API）、软件开发工具（SDK）和命令行接口（CLI）。

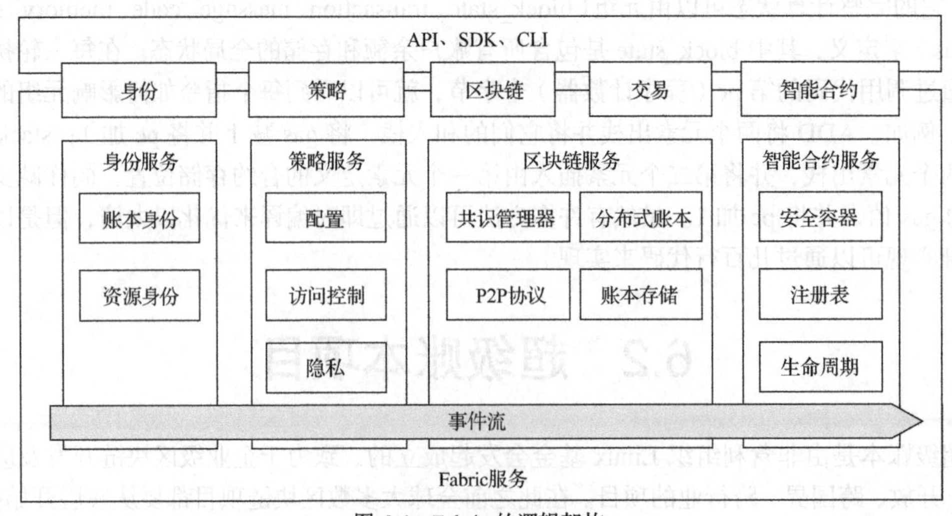

图6-4 Fabric的逻辑架构

（1）身份服务。

Fabric 是权限区块链，与匿名的无权限区块链网络（如比特币、以太坊）最大的区别在于它的识别能力。在 Fabic 账本各种事件和交易中，参与者和对象都有明确的身份信息。身份服务（Identity Service）管理系统中各种实体、参与者和对象的身份信息，包括参与组织、验证者和交易者，账本中的资产和智能合约、系统组件（网络、服务器）和运行环境等。当 Fabric 网络建立时，验证器可以确定参与交易的权限级别。

（2）策略服务。

Fabric 中的许多功能需要由策略（Policy）方式驱动，因此有独立的策略服务来提供系统策略配置和管理功能。策略服务最重要的是访问控制和授权功能。Fabric 交易通常需要参与者具有相关的权限才能进行。其他策略包括加入和退出网络的策略、身份注册策略、验证策略、隐私和保密策略、共识策略等。

（3）区块链服务。

Fabric 的区块链服务提供了构建分布式账本的最基本功能，实现了数据传输和达成共识等底层功能，并提供了发布/订阅事件管理框架，分布式账本内部的各种事件可通知到外部监听的应用。Fabric 的区块链服务主要包括 4 个组件：P2P 协议组件、分布式账本组件、共识管理器组件和账本存储组件。

① P2P 协议组件主要提供区块链节点之间直接双向通信的功能，包括流数据传输、流控制、多路复用等。P2P 通信机制利用现有互联网的基础设施（防火墙、代理、路由器等），将数据封装成消息，并使用点对点或组播方法在节点之间传输。

② 分布式账本组件管理 Fabric 的区块链数据。区块链网络的每个节点都可以看作一个状态机。分布式账本组件维护区块链数据（即状态机的状态），并在每个状态机之间维护相同的状态。分布式账本组件的性能直接影响整个网络的吞吐量，因此在许多方面需要较高的处理效率，如计算数据块的哈希值，减少每个节点最低需要存储的数据量，补足节点之间差异的数据集等。

③ 共识管理器组件在各种共识算法上定义了抽象接口，并提供给其他 Fabric 组件使用。由于不同的应用场景将使用不同的一致性算法，因此 Fabric 的模块化体系结构提供了可切换的一致性模块，通过统一的抽象接口，共识管理器接收各种交易数据，然后根据共识算法来决定如何组织和执行交易，在交易执行成功后，再更改区块链账本的数据。Fabric 提供了 PBFT 共识算法的参考实现。

④ 在区块链上保存大文件等数据是一个非常低效的操作。因此，大文件通常在链外存储。账本存储组件提供了链外数据的持久化能力，每个链外文件的哈希值可保存在链上，从而保证链外数据的完整性。

（4）智能合约服务。

Fabric 的智能合约曾经被称为链上代码（Chaincode），其本质是在验证节点（Validating Node）上运行的分布式交易程序，用于自动执行特定的业务规则，最终更新账本的状态。有几种类型的智能合约：公开、保密和访问控制。任何成员都可以调用公开合约，保密合约只能由验证成员（Validating Member）发起，访问控制合约允许某些经过批准的成员调用它。智能合约服务为合约代码提供安全的操作环境和合约生命周期管理。在具体的实现中，我们可以使用虚拟机或容器等技术来构造安全且隔离的运行时。

（5）应用编程接口。

Fabric 项目的目标是提供构建分布式账本的基本功能，如账本数据结构、智能合约执行环境、模块化框架和网络通信等。用户可以基于 Fabric 调用应用程序编程接口（API）来实现丰富的应用程序逻辑。灵活且易于使用的 API 将极大地促进 Fabric 周围生态系统的发展。Fabric 的主界面采用 REST API，基本对应于 Fabric 服务。API 分为几个类别：身份、策略、区块链、交易（对应于区块链服务）和智能合约等。为了方便应用开发，Fabric 还提供了一个命令行接口（CLI），它可以覆盖一些 API 函数，方便测试智能合约代码和查询交易状态。

2. 部署方式

Fabric 的网络由几类节点组成：身份服务节点、验证节点、非验证节点（Non-validating Node）和若干个应用节点，如图 6-5 所示。

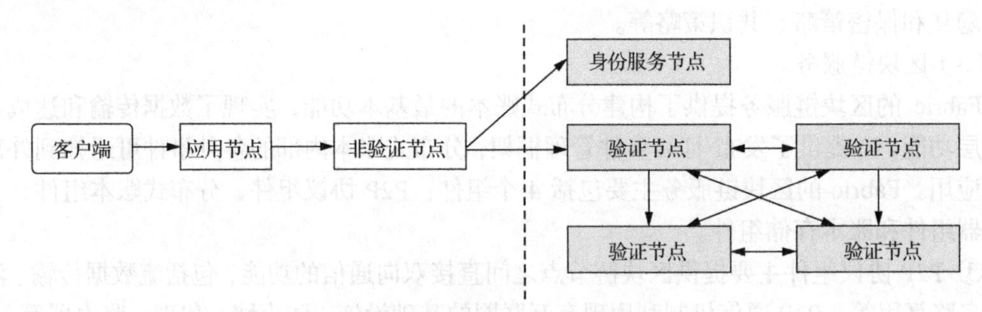

图 6-5　Fabric 的网络节点及拓扑

（1）身份服务节点：负责发放和管理用户及组织的身份。具体来说就是在注册、交易、传输过程中使用的各类数字证书，以及区块链相关的密钥。

（2）验证节点：创建和校验交易，并且维护智能合约的状态。在执行交易时，一般需要和其他多数的验证节点达成共识（取决于共识算法），然后才能更新本地的账本数据。每个验证节点在本地都保存一份账本的副本。

（3）非验证节点：主要是接收客户端的请求，组装交易，并发往验证节点处理。从这个角度看，非验证节点像交易预处理器，并不负责交易的实际执行。为了加速客户端的查询响应速度，非验证节点在本地也保留一份账本数据的副本。

（4）应用节点：主要提供用户端（例如浏览器或移动设备）的后台服务，在收到请求后，把交易请求直接发往（或经由非验证节点转发）验证节点处理。

Fabric 的部署方式按照实际需要可有多种形式。由于 Fabric 是联盟链，组成网络的节点分别属于不同的联盟成员，只要这些节点可通过网络互相连接，每个成员就能够选择自己节点的部署方式：既可把节点部署在自有的数据中心，也可把节点部署到公有云中。如果在云端部署节点，需要更强的加密手段来防止公网潜在的恶意攻击。由于 Fabric 节点部署的多样性，因此规划的时候应该把通信延迟、网络故障、节点失效、网络恢复等因素综合考虑在内，以符合应用的要求。

3. 交易的执行

Fabric 上的交易（Transaction）分成两种：部署智能合约和执行智能合约。智能合约可以看作部署在账本上的应用代码。Fabric 客户端可以通过 API 提交应用代码给任意一个验证节点，如图 6-6（a）所示。验证节点在确认是有效的应用代码后，将该应用同步到其他验证节点中。通过这种分发机制，应用代码最终会在各个验证节点保存一份，如图 6-6（b）所示。

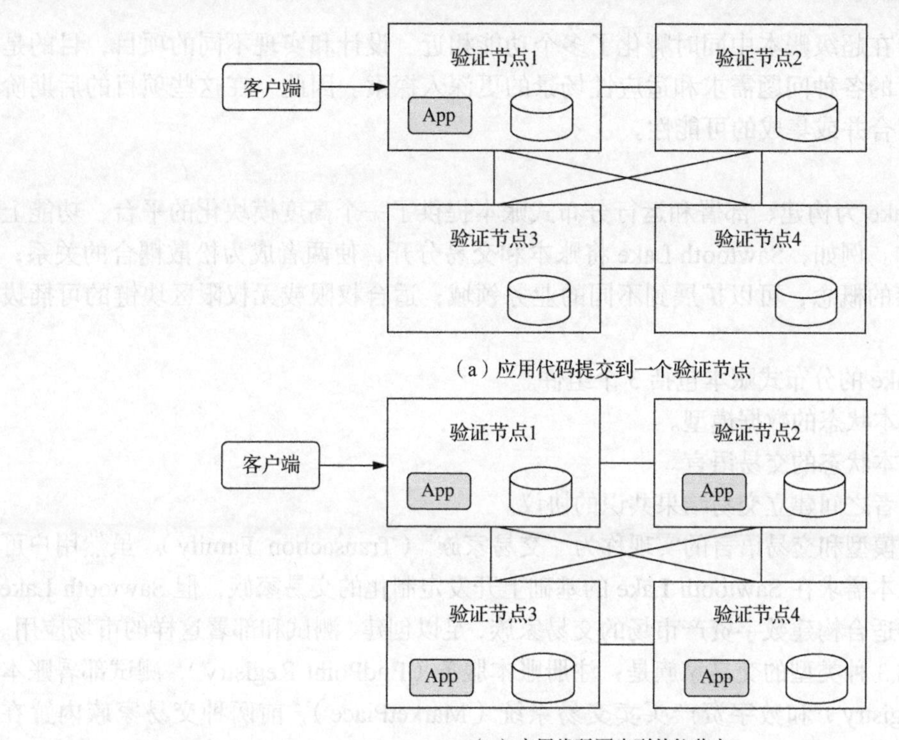

图 6-6　应用代码的发布过程

应用代码的执行过程示意图如图 6-7 所示。

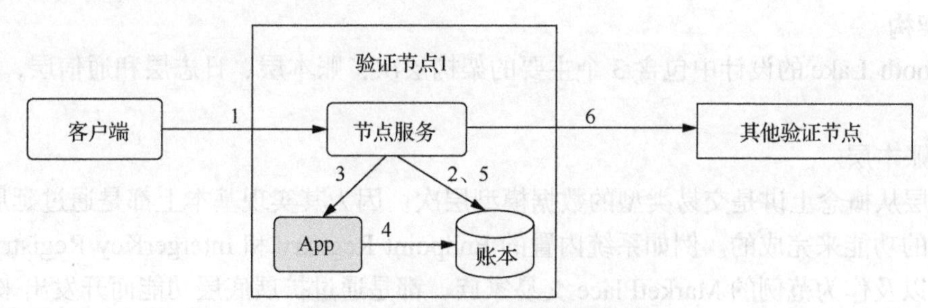

图 6-7　应用代码执行过程示意图

应用代码执行步骤如下。

（1）客户端发送执行请求给任意一个验证节点。

（2）验证节点收到请求后，向本地账本（Ledger）发送启动交易的指令。

（3）验证节点创建隔离的运行环境，启动应用（智能合约）的代码。

（4）应用执行过程中更新本地账本的状态。

（5）应用完成后，验证节点向本地账本确认交易。

（6）验证节点向其他验证节点广播交易。

6.2.2　Sawtooth Lake 项目

Sawtooth Lake 是由超级账本联盟成员 Intel 公司发起的一个分布式账本平台试点项目，最初发布的时候称为 intelledger。进入超级分类账项目后，它被重新命名为“锯齿湖”，该名称来源于美国爱达荷州锯齿山上著名的高山湖。Sawtooth Lake 是第二个进入超级账本孵化状态的项目。在超级账本中同时孵化了多个功能相近、设计和实现不同的项目，目的是促进对各类项目的各种问题需求和适应性场景的更深入探索。因此，在这些项目的后期阶段，不排除相互合并或集成的可能性。

1. 概述

Sawtooth Lake 为构建、部署和运行分布式账本提供了一个高度模块化的平台，功能上有其独特的地方。例如，Sawtooth Lake 将账本和交易分开，使两者成为松散耦合的关系；提出了交易家族的概念，可以扩展到不同的业务领域；适合权限或无权限区块链的可插拔共识机制。

Sawtooth Lake 的分布式账本包括 3 个组件。

（1）代表账本状态的数据模型。

（2）改变账本状态的交易语言。

（3）在参与者之间建立交易结果共识的协议。

其中，数据模型和交易语言的实现称为“交易家族”（Transaction Family）。虽然用户可以根据自己的账本需求在 Sawtooth Lake 的基础上开发定制化的交易家族，但 Sawtooth Lake 项目提供了 3 种适合构建数字资产市场的交易家族，足以创建、测试和部署这样的市场应用。可以直接使用的 3 种类型的交易家族是：注册账本服务（EndPoint Registry）、测试部署账本（IntegerKey Registry）和数字资产买卖交易系统（MarketPlace）。前两种交易家族内置在 Sawtooth Lake 的代码内核中。MarketPlace 交易家族被用作一个应用程序示例，它包含了几乎所有涉及数字资产交换的元素，如账号、资产、债务、出价等。用户可以基于现有的交易家族开发更多的特定领域的交易家族。

2. 架构

Sawtooth Lake 的设计中包含 3 个主要的架构层次：账本层、日志层和通信层，如图 6-8 所示。

（1）账本层。

账本层从概念上讲是交易类型的数据模型层次。因为其实现基本上都是通过延展日志层和通信层的功能来完成的。例如系统内置的 Endpoint Registry 和 IntergerKey Registry 两个交易家族，以及作为范例的 MarketPlace 交易家族，都是通过扩展底层功能而开发出来的。

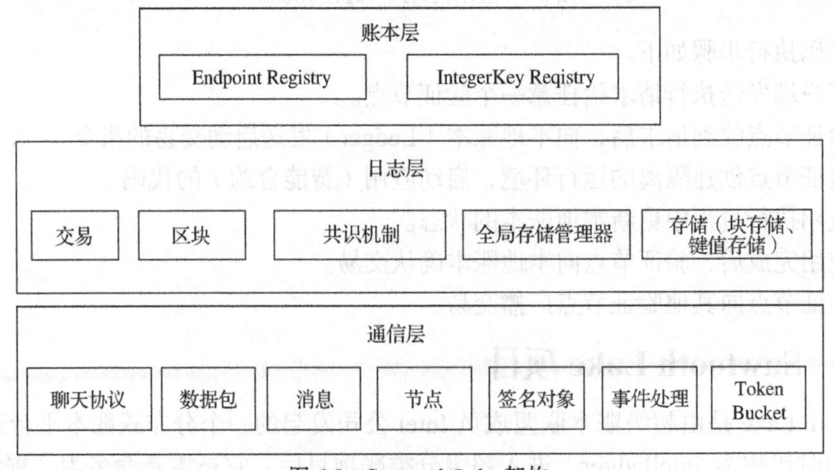

图 6-8 Sawtooth Lake 架构

（2）日志层。

日志层是 Sawtooth Lake 实现区块链核心功能的层次，实现了共识机制、交易、区块、全局存储管理器和数据存储（块存储和键值存储）。其中的区块和交易概念与其他区块链项目比较类似。交易是指可以更改账本状态的一组操作，操作通常要依照数据模型和表示形式的定义。例如，在 IntegerKey 的交易家族中，数据模型是键值对（Key/Value Pair）存储，交易的操作可用设置（set）、增加（inc）和减少（dec）来表达。区块则是一组交易的集合，是写入账本的单位。在 Sawtooth Lake 日志的每个区块中，允许有不同类型的交易混合在同一个区块中。

日志层在所有节点之间复制区块数据，采用共识机制确定每个区块的顺序、块内交易顺序以及交易内容。

Sawtooth Lake 项目使用的共识机制有两种：PoET 和法定人数投票。

PoET 和比特币的 PoW 都属于彩票算法，即按照一定规则随机选择一个“赢家”节点，该节点是区块的主记账人，其他节点负责对该节点的结果进行验证和确认。与 PoW 相比，PoET 的明显优势是它不需要消耗大量的计算能力和能源，但是它需要 CPU 硬件支持软件保护扩展（Software Guard Extensions，SGX）特性。Intel 处理器已经向 Skylake 微架构添加了一组 CPU 指令集，它可以生成一个代码隔离的运行环境，称为“飞地”（Enclave），甚至对操作系统内核也是如此。在这种可信的运行环境中，系统可以生成一个公平的、可验证的随机等待计时器，在计时器等待后，可以对等待时间进行签名和验证。根据退出计时器的等待时间，每个节点可以确定哪个节点是主记账人。目前，飞地模拟环境是在 Sawtooth Lake 环境中实现的，并不是一个真正的可信运行环境。因此，在生产环境中暂时不适合使用 PoET 共识算法。

法定人数投票算法由 Ripple 和 Stellar 的共识机制改进而来，主要用于需要满足交易即刻最终性（Finality）的应用。

（3）通信层。

通信层主要通过聊天（Gossip）协议实现节点之间的通信，主要包括了协议层连接管理和基本的流控制。节点之间通过互相发送消息来交换信息，信息通常要封装在不同类型的消息中传输，如交易消息、区块消息、连接消息等。和许多分布式系统一样，在整个架构中，该系统需要在节点之间通过聊天协议发送大量的消息，为此，通信层实现了 Token Bucket 的机制，以控制数据包的传输速度。

6.2.3　Libra 项目

2019 年 6 月 18 日，Facebook 发布了 Libra 白皮书，建议建立一套简单的、无国界的货币，为数十亿人提供金融基础设施服务。Libra 是由 Facebook 主导发行的建立在区块链技术基础上的、由专门协会负责管理的加密“数字货币”。具体来说，Libra 由以下 3 点为支撑。

（1）建立在安全、可扩展和可靠的区块链基础上。

（2）以赋予其内在价值的资产储备为后盾，100%挂钩一篮子货币。

（3）由独立的 Libra 协会治理，该协会的任务是促进此金融生态系统的发展。

Libra 旨在通过上述三者的共同作用，创造一个更加普惠的金融体系。

1. Libra 的特点

Libra 区块链从根本上来讲是一种采用区块链技术的“数字货币”。通过与法定货币、比特币、Q 币和其他稳定币比较，我们得以理解 Libra 作为货币的特点。

（1）发行机制方面：Libra 是中心化的，即由 Libra 协会制定管理发行规则，这不同于比特币、稳定币 USDT 等“数字货币”，但是与法定货币和 Q 币相似。

（2）信用背书方面：Libra 与稳定币 USDT 相似，均以资产储备为后盾，其中 Libra 以 100%挂钩一篮子银行存款和短期政府债券为后盾，进一步实现币值稳定和增加信用。比特币完全无信用背书，法定货币和 Q 币依托国家信用。

（3）发行数量方面：Libra 无发行上限，与法定货币、稳定币 USDT 和 Q 币相似，不过比特币有 2100 万个发行上限。

（4）流通范围方面：Libra 或以 Facebook 全球 27 亿用户为基础，逐步扩大流通范围。除美元外的法定货币基本只能在一个经济体内流通，稳定币 USDT 主要用于购买其他“数字货币”，Q 币流通范围仅限于购买腾讯服务。

2. Libra 核心技术

Libra 核心技术涉及 3 个方面：Move 编程语言、拜占庭共识机制和区块链数据结构。Libra 可以简单理解为采用拜占庭共识机制的一种联盟链。

（1）Libra 设计和使用可靠性和安全性更高的 Move 编程语言。

首先，货币对传统语言来说并非是一种特定的“资产”，而是像程序中的其他变量一样，是一组数据，存在被任意虚增和复制的可能。现实中有价值的资产不仅数量严格受限，而且在转移和交易过程会受到严密监控，不存在诸如转移之后一方数量不减少而另一方数量相应增加的情况。但在“数字货币”中，黑客曾多次利用整数溢出等漏洞大举复制资产，造成过数亿资产的损失。更进一步而言，即便在“数字货币”的原生语言中将其强制定义为资产，以及在编译和运行过程中对转移及增加予以严格限制，但该语言编写的智能合约中可能会涉及用户自定义的其他类型资产，依然会失去语言的原生保护，从而需要开发人员自行维护其安全性，这无疑大大增加了系统风险。

其次，传统区块链语言尚未在安全性和灵活性之间找到平衡点。智能合约是区块链技术的重要应用之一，允许用户利用区块链的可信性来自动完成一系列自定义动作。一旦满足了某项预先设定的条件，该条件下的一系列后续动作将会不可撤销地执行。这些动作中可能会包含支付对价、权属登记、保险执行、租约执行等。区块链在其中的角色类似于现实合约中具有强信用的中间人（如进出口业务中银行的角色，或淘宝交易中支付宝的角色）。智能合约的出现，可以使现实中各类交易的安全性和便利性极大地扩展。但如果出现问题，也将令使用者遭受重大损失。

为了适应这种便利性，很多传统区块链语言采用了类似于 Python 和 Ruby 的动态类型语言模式。这可以大大简化编写程序的过程，因为无须给变量定义类型模式，也无须在编码期间就了解系统将如何具体运行。这些都将在实际运行中再进行检查或直接动态指派（Dynamic Dispatch）。此类语言通常具备高度的易用性，开发人员可以快速实现功能。但事实上，与传统的 C、C++、C#、Java 等静态类型语言相比，动态语言把发现风险的工作从编译阶段推向了实际运行阶段。诸如上述类型定义错误和代码进入无法预知分支等低级错误，在静态语言中通过编译和几个简单测试用例便可轻松发现。对一个必须高度可靠的交易系统而言，各类问题等到运行时出错再去解决是无法容忍的。

（2）采用基于 LibraBFT 共识协议的 BFT 机制。

共识机制旨在确保各分布式节点交易信息的一致性和不可逆性。Libra 采用 BFT 机制，即使有 1/3 节点发生故障，其依然可以确保网络正常运行。

LibraBFT 由 HotStuff 算法改进而来。为避免过于复杂的技术讨论，本书只简要说明共识的流程。与比特币完全工作在网状网络不同，BFT 算法为了降低流程复杂度，需要工作在有若干重要节点的星形网络中，即各重要节点之间互相通信，其余节点只与临近的一个重要节点产生联系。这也是为何 Libra 在初期要在联盟链上运行而不是在公有链上运行的重要原因。

LibraBFT 把这些重要节点定义为验证者（Validator），在网络中起到接受交易请求和验证区块有效性的作用。当一笔交易产生后，它会被最近的一个验证者接受，此时该验证者就作为发起者（Leader）来组织、验证程序。它将若干笔交易打包进一个区块，并广播给网络上所有其他验证者。其他验证者收到区块后进行验证，如果认可这一区块，则向发起者回传投票（Vote）结果。在收集到足够多的投票后，发起者生成一个法定人数证明（Quorum Certification，QC），代表该区块已经得到了足够多节点的确认，并把该证明向所有验证者广播。此时所有验证者节点都将根据这一消息更新本地保存的区块链状态，将新验证的内容加入。这一过程称为一轮（Round）。之后其他交易所产生的验证内容也会陆续加入。为了避免前述失效或者恶意节点在此过程中进行破坏，新加入的内容将在 3 轮之后才被全网接纳或提交（Commit），正式成为整个区块链的一部分。

比特币采用的工作量证明机制可以防止 50%的节点失效，而且对所有节点一视同仁，可以直接应用在公有链上。相比之下，LibraBFT 理论上只能防止不超过 1/3 的节点失效，而且必须指定若干重要节点作为验证者，使得其看起来不如比特币强大。但 LibraBFT 在较大程度上缩短了交易的确认时间，使其可以满足现实交易需求。此外，Libra 发布初期将运行在联盟链上，各重要节点均为联盟成员提供，恶意节点出现的概率将大大降低。从实践的角度看，LibraBFT 在安全性和效率方面是比比特币更优的选择。

（3）采用梅克尔树的数据存储结构，确保存储交易数据的安全性。

梅克尔树是在区块链（如比特币）中被广泛使用的数据结构，可以高效、快速归纳和检验大规模数据完整性，只要树中任何一个节点被篡改就会出现校验失败。

Libra 是以账本的当前状态和历史变化的方式存储整个系统的，有点类似于可恢复到任意一个历史状态的数据库。每当一组新数据写入数据库，就会生成一个新的历史状态。历史状态通过梅克尔树的数据结构进行组织。其中，H 函数代表一个哈希函数，即对输入内容进行编码，输出一个长度始终不变的数，相当于对输入数据加密。如果输出变化，输入必然有变化，且无法根据输出数据直接反推出输入数据。梅克尔树的一大优势在于只需要观察根节点即可知道整个树上各个节点的状态（例如是否被篡改），而不必把树上所有节点重新计算一遍。

这种结构的另一个优势在于，监管机构可以方便地追溯数据库任意一个账户在任意一个历史时刻的状态。尽管 Libra 账户与用户真实身份并不挂钩，但出于方便监管的考量，一旦账户出现异常行为，其所有的历史状态理论上都可以被监管机构快速获得，这类似于现实中的银行账户。如果 Libra 与现实储备资产的兑换也受到严格管控的话（具体模式尚未公布），其匿名性与比特币相比将大打折扣。这种特性无疑是一把双刃剑，一方面对用户而言失去了一些吸引力，但另一方面也压缩了非法跨境交易和洗钱的空间，对 Libra 的生存发展而言不无裨益。

6.3　智能合约开发框架 Truffle

Truffle 是现在比较流行的 Solidity 智能合约开发框架，本身基于 JavaScript，功能十分强大，可以帮助开发人员快速搭建一个 DApp。

6.3.1 Truffle 框架的特性

Truffle 框架具有如下特性。

（1）内建智能合约编译、链接、部署和二进制包管理功能。

（2）支持对智能合约的自动测试。

（3）支持自动化部署、移植。

（4）支持公有链和私有链，可以轻松部署到不同的网络中。

（5）支持访问外部包，可以方便地基于 Node.js 包管理（NPM）和 Ethereum 包管理（EthPM）引入其他智能合约的依赖。

（6）可以使用 Truffle 命令行工具执行外部脚本。

6.3.2 基于 Truffle 框架的实例

在正式使用系统的框架完成代币发行之前，我们可以先在无框架的情况下进行一次代币的发行，并实现转账的功能。

在 Windows 10 下首先打开命令行界面 PowerShell，切换到一个空白的文件夹目录 Demo01：cd Demo01。

然后在 Demo01 的文件夹中创建 Truffle 框架项目：truffle init。

在 Atom（没有 Atom 的需要先自行安装）中打开 Dome01。如果之前的操作顺利，将出现图 6-9 所示的界面。

由于引入了 Truffle 框架，因此我们打开的就不是一个空白的文件夹。接下来，我们新建一个 Mytoken.sol 文件进行代币的发行。同时，我们发现 migration 文件夹下有针对.sol 的.js 文件，这个.js 文件就是进行部署用的，也就是说我们不用再在命令行中进行部署了。

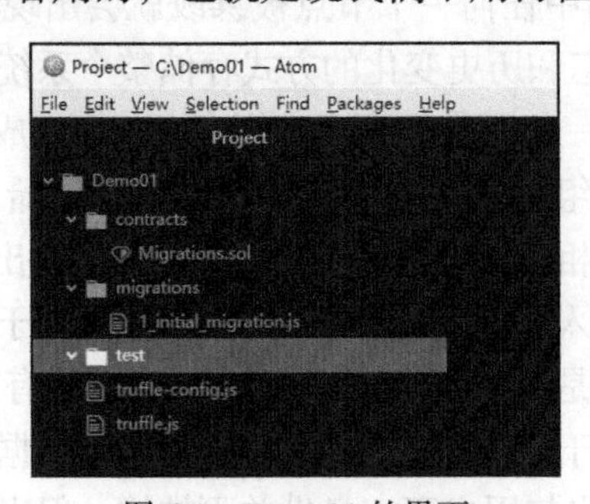

图 6-9 Dome01 的界面

```
var Mytoken = artifacts.require("./Mytoken.sol");

module.exports = function(deployer) {
  deployer.deploy(Mytoken);
};
```

然后我们重点来关注代币发行的智能合约的编写。

发行一个代币的整体思路。首先要确定代币的总数（代币的总数恒定），另外为确立代币所属，需要将代币和代币所属人（即地址）建立联系，代币最初的所属应该是合约的创建者，后续以自己的方式（我们这里用简单的转账）使代币流通起来。再来看核心功能——转账。转账之前，系统首先要判断拥有金额是否大于转出金额，判断为真则执行转账（即转出者减去相应金额，同时转入者加上相应金额）。最后对当前账户提供金额查看功能。

```
pragma solidity ^0.4.23;
//发行自己的代币，并且实现转账的功能
contract Mytoken {
  //设置代币的总数
  uint256 INITIAL_SUPPLY = 10000;
  //定义一个映射来存储地址和代币的关系
  mapping (address =>uint256) banlances;
  //创建构造函数，代币默认赋值给合约的创建者
  function Mytoken()
  {
     banlances[msg.sender]  = INITIAL_SUPPLY;
  }
  //定义一个代币转账功能
  function transfer(address _to,uint256 _amount) public
  {
     //当前合约的调用者就是转账人（拥有金额必须大于转出金额）
     assert(banlances[msg.sender] > _amount);//如果判断为真，继续执行
     banlances[msg.sender] -= _amount;
     banlances[_to] += _amount;
  }
  //编写一个函数，用于展示当前账户的金额
  function banlanceof(address _owner)public constant returns (uint256)
  {
     return banlances[_owner];
  }
}
```

运行代码查看执行效果。首先打开 PowerShell，进入 Demo01 目录，然后进入开发者模式：truffle develop（开发者模式实际上是提供了一个私有链环境，并提供了 10 个测试账号），如图 6-10 所示。

图 6-10　进入开发者模式：truffle develop

在开发者模式下编译源文件：compile。编译成功后 Demo01 文件夹下将生成一个 build 文件，并在 build 文件下生成 JSON 文件，也就是得到了 abi（也就是常说的 API）。然后部署：deploy，如图 6-11 所示。

```
truffle(develop)> deploy
Using network 'develop'.

Running migration: 1_initial_migration.js
  Deploying Migrations...
  ... 0x327942dce84a0ff8a9a30c624717fd6be0d6b64d76bface48019041611dd12ba
  Migrations: 0x8cdaf0cd259887258bc13a92c0a6da92698644c0
Saving successful migration to network...
  ... 0xd7bc86d31bee32fa3988f1c1eabce403a1b5d570340a3a9cdba53a472ee8c956
Saving artifacts...
Running migration: 2_initial_migration.js
  Deploying Mytoken...
  ... 0x7bc68856984dab6d4094a3cb2cc6df9b9f1589d6881c98983b9b93522d5ef9d3
  Mytoken: 0x345ca3e014aaf5dca488057592ee47305d9b3e10
Saving successful migration to network...
  ... 0xf36163615f41ef7ed8f4a8f192149a0bf633fe1a2398ce001bf44c43dc7bdda0
Saving artifacts...
truffle(develop)>
```

图 6-11　部署 deploy

到这里我们也就得到了 MyToken 的地址（也就是代币创始人的地址）。接着通过以下两种方式来使货币流动起来。

方式一。首先申明 abi，注意在申明 abi 的时候不能直接复制 MyToken.json 中的 abi 信息，而是需要把这里的 abi 压缩成一行（利用网上的 JSON 压缩工具），如图 6-12 所示。

```
truffle(develop)> var abi =[{"inputs":[],"payable":false,"stateMutability":"nonpayable","type":"constructor"},{"constant
":false,"inputs":[{"name":"_to","type":"address"},{"name":"_amount","type":"uint256"}],"name":"transfer","outputs":[],"p
ayable":false,"stateMutability":"nonpayable","type":"function"},{"constant":true,"inputs":[{"name":"_owner","type":"addr
ess"}],"name":"banlanceof","outputs":[{"name":"","type":"uint256"}],"payable":false,"stateMutability":"view","type":"fun
ction"}]
undefined
truffle(develop)>
```

图 6-12　压缩 abi

然后定义一个变量 address 存储发布者 MyToken 的地址，并利用 Web3 创建一个对象：var myContract = Web3.eth.contract(abi).at(address)。

最后利用 transfer()函数实现转账：myContract.transfer ("0xf17f52151ebef6c7334fad080c5704d77216b732",5001)。这样我们就完成了一个在没有使用 Truffle 框架情况下的简单的代币发行。

方式二。接下来看一下使用官方的 Truffle 框架完成代币发行的示例。新建一个文件夹 Demo02，首先在确保 Node.js 环境安装成功的前提下安装 Truffle 框架：npm install -g truffle。如果 Truffle 之前已经安装成功，直接进行第二步，下载官方定义的模板 tutorialtoken:truffle unbox tutorialtoken。下载完成后我们查看其文件结构，如图 6-13 所示，会发现与没有使用模板的文件结构相比，其多了一个 node_modules 文件夹和一些配置文件。在后文的讲解中我们将对模板进行详细介绍。

接着进入开发者模式：truffle develop。由于下载的模板中已经有模板代码，因此我们可以先进行编译部署（migrate 或者 deploy），查看执行效果，最后运行监听，打开开发人员服务。需要注意的是，我们需要重新打开一个 PowerShell 窗口执行 npm run dev，如图 6-14 所示。

```
PS C:\> cd Demo02
PS C:\Demo02> truffle unbox tutorialtoken
Downloading...
Unpacking...
Setting up...
Unbox successful. Sweet!

Commands:

  Compile:        truffle compile
  Migrate:        truffle migrate
  Test contracts: truffle test
  Run dev server: npm run dev
PS C:\Demo02> dir


    目录: C:\Demo02


Mode                LastWriteTime         Length Name
----                -------------         ------ ----
d-----       2018/10/10     15:11                contracts
d-----       2018/10/10     15:11                migrations
d-----       2018/10/10     15:15                node_modules
d-----       2018/10/10     15:11                src
d-----       2018/10/10     15:11                test
-a----       2018/10/10     15:11           9487 box-img-lg.png
-a----       2018/10/10     15:11           2426 box-img-sm.png
-a----       2018/10/10     15:11             68 bs-config.json
-a----       2018/10/10     15:11           1075 LICENSE
-a----       2018/10/10     15:15         120082 package-lock.json
-a----       2018/10/10     15:11            336 package.json
-a----       2018/10/10     15:11            281 truffle.js
```

图 6-13　查看文件结构

```
PS C:\> cd Demo02
PS C:\Demo02> npm run dev

> tutorialtoken@1.0.0 dev C:\Demo02
> lite-server

** browser-sync config **
{ injectChanges: false,
  files: [ './**/*.{html,htm,css,js}' ],
  watchOptions: { ignored: 'node_modules' },
  server:
   { baseDir: [ './src', './build/contracts' ],
     middleware: [ [Function], [Function] ] } }
[          ] Access URLs:
 ------------------------------------
       Local:
    External:
 ------------------------------------
          UI:
 UI External:
 ------------------------------------
[          ] Serving files from:
[          ] Serving files from:
[          ] Watching files...
18.10.10 15:24:31 200      /index.html
18.10.10 15:24:31 200      /js/bootstrap.min.js
18.10.10 15:24:31 200      /css/bootstrap.min.css
18.10.10 15:24:31 200      /js/app.js
18.10.10 15:24:31 200      /js/truffle-contract.js
18.10.10 15:24:31 200      /js/web3.min.js
```

（a）

TutorialToken

My Wallet

Balance

Balance: TT

Transfer

Address

Amount

Transfer

（b）

图 6-14　执行 npm run dev 后的效果

运行成功后会弹出一个地址为 localhost:3000 的页面，我们可以看到代币发行的没有功能实现的页面模型。接下来为了更好地继续完成代币发行的全部功能，需要先来了解一下现有 Demo02 的完整结构。首先来看 packge.json 文件。

```
{
  "name": "tutorialtoken",
  "version": "1.0.0",
  "description": "",
  "main": "truffle.js",
  "directories": {
    "test": "test"
  },
  "scripts": {
    "dev": "lite-server",
    "test": "echo \"Error: no test specified\" && exit 1"
  },
  "author": "",
  "license": "ISC",
  "devDependencies": {
    "lite-server": "^2.3.0"
  }
}
```

在 Node.js 项目中，每个项目都会有一个 packge.json 文件。此文件类似于 maven 中的 pom.xml，它定义了项目需要的各种配置和当前项目依赖的资源。其中变量的含义如下。

name：定义项目名称。

version：定义当前项目版本。

description：项目描述。

main：定义当前加载的入口（truffle.js 是 Truffle 框架的核心配置文件，运行时首先加载，这个文件接下来还会详细介绍）。

directories：定义测试目录。

scripts：指定当前脚本命令的缩写，如我们运行时执行的 npm run dev 就是 npm run lite-server。

author：当前项目作者。

license：开源许可。

devDependencies：当前项目开发时需要依赖的模块（都存储在 node_module 文件夹中）。

由于这是一个基于网页的去中心化应用，因此我们可以看到 src 文件夹下有 css 和 front 文件夹。如果你对网页的美观暂时没有需求的话，这些都是可以不用处理的。这里我们主要关注 HTML 文件。

```
<!DOCTYPE html>
<html lang="en">
  <head>
    <meta charset="utf-8">
    <meta http-equiv="X-UA-Compatible" content="IE=edge">
    <meta name="viewport" content="width=device-width, initial-scale=1">
      <title>TutorialToken - Wallet</title>
      <link href="css/bootstrap.min.css" rel="stylesheet">
<!--这里引入了Bootstrap框架，主要是为了美化界面>
  </head>
  <body>
```

```
      <div class="container">
        <div class="row">
          <div class="col-xs-12 col-sm-8 col-sm-push-2">
            <h1 class="text-center">TutorialToken</h1>
            <hr/>
            <br/>
          </div>
        </div>
    <div id="petsRow" class="row">
          <div class="col-sm-6 col-sm-push-3 col-md-4 col-md-push-4">
            <div class="panel panel-default">
              <div class="panel-heading">
                <h3 class="panel-title">My Wallet</h3>
              </div>
              <div class="panel-body">
                <h4>Balance</h4>
                <strong>Balance</strong>: <span id="TTBalance"></span> TT<br/><br/>
                <h4>Transfer</h4>
                <input type="text" class="form-control" id="TTTransferAddress"
 placeholder="Address" />
                <input type="text" class="form-control" id="TTTransferAmount"
placeholder="Amount" />
                <button class="btn btn-primary" id="transferButton" type="button">
Transfer</button>
              </div>
            </div>
          </div>
        </div>
      </div>
    <script src="http://libs.baidu.com/jquery/1.11.3/jquery.min.js"></script>
      <script src="js/bootstrap.min.js"></script><!--实现Bootstrap的相关事件-->
      <script src="js/Web3.min.js"></script><!--提供了访问底层RPC的相关操作-->
      <script src="js/truffle-contract.js"></script><!--提供了部署智能合约的方法-->
      <script src="js/app.js"></script><!--非常关键，主要用来串联智能合约和UI -->
    </body>
  </html>
```

在整个HTML文件中，aap.js相当重要，所以我们再来看一下这段代码。

```
//App就是一个JSON对象，里面定义了调用逻辑的所有函数
App = {
  //定义了两个变量
  Web3Provider: null,
  Contracts: {},
  //windows加载成功后调用
  Init: function() {
    return App.initWeb3();
  },
  //此函数用来初始化私有链，它在页面调用时执行
  initWeb3: function() {
    //初始化Web3对象，并且设置私有链
    if ( typeof Web3 ! == ' undefined ') {
      //如果已经设置了Provider,则返回当前的Provider
      App. Web3Provider = Web3.currentProvider;
      //根据当前私有链构建Web3对象
```

```
        Web3 = new Web3(Web3.currentProvider);
        console.info("if");
        console.info(Web3.currentProvider);
      } else {
        //指定当前要连接的私有链，并且创建 Web3 对象
        App.Web3Provider = new Web3.providers.HttpProvider('http://127.0.0.1:9545');
        Web3 = new Web3(App. Web3Provider);
        console.info("else");
        console.info(Web3.currentProvider);
      }
      return App.initContract();
    },
    //此函数用来初始化智能合约
    initContract: function() {
      //需要创建一个智能合约，并且必须命名为 TutorialToken.sol
      $.getJSON('TutorialToken.json', function(data) {
        // Get the necessary contract artifact file and instantiate it with truffle-contract
        var TutorialTokenArtifact = data;
        //contracts 在顶部已经定义，用来存储智能合约的 JSON 文件
        App. contracts . TutorialToken = TruffleContract ( TutorialTokenArtifact ) ;
        // 设置当前智能合约所关联的私有链
        App . contracts . TutorialToken . setProvider ( App . Web3Provider ) ;
        return App.getBalances();
      });

      return App.bindEvents();
    },
    //注册绑定事件
    bindEvents: function() {
      //设置 Index.html 页面的 button 按钮
      $(document).on('click', '#transferButton', App.handleTransfer);
    },

    handleTransfer: function(event) {
      event.preventDefault();
      //获取当前地址和转账金额
      var amount = parseInt($('#TTTransferAmount').val());
      var toAddress = $('#TTTransferAddress').val();

      console.log('Transfer ' + amount + ' TT to ' + toAddress);
      //此变量用来存储转账的智能合约
      var tutorialTokenInstance;
      //Web3.eth.getAccounts 的同步方式，此处是异步方式
      Web3.eth.getAccounts(function(error, accounts) {
        if (error) {
          console.log(error);
        }
        //默认获取第一个账户，也就是缺省用户
        var account = accounts[0];
        //通过指定的合约名称创建合约对象
        App.contracts.TutorialToken.deployed().then(function(instance) {
          //存储了真正的合约对象
          tutorialTokenInstance = instance;
```

```
          //合约对象调用 transfer()，此方法在父类 standardToken 实现
          return tutorialTokenInstance.transfer(toAddress, amount, {from: account,
gas: 100000});
        }).then(function(result) {
          alert('Transfer Successful!');
          //如果转账成功，则调用此方法显示当前账户的余额
          return App.getBalances();
        }).catch(function(err) {
          console.log(err.message);
        });
      });
    },

    getBalances: function() {
      console.log('Getting balances...');
      //此变量用来存储智能合约的实例
      var tutorialTokenInstance;
      //通过异步的方式获取私有链提供的账户信息
      Web3.eth.getAccounts(function(error, accounts) {
        if (error) {
          console.log(error);
        }
        //转账成功，获得余额
        var account = accounts[0];
        //实例化合约，并赋值给 tutorialTokenInstance
        App.contracts.TutorialToken.deployed().then(function(instance) {
          tutorialTokenInstance = instance;
          //返回当前账户的余额，balanceOf()方法也在父类中已经定义
          return tutorialTokenInstance.balanceOf(account);
        }).then(function(result) {
          console.info(result);
          balance = result.c[0];
          //显示当前账户的余额
          $('#TTBalance').text(balance);
        }).catch(function(err) {
          console.log(err.message);
        });
      });
    }
  };

  $(function() {
    //当 windows 对象加载成功时，此 init()函数会被执行
    $(window).load(function() {
      App.init();
    });
  });
```

接下来我们将利用 Open Zeppelin 框架完成该完整的代币发行的 DApp。首先切换到 Demo02 目录下，然后安装 Open Zeppelin:npm install Open Zeppelin。接着完成重要的一环，编写智能合约 TutorialToken.sol。

```
pragma solidity ^0.4.24;
import
"_zeppelin-solidity@1.12.0@zeppelin-solidity/contracts/token/ERC20/StandardToken
```

```
.sol";
  contract TutorialToken is StandardToken {
    //构造函数
    function TutorialToken() public {
    //totalSupply_在父类有定义
    totalSupply_ = INITIAL_SUPPLY;
    //默认把代币赋值给合约的所有者
    balances[msg.sender] = INITIAL_SUPPLY;
  }
    //代币名称
    string public name = "TutorialToken";
    string public symbol = "TT";
    uint8 public decimals = 2;
    //指定创建代币数量
    uint public INITIAL_SUPPLY = 11000;
  }
```

然后实现完成编译部署的文件 2_deploy_contracts.js。

```
var TutorialToken = artifacts.require("TutorialToken");
module.exports = function(deployer) {
  deployer.deploy(TutorialToken);
};
```

我们可以看到智能合约 TutorialToken.sol 继承了 StandardToken.sol。在 StandardToken.sol 中又继承了父类 BasicToken.sol 和 ERC20.sol，它们实现了我们用到的 transfer()和 balanceOf()方法。感兴趣的读者可以逐层去研究其父类的功能实现。

```
StandardToken.sol:
pragma solidity ^0.4.24;

import "./BasicToken.sol";
import "./ERC20.sol";
contract StandardToken is ERC20, BasicToken {
  mapping (address => mapping (address => uint256)) internal allowed;
  function transferFrom(
    address _from,
    address _to,
    uint256 _value
  )
    public
    returns (bool)
  {
    require(_value <= balances[_from]);
    require(_value <= allowed[_from][msg.sender]);
    require(_to != address(0));

    balances[_from] = balances[_from].sub(_value);
    balances[_to] = balances[_to].add(_value);
    allowed[_from][msg.sender] = allowed[_from][msg.sender].sub(_value);
    emit Transfer(_from, _to, _value);
    return true;
  }
  function approve(address _spender, uint256 _value) public returns (bool) {
    allowed[msg.sender][_spender] = _value;
    emit Approval(msg.sender, _spender, _value);
```

```
    return true;
  }
  function allowance(
    address _owner,
    address _spender
   )
    public
    view
    returns (uint256)
  {
    return allowed[_owner][_spender];
  }
  function increaseApproval(
    address _spender,
    uint256 _addedValue
  )
    public
    returns (bool)
  {
    allowed[msg.sender][_spender] = (
      allowed[msg.sender][_spender].add(_addedValue));
    emit Approval(msg.sender, _spender, allowed[msg.sender][_spender]);
    return true;
  }
  function decreaseApproval(
    address _spender,
    uint256 _subtractedValue
  )
    public
    returns (bool)
  {
    uint256 oldValue = allowed[msg.sender][_spender];
    if (_subtractedValue >= oldValue) {
      allowed[msg.sender][_spender] = 0;
    } else {
      allowed[msg.sender][_spender] = oldValue.sub(_subtractedValue);
    }
    emit Approval(msg.sender, _spender, allowed[msg.sender][_spender]);
    return true;
  }
}
BasicToken.sol:

pragma solidity ^0.4.24;
import "./ERC20Basic.sol";
import "../../math/SafeMath.sol";
contract BasicToken is ERC20Basic {
  using SafeMath for uint256;

  mapping(address => uint256) internal balances;

  uint256 internal totalSupply_;
  function totalSupply() public view returns (uint256) {
    return totalSupply_;
  }
  function transfer(address _to, uint256 _value) public returns (bool) {
    require(_value <= balances[msg.sender]);
```

```
    require(_to != address(0));

    balances[msg.sender] = balances[msg.sender].sub(_value);
    balances[_to] = balances[_to].add(_value);
    emit Transfer(msg.sender, _to, _value);
    return true;
  }
  function balanceOf(address _owner) public view returns (uint256) {
    return balances[_owner];
  }
}

ERC20.sol :
pragma solidity ^ 0.4.24;
import "./ERC20Basic.sol";

contract ERC20 is ERC20Basic {
  function allowance ( address _owner, address _spender )
    public view returns ( uint256 ) ;

  function transferFrom ( address _from, address _to, uint256 _value )
    public returns ( bool ) ;

  function approve ( ddress _spender, uint256 _value ) public returns ( bool ) ;
  event Approval (
    address indexed owner,
    address indexed spender,
    uint256 value
  ) ;
}
```

接下来我们将验证代币发行的效果，如图 6-15 所示。流程和我们上文讲的基本一致，仍然是进入 Demo02，然后进入开发者模式：truffle develop，接着编译部署。打开另一个 PowerShell 窗口运行：npm run dev。

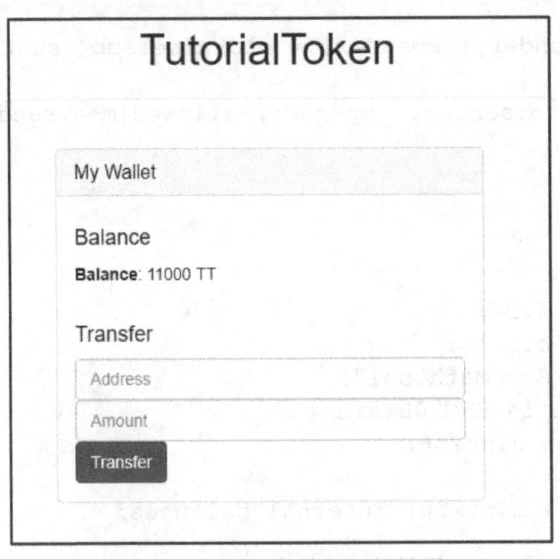

图 6-15　验证代币发行的效果

当 Banlance 处能正确显示我们初始化的代币总数时，说明代币发行成功。接下测试其转账功能，如向地址为 0xc5fdf4076b8f3a5357c5e395ab970b5b54098fef 的用户转入 2000 枚代币，如图 6-16 所示。

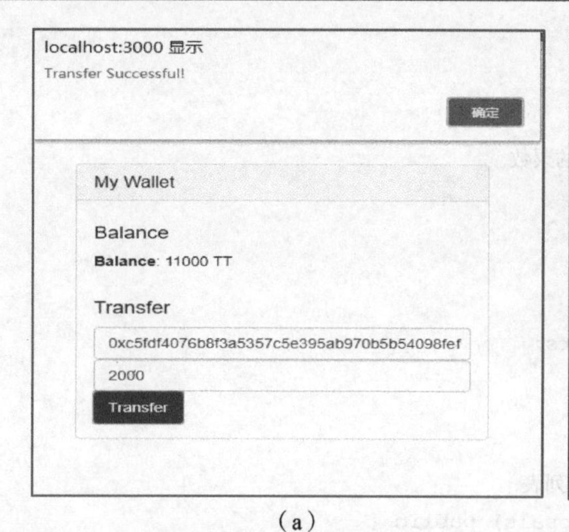

（a）

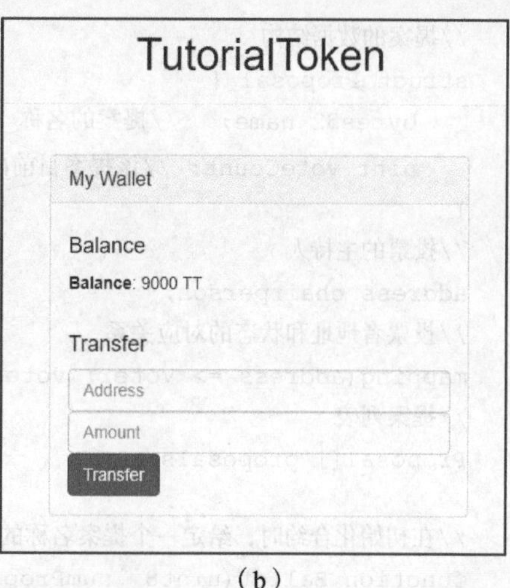

（b）

图 6-16　向指定地址的用户转账 2000 枚代币

然后可以看到提示转账成功，并且初始账户的代币金额减少为 9000。到这时，我们的代币发行就成功了。如果你想继续完善这个项目，可以继续在前端页面实现账户金额的查询等功能。

通过代币发行这个案例，我们应该掌握 Truffle 框架的使用方法，进一步熟悉 Solidity 编程的语法结构，以及智能合约与 Web 页面之间沟通的“桥梁结构”。下一节中我们会再介绍一个更复杂的官方案例——宠物商城，进一步熟悉 Truffle 框架下 DApp 的开发流程。

6.4　编程案例

6.4.1　利用 Solidity 实现一个拥有投票功能的智能合约

在以往的投票过程中，总是有投票结果被人为操纵的隐患，至少是有这种可能性存在的，而区块链的出现恰好可以解决这样的痛点，为提供公开透明、不可篡改的投票环境提供了可能。

在以太坊的官网也给出了一个针对投票的智能合约的实例。这个合约是一个十分完整的投票智能合约，不仅支持基本的投票功能，投票人还可以将自己的投票权委托给其他人。虽然投票人身份和提案名称是由合约发布者指定的，不过这不影响投票结果的可信度。这个合约相对比较复杂，也展示出了一个去中心化智能合约运作的很多特性。

```
pragma solidity ^0.4.0;
contract Ballot {

    struct Voter {
        //投票者 Voter 的数据结构
        uint weight;     //该投票者的投票所占权重
        bool voted;      //是否已经投过票
        uint8 vote;      //投票对应的提案编号
        address delegate;   //该投票者投票权的委托对象
    }
```

```
//提案的数据结构
struct Proposal {
    bytes32 name;   //提案的名称
    uint voteCount; //该提案目前的票数
}
//投票的主持人
address chairperson;
//投票者地址和状态的对应关系
mapping(address => Voter) voters;
//提案列表
Proposal[] proposals;

//在初始化合约时，给定一个提案名称的列表
function Ballot(uint8 _numProposals) public {
    chairperson = msg.sender;
    voters[chairperson].weight = 1;
    proposals.length = _numProposals;
}

//只有 chairperson 有给 toVoter 地址投票的权利
function giveRightToVote(address toVoter) public {
    if (msg.sender != chairperson || voters[toVoter].voted) return;
    voters[toVoter].weight = 1;
}

//投票者将自己的投票机会授权给另一个地址
function delegate(address to) public {
    Voter storage sender = voters[msg.sender]; // assigns reference
    if (sender.voted) return;
    while (voters[to].delegate != address(0) && voters[to].delegate != msg.sender)
        to = voters[to].delegate;
    if (to == msg.sender) return;
    sender.voted = true;
    sender.delegate = to;
    Voter storage delegateTo = voters[to];
    if (delegateTo.voted)
        proposals[delegateTo.vote].voteCount += sender.weight;
    else
        delegateTo.weight += sender.weight;
}

//投票者根据提案列表编号进行投票
function vote(uint8 toProposal) public {
    Voter storage sender = voters[msg.sender];
    if (sender.voted || toProposal >= proposals.length) return;
    sender.voted = true;
    sender.vote = toProposal;
    proposals[toProposal].voteCount += sender.weight;
}
//根据 proposals 里的票数统计计算出票数最多的提案编号
```

```
    function winningProposal() public constant returns (uint8 _winningProposal) {
        uint256 winningVoteCount = 0;
        for (uint8 prop = 0; prop < proposals.length; prop++)
            if (proposals[prop].voteCount > winningVoteCount) {
                winningVoteCount = proposals[prop].voteCount;
                _winningProposal = prop;
            }
    }
    //获取票数最多的提案名称。其中调用了 winningProposal()函数
    function winnerName() constant returns (bytes32 winnerName){
        winnerName = proposals[_winningProposal()].name;
    }
}
```

6.4.2　宠物商城

在前文我们实现了代币发行的官方案例，现在在之前开发的基础上，去实现另一个官方案例——宠物商城。

对于宠物商城的官方案例，我们仍然按照代币发行的流程，先下载官方提供的一个“架子”，以方便我们构建项目。新建一个文件夹 Demo3，进入文件然后下载关于宠物商城的 box：truffle unbox pet – shop，如图 6-17 所示。然后进入开发者模式：truffle develop。

```
PS C:\Demo03> truffle unbox pet-shop
Downloading...
Unpacking...
Setting up...
Unbox successful. Sweet!

Commands:

  Compile:        truffle compile
  Migrate:        truffle migrate
  Test contracts: truffle test
  Run dev server: npm run dev
PS C:\Demo03> truffle develop
Truffle Develop started at http://127.0.0.1:9545/

Accounts:
(0) 0x627306090abab3a6e1400e9345bc60c78a8bef57
(1) 0xf17f52151ebef6c7334fad080c5704d77216b732
(2) 0xc5fdf4076b8f3a5357c5e395ab970b5b54098fef
(3) 0x821aea9a577a9b44299b9c15c88cf3087f3b5544
(4) 0x0d1d4e623d10f9fba5db95830f7d3839406c6af2
(5) 0x2932b7a2355d6fecc4b5c0b6bd44cc31df247a2e
(6) 0x2191ef87e392377ec08e7c08eb105ef5448eced5
(7) 0x0f4f2ac550a1b4e2280d04c21cea7ebd822934b5
(8) 0x6330a553fc93768f612722bb8c2ec78ac90b3bbc
(9) 0x5aeda56215b167893e80b4fe645ba6d5bab767de

Private Keys:
(0) c87509a1c067bbde78beb793e6fa76530b6382a4c0241e5e4a9ec0a0f44dc0d3
(1) ae6ae8e5ccbfb04590405997ee2d52d2b330726137b875053c36d94e974d162f
(2) 0dbbe8e4ae425a6d2687f1a7e3ba17bc98c673636790f1b8ad91193c05875ef1
(3) c88b703fb08cbea894b6aeff5a544fb92e78a18e19814cd85da83b71f772aa6c
(4) 388c684f0ba1ef5017716adb5d21a053ea8e90277d0868337519f97bede61418
(5) 659cbb0e2411a44db63778987b1e22153c086a95eb6b18bdf89de078917abc63
(6) 82d052c865f5763aad42add438569276c00d3d88a2d062d36b2bae914d58b8c8
(7) aa3680d5d48a8283413f7a108367c7299ca73f553735860a87b08f39395618b7
(8) 0f62d96d6675f32685bbdb8ac13cda7c23436f63efbb9d07700d8669ff12b7c4
(9) 8d5366123cb560bb606379f90a0bfd4769eecc0557f1b362dcae9012b548b1e5
```

图 6-17　下载关于宠物商城的 box

接着我们编译部署现有官方提供的模板项目：compile、migrate，然后运行查看官方提供的模板的样例。这里需要注意的仍然和代币发行一样，需要新打开一个 PowerShell 窗口，再用命令 npm run dev 运行项目，如图 6-18 和图 6-19 所示。

```
PS C:\> cd Demo03
PS C:\Demo03> npm run dev

> pet-shop@1.0.0 dev C:\Demo03
> lite-server

** browser-sync config **
{ injectChanges: false,
  files: [ './**/*.{html,htm,css,js}' ],
  watchOptions: { ignored: 'node_modules' },
  server:
    { baseDir: [ './src', './build/contracts' ],
      middleware: [ [Function], [Function] ] } }
[          ] Access URLs:
 ------------------------------------
       Local:
    External:
 ------------------------------------
          UI:
 UI External:
 ------------------------------------
[          ] Serving files from:
[          ] Serving files from:
[          ] Watching files...
18.10.14 14:02:12 200      /index.html
18.10.14 14:02:12 200      /js/bootstrap.min.js
18.10.14 14:02:12 200      /css/bootstrap.min.css
```

图 6-18　用命令 npm run dev 运行项目

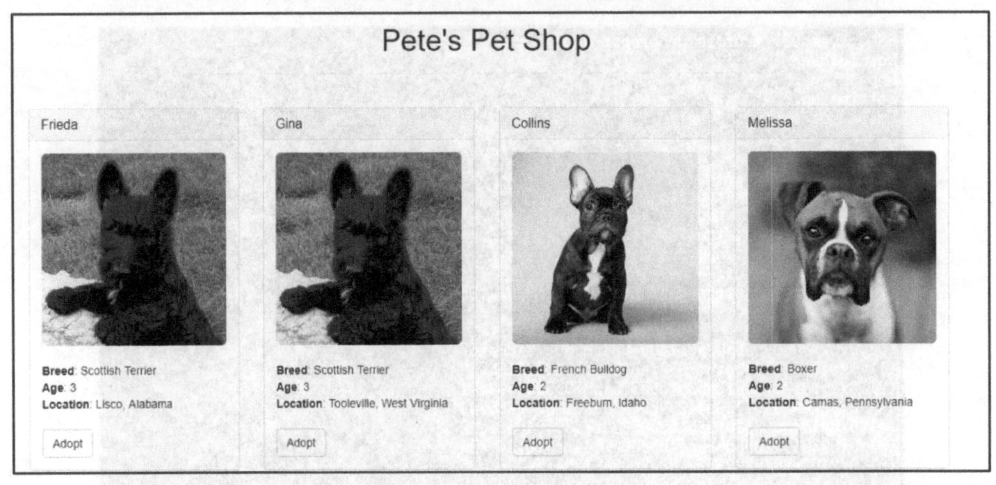

图 6-19　运行成功后的界面

图6-19 展示的就是一个静态页面，接下来我们要做的是完成宠物商城具体功能的实现（注意：本书主要讲解的均是关于 DApp 实现的逻辑，即编写一个智能合约并调用其来完成宠物领养，至于其中涉及的网页前端的各种知识这里不做详细介绍）。在具体编写智能合约之前，我们仍然需要熟悉这个项目初始化的状态。

首先，在 HTML 文件中，涉及 Bootstrap 等一系列的前端知识，读者有兴趣可以自行了解，它不影响我们整个业务逻辑实现，只会起到美化页面的作用。其中需要关注的是 button 这个标签，因为后面逻辑的实现会涉及其调用。

```
<!DOCTYPE html>
<html lang="en">
  <head>
    <meta charset="utf-8">
```

```
    <meta http-equiv="X-UA-Compatible" content="IE=edge">
    <meta name="viewport" content="width=device-width, initial-scale=1">
    <!-- The above 3 meta tags *must* come first in the head; any other head content
must come *after* these tags. 以上 3 个标签必须先写在前面 head 中其他内容要写在它们之后-->
    <title>Pete's Pet Shop</title>
    <link href="css/bootstrap.min.css" rel="stylesheet">
  </head>
  <body>
    <div class="container">
      <div class="row">
        <div class="col-xs-12 col-sm-8 col-sm-push-2">
          <h1 class="text-center">Pete's Pet Shop</h1>
          <hr/>
          <br/>
        </div>
      </div>
   <--!用来显示宠物信息的模板，默认当前状态为隐藏状态-->
      <div id="petTemplate" style="display: none;">
   <div class="col-sm-6 col-md-4 col-lg-3">
   <div class="panel panel-default panel-pet">
   <div class="panel-heading">
   <h3 class="panel-title">Scrappy</h3>
   </div>
   <div class="panel-body">
   <img alt="140x140" data-src="holder.js/140x140" class="img-rounded img-center"
style="width: 100%;" src="https://animalso.com/wp-content/uploads/2017/01/Golden-
Retriever_6.jpg" data-holder-rendered="true">
   <br/><br/>
   <strong>Breed</strong>: <span class="pet-breed">Golden Retriever</span><br/>
   <strong>Age</strong>: <span class="pet-age">3</span><br/>
   <strong>Location</strong>: <span class="pet-location">Warren, MI</span><br/><br/>
   <button class="btn btn-default btn-adopt" type="button" data-id="0">Adopt</button>
   </div>
    </div>
   </div>
   </div>
   <script src="http://libs.baidu.com/jquery/1.11.3/jquery.min.js"></script>
   <!-- Include all compiled plugins (below), or include individual files as needed -->
   <script src="js/bootstrap.min.js"></script>
   <script src="js/Web3.min.js"></script>
   <script src="js/truffle-contract.js"></script>
   <script src="js/app.js"></script>
   </body>
   </html>
```

接着我们需要重点了解 app.js 这个文件。

```
   App = {
    Web3Provider: null,
    contracts: {},
    //页面加载完毕，此函数会被执行
    init: function() {
      //加载数据
      $.getJSON('../pets.json', function(data) {
        var petsRow = $('#petsRow');
```

```
      var petTemplate = $('#petTemplate');
      for (i = 0; i < data.length; i ++) {
        petTemplate.find('.panel-title').text(data[i].name);
        petTemplate.find('img').attr('src', data[i].picture);
        petTemplate.find('.pet-breed').text(data[i].breed);
        petTemplate.find('.pet-age').text(data[i].age);
        petTemplate.find('.pet-location').text(data[i].location);
        petTemplate.find('.btn-adopt').attr('data-id', data[i].id);
        petsRow.append(petTemplate.html());
      }
    });
    return App.initWeb3();
  },
  initWeb3: function() {
     /* 替换我...*/
    return App.initContract();
  },
  initContract: function() {
     /* 替换我...*/
    return App.bindEvents();
  },
  bindEvents: function() {
    $(document).on('click', '.btn-adopt', App.handleAdopt);
  },
  markAdopted: function(adopters, account) {
    / * 替换我...*/
  },
  handleAdopt: function(event) {
    event.preventDefault();
    var petId = parseInt($(event.target).data('id'));
    / * 替换我...*/
  }
};
$(function() {
  $(window).load(function() {
    App.init();
  });
});
```

可以看到，宠物商城这个项目，在 app.js 中已经搭建好了整体框架，我们只需要在不同的函数中添加需要的代码即可。后面会对此进行详细介绍。

接下来我们要考虑如何实现宠物领养。所谓宠物领养，就是在宠物和领养人之间建立联系，对应到项目中就是把宠物的编号和领养人的地址建立联系。单击页面上的“Adopt”按钮的过程就是 Web3.js 调用底层智能合约的过程。所以，现在需要来编写一个智能合约，以备调用，同时被领养后的宠物下的“Adopt”按钮将不可用。

创建智能合约 Adoption.sol 实现宠物领养功能，也就是实现宠物和领养人地址的关联。

```
pragma solidity ^0.4.24;
contract Adoption {
  //创建一个地址的数组，用来存储领养者与当前宠物的关联信息
  //在智能合约中，声明的全局属性只要状态进行了修改都会被保存在区块中
```

```
    address[16] public adoptors;
    //此函数用来实现宠物的领养功能（写区块的操作，不会返回结果数据，只会返回交易 ID 信息）
    function adopt(uint petId)public returns (uint) {
      //判断当前 petId 的合法性
      require(petId >= 0 && petId <= 15 );
      //存储当前领养人的地址信息
      adoptors[petId] = msg.sender;
      return petId;
    }
    //检索领养人地址信息
    function getAdoptoes() public returns (address[16]) {
     return adoptors;
    }
  }
```

为了编译运行此智能合约，需要先关联文件 2_initial_adoption.js（部署），这个过程就是把智能合约打包到项目中的过程。

```
var Adoption = artifacts.require("./Adoption.sol");
module.exports = function(deployer) {
  deployer.deploy(Adoption);
};
```

做好这些准备工作后，编译部署，如图 6-20 所示。成功后我们就继续通过 Web3.js 和合约的创建来实现合约的调用。

```
truffle(develop)> deploy
Using network 'develop'.

Running migration: 1_initial_migration.js
  Deploying Migrations...
  ... 0xaeaac43cd5c0d3027861e8baa49225ddb13961818a4ea123d88fbf9381a8e5b0
  Migrations: 0x8cdaf0cd259887258bc13a92c0a6da92698644c0
Saving successful migration to network...
  ... 0xd7bc86d31bee32fa3988f1c1eabce403a1b5d570340a3a9cdba53a472ee8c956
Saving artifacts...
Running migration: 2_initial_adoption.js
  Deploying Adoption...
  ... 0x0b602fe68d6f13b9b1c7313e39b10b9ca7da545682512a6015fe8905eab40f9c
  Adoption: 0x345ca3e014aaf5dca488057592ee47305d9b3e10
Saving successful migration to network...
  ... 0xf36163615f41ef7ed8f4a8f192149a0bf633fe1a2398ce001bf44c43dc7bdda0
Saving artifacts...
truffle(develop)> _
```

图 6-20　部署

下面就来分别实现 Web3 的一个初始化和智能合约的 JSON 文件的加载。这两个都是在我们之前提到过的 app.js 中完成的。

通过前文的学习我们知道，Web3 是调用底层智能合约和上层沟通的桥梁。因为 Web3 中提供了很多调用底层智能合约的函数，同时它本身又是一个 JS 文件，很容易和上层的 jQuery、Bootstrap 等组合使用，所以 Web3 是完成 DApp 开发的很重要的中间件。对 Web3 的初始化其实和之前代币发行中的初始化是类似的。按照代币发行的思路完成 initWeb3: function()。

```
initWeb3: function() {
    //初始化 Web3 对象，并且设置私有链
    if ( typeof Web3 ! == ' undefined ') {
      //如果已经设置了 Provider,则返回当前的 Provider
      App.Web3Provider = Web3.currentProvider;
```

```
    //根据当前私有链构建 Web3 对象
    Web3 = new Web3(Web3.currentProvider);
    console.info("if");
    console.info(Web3.currentProvider);
  } else {
    //指定当前要连接的私有链，并且创建 Web3 对象
    App.Web3Provider = new Web3.providers.HttpProvider('http://127.0.0.1:9545');
    Web3 = new Web3(App.Web3Provider);
    console.info("else");
    console.info(Web3.currentProvider);
  }
  return App.initContract();

}
```

运行 Web3.currentProvider，即可获得当前的私有链环境，如图 6-21 所示。

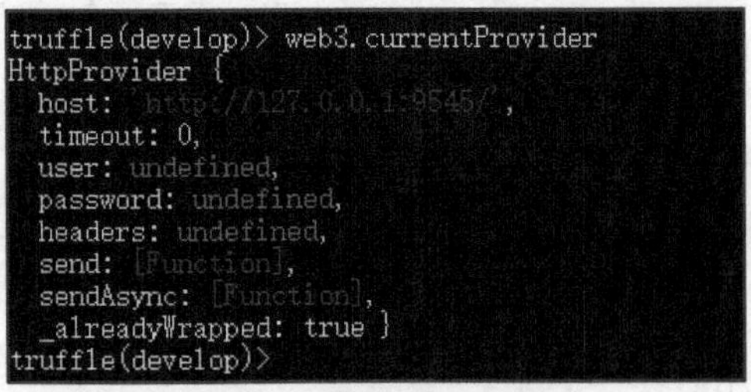

```
truffle(develop)> web3.currentProvider
HttpProvider {
  host: 'http://127.0.0.1:9545/',
  timeout: 0,
  user: undefined,
  password: undefined,
  headers: undefined,
  send: [Function],
  sendAsync: [Function],
  _alreadyWrapped: true }
truffle(develop)>
```

图 6-21　当前的私有链环境

我们可以看到目前 Truffle 框架提供的私有链环境是 http://127.0.0.1:9545/。

接下来完成智能合约的初始化，以实现对智能合约的 JSON 文件的加载。

```
initContract: function() {
  $.getJSON('Adoption.json', function(data) {
    var AdoptionArtifact = data;
    //contracts 在顶部已经定义，用来存储智能合约的 JSON 文件
    App.contracts.Adoption = TruffleContract (AdoptionArtifact ) ;
    //设置当前智能合约关联的私有链
    App.contracts.Adoption.setProvider ( App.Web3Provider ) ;
    //初始化宠物领养信息
    return App.markAdopted();
  });
  //注册宠物领养事件
  return App.bindEvents();
},
```

接下来实现宠物领养的方法。首先在页面单击“Adopt”按钮要得到响应，需要对按钮先进行注册。根据 jQuery 的语法，当一个页面有多个按钮时，都需要注册。可以看到，上面的代码中最后调用的 bindEvents()函数就用来实现按钮注册的功能，至于 markAdopted()函数接下来也会详细讲到。

```
bindEvents: function() {
  //给页面的按钮注册单击事件
  $(document).on('click', '.btn-adopt', App.handleAdopt);
}
```

在这个函数中，先定义了 HTML 页面中属性为 btn-adopt 的标签响应单击事件，后执行 APP.js 中的 handleAdopt()函数，也就是实现宠物领养功能的函数。

```
handleAdopt: function(event) {
    //获取领养宠物的 ID
    var petId = parseInt($(event.target).data('id'));//默认为字符串类型,转换为 number
    console.info("被领养宠物 ID: "+petId); //输出调试
    //实例化智能合约
    var AdoptionInstance;//声明变量，存储智能合约的实例
   //用异步的方式使用私有链提供的账户进行测试
   Web3.eth.getAccounts(function(error, accounts) {
     if (error) {
       console.log(error);
     }
     //默认获取私有链第一个测试账户，也就是默认用户
     var account = accounts[0];
     console.info("account-->"+account);
     //通过指定的合约名称来创建合约对象
     //每个抽象出来的合约接口都有一个 deployed()方法。
     App.contracts.Adoption.deployed().then(function(instance) {
       //存储了真正的合约的对象
       AdoptionInstance = instance;
       //调用领养的方法，主要实现宠物领养的功能，此处的{from:account}是额外的参数，一般传入
当前函数的调用者
       return AdoptionInstance.adopt(petId,{from:account});
     }).then(function(result) {
       console.info(result);
       //修改按钮状态
       return App.markAdopted();
     }).catch(function(err) {
       console.log(err.message);
     });
   });
  }
```

在 handleAdopt()函数中我们通过调用智能合约实现宠物领养的功能，但同时领养宠物成功后，被领养宠物就不能再被领养，即它的“Adopt”按钮不可用，怎么来实现呢？还记得我们前文提到过的 markAdopted()函数吗？这里就需要来完成它了。

```
markAdopted: function() {
  //获取智能合约
  var AdoptionInstance;
  App.contracts.Adoption.deployed().then(function(instance){
    AdoptionInstance = instance;
    return AdoptionInstance.getAdoptoes();
  }).then(function(adoptors)){
    //根据宠物领养的状态，修改按钮
    for(i = 0;i<adoptors.length; i++)
    {
      if(adoptors[i]!="0x0000000000000000000000000000000000"){
```

```
        //说明当前宠物已被领养，只需要修改按钮状态即可
        $(".panel-pet").eq(i)find('button').text("success").attr("disable",true);
      }
    }
  }).catch(function(err){
    console.info(err.message);
  })
  }
```

此函数会在两个地方被调用：一是领养成功之后；二是在整个项目加载时，只要 Web3 创建成功，就会创建智能合约，这之后判断哪些宠物被领养时就会被调用。

至此，该宠物商城的简单功能就基本实现了，接下来就来测试运行一下。一样地，启动 PowerShell 进入当前目录，然后进入开发者模式得到私有链环境，如图 6-22 所示，然后编译部署。

```
Running migration: 1_initial_migration.js
  Deploying Migrations...
  ... 0xdf05f8170dba7cd42bbc5434753d98ff814732798a7c0ab47c6384997d5a9d9d
  Migrations: 0x8cdaf0cd259887258bc13a92c0a6da92698644c0
Saving successful migration to network...
  ... 0xd7bc86d31bee32fa3988f1c1eabce403a1b5d570340a3a9cdba53a472ee8c956
Saving artifacts...
Running migration: 2_initial_adoption.js
  Deploying Adoption...
  ... 0xf2f2f5e56afbe8d08aa63c0ae06012f29af320cc3afdc1e2cfb85615f8bbfe2e
  Adoption: 0x345ca3e014aaf5dca488057592ee47305d9b3e10
Saving successful migration to network...
  ... 0xf36163615f41ef7ed8f4a8f192149a0bf633fe1a2398ce001bf44c43dc7bdda0
Saving artifacts...
truffle(develop)>
```

图 6-22　私有链环境

然后新打开一个 PowerShell 窗口运行项目（npm run dev），如图 6-23 所示。

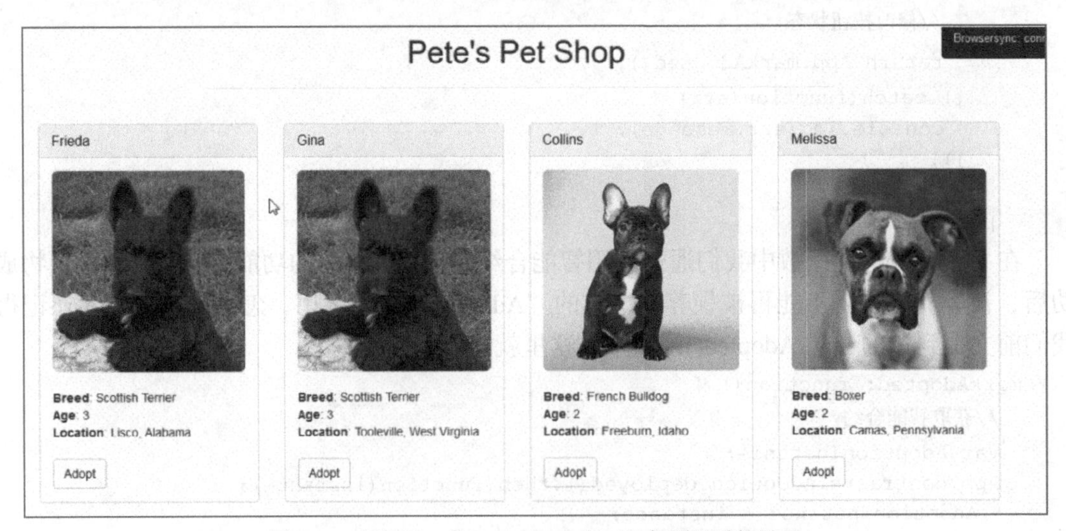

图 6-23　新打开一个 PowerShell 窗口运行项目后的界面

运行后的初始页面如图 6-23 所示，所有的“Adopt”按钮均是可单击的。

接下来单击“Adopt”按钮，会发现前两个被领养后的宠物按钮变为“success”并且不可单击了，如图 6-24 所示。

图 6-24　运行后的初始页面

控制台信息如图 6-25 所示，我们可以详细地看到领养信息。那么宠物与领养人地址之间的关系就建立起来了，宠物领养的功能也就基本实现了。

```
被领养宠物的ID:1
account--->0x627306090abab3a6e1400e9345bc60c78a8bef57
▶ Object { tx: "0xb6162faaa47562bd3fead6c525fb0d440f27366a8b5965f00f4851a0dbdbaef3", receipt: {…}, logs: [] }
markAdopted..........
被领养宠物的ID:2
account--->0x627306090abab3a6e1400e9345bc60c78a8bef57
▶ Object { tx: "0x7f5afdd61d66c147ba3c9eec427783219baede8ea10ecccf0f069e2b04e0364e", receipt: {…}, logs: [] }
markAdopted.........
```

图 6-25　控制台信息

最后，我们来回顾一下整个项目实现的过程。首先从官方加载的项目只有数据初始化的功能，并在 app.js 中对每个函数均做了独立的分割。在项目启动的时候 init()函数就会被加载以进行数据的初始化。接下来就需要初始化Web3，因为只有连接到了私有链我们才能进行后续的操作。如果私有链没有问题，就可以初始化智能合约了。这个智能合约是实现逻辑功能的重要文件，写在 contracts 这个文件夹下。实例化智能合约完成后就来完成事件的捆绑，根据事件去执行相应的业务逻辑操作，如宠物领养的功能。执行完后，如果需要对状态进行更新，就可以去实现并调用 markAdopted()函数。需要注意的是，对区块的操作分为读和写，写区块的时候速度是比较慢的，写完之后返回的是当前的一个交易的 ID，在读的时候函数一定要添加 constant 关键字。这就是当前项目的流程。项目中涉及的 Bootstrap、JaveScript、jQuery 等知识本书没有详细介绍，如果读者想深入地去完成基于以太坊的一个 Web 应用的开发，前端开发的基础知识最好做相应了解。

通过上面两个官方案例的介绍可以发现，基于以太坊的 DApp 的开发是不需要我们去考虑如共识机制等区块链底层开发的，这些都通过 Web3.js（本书没有对 Web3.js 的全部用法做详细的介绍，读者可以通过官方的文档去了解学习）封装好了，只需要我们的开发人员专注于业务逻辑的实现。这为高效、快速的开发提供了可能。

本章小结

本章首先介绍了以太坊的架构和基本组成，让读者在宏观上对以太坊有一定的认识和了解。然后介绍了不同系统中以太坊公有链客户端的一键安装、代码编译安装。接着介绍了基于以太坊开发 DApp 中最重要的编程基础——Solidity，在此基础上介绍了现在比较流行的超级账本项目技术和 Solidity 开发框架——Truffle，帮助开发人员迅速地搭建起一个 DApp。最后通过官方案例的介绍，希望读者在复习 Solidity 编程语法的同时，了解一个完整的 DApp 开发的流程。

思 考 题

1. 编写智能合约实现拍卖和盲拍的功能。这个案例也可以在 Solidity 官方文档中找到。一个我们熟悉且常见的拍卖流程应该是这样的：在一个公开的场合，参与者纷纷叫价，出价一次比一次高，在一段时间内出价高者获胜。所谓盲拍，就是参与者在不知道其他人出价的情况下进行出价。

2. 在前文已经实现的两个基于 Truffule 框架的 DApp 开发的基础上，怎样任意实现 Truffle 官网提供的项目示例。

第7章 区块链技术改进

【本章导读】

现有的区块链技术真的能保证匿名性吗？真的能完美地做到去中心化吗？是否存在一种能够用于区块链的更加有效的分布式算法？是否有办法改进区块链网络的性能？

针对以上问题，本章从增强匿名性、加强去中心化、能源消耗与生态环保等方面，阐述区块链改进的技术和算法。

7.1 增强匿名性

区块链技术最有争议性的一个特性就是匿名性。匿名性有好的地方，也有不好的地方，进而引申出一些基本的问题。区块链的匿名性对社会有没有好处呢？有没有一种方法可以让匿名性只发挥积极、正面的作用，而不用担心它的负面作用呢？这些问题很难回答，因为它们取决于人的道德价值观。本章中，我们并不会回答这些问题，而主要研究探讨各种技术特性。

大多数区块链应用都是具备化名性的，但是如果用户要求绝对隐私，那么这种匿名性是不够的。区块链技术是一个共享的、不可更改的分布式账本系统，任何人都可以查询包含给定地址的所有交易。如果某人可以使用区块链上的用户地址链接到你的真实身份，那么你参与的所有交易记录（不管是过去的、现在的，还是未来的）都可以被其查询到。更糟糕的是，在区块链中链接地址和真实身份并不困难。

7.1.1 区块链的匿名性分析

1. 旁路攻击

即使没有直接的关联，用户的匿名身份也可能由于侧面渠道或一些间接的信息泄露而被暴露（Deanonymized）。例如，如果有人看到“数字货币”上的匿名交易记录，并注意到交易的活动时间，那么他可以将这个时间信息与其他公开的信息关联起来。也许他会注意到某个账号同时也是活跃的，这样他就可以在一个匿名的区块链地址和一个真实的用户（至少是一个账号）之间建立联系。显然，这种匿名性并不能保证隐私或绝对匿名性。要完全匿名，需要一个更强的无关联性属性。

2. 无关联性

为了更扎实地理解区块链范畴中的无关联性特征，我们可以列举一些在交易中无关联性需要的关键属性。

（1）同一个用户的不同地址应该不易关联。

（2）同一个用户的不同交易应该不易关联。

（3）一个交易的交易双方应该不易关联。

上述第一条和第二条很容易理解，但第三条比较微妙。因为每一笔交易都有输入和输出，这些输入和输出都不可避免地会记录在区块链网络中，并且公开地关联在一起。然而，我们所指的交易是任何一种从发送者到接收者的行为，这种行为可能会涉及一系列的间接迂回交易。我们需要确保，通过查询区块链上的信息将发送者和最终的接收者关联在一起，是不可行的。

3. 匿名集

即使我们对交易进行更广泛的定义，第三个属性似乎也较难实现。举个例子，如果你支付一定数量的"数字货币"购买某种商品，并且通过迂回曲折的形式发送了这些"数字货币"，别人还是可以推断某个区块链地址上减少了一定数量的"数字货币"，而另外一个地址上增加了数量差不多的"数字货币"（可能会扣除相应的交易费用）。另外，虽然传输的路径是曲折的，但是由于商家不太愿意接受延迟支付，因此最初的发送者发送"数字货币"，和最终的接收者接收"数字货币"基本上是同时发生的。

基于这些困难，我们通常不试图为系统中所有可能的交易或地址实现完全的无关联性，而是实现更有限的无关联性。想象一个特定的攻击者的情况，你的交易匿名集是指攻击者无法把你的交易从交易集合中分辨出来。即使攻击者知道你已经完成了一个交易，他也只知道该交易是某个集合中的一个，但不确定是哪一个。

4. 污点分析

在区块链社区中，人们通常根据直觉推断匿名性。污点分析就是一种非常流行的方式。这是一种推算两个地址相关性的方法。如果地址 S 总是与地址 R 相关联，那么不管是任何形式的关联，S 和 R 都被定义为具有高分污点。

遗憾的是，污点分析也不是一个推断匿名性的好方法，它只是简单地认定对手在使用相同的计算方式关联成对的地址。稍微聪明一点的对手会使用不同的技巧，所以，污点分析方法的准确率在实际使用中并不高。

7.1.2 混币交易

在"数字货币"中，为了解决隐私问题，有些网站提供了混币服务。混币原理是割裂交易中输入地址和输出地址间的关系。所谓的混币交易（Coinjoin），就是几个互不相干的人，把几个互不相干的交易放到一个交易中，那么外人就不知道到底哪一个输入对应了哪一个输出，从而无法准确地知道谁花钱干了什么。

混币交易的过程如下。

（1）A 通过 Tor 等匿名服务，在互联网中继聊天（Internet Relay Chat，IRC）室中认识了 B、C 等人，他们也有类似的隐私权的需求。

（2）A、B、C 每人从钱包中找出包含同等金额比特币（如 100mBTC）的 UTXO，并制造一个自己的新的公钥。

（3）B、C 把 UTXO 信息和公钥哈希给 A（本例中 A 是组织者，并且是匿名的）。

（4）A 构造一个交易，把所有 UTXO 作为输入（共 300mBTC），然后把输出平均分给 A、

B、C 的公钥哈希。

（5）A 用 SIGHASH_ALL 模式来签名 A 提供的 UTXO，然后给 B；B 同样签名，然后给 C；C 同样签名，然后就可以发布到公开的网络中让所有人看到。

这样，除了 A、B、C 之外，没人能分辨到底哪个输出是谁的，也就无法跟踪之后的消费。如果大量进行混币交易，会极大地提高追踪难度。

注意，如果追踪者愿意花时间来一个一个排查，还是可以找出 A 的消费内容，所以这只是相对的隐私性。

另外，还有一种替代方法，就是 A 待在聊天室，等待有另外购买需求的 B（花钱目的、金额、对手都可以不同）出现，然后构造一个合并交易，也可以让第三者无法分辨谁付钱到哪儿。这样可以省下混币交易的费用，甚至因为合并交易节省了字节数，可以减少本来就需要的交易费。

图 7-1 显示了混币交易的模式，图 7-2 显示了更加强大的多重混币模式。

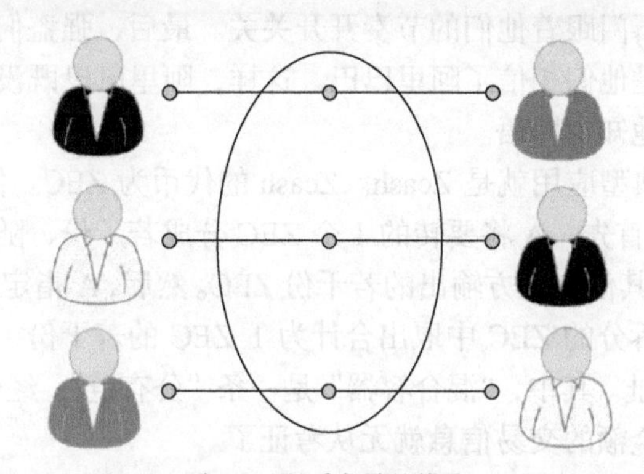

图 7-1　混币交易的模式

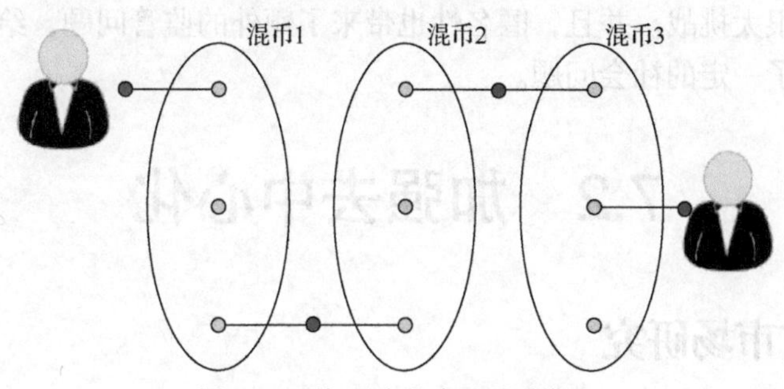

图 7-2　更加强大的多重混币模式

当然，混币交易也存在如下一些缺陷。

（1）额外的混币操作会增加交易费用，并使交易延迟。

（2）其他节点的混币信息可能被参与混币的第三方节点发现。

（3）存在资金被盗窃的风险。

7.1.3　零知识证明

20 世纪 80 年代初，戈德瓦瑟（S.Goldwasser）、米卡利（S.Micali）及拉科夫（C.Rackoff）提出了零知识证明（Zero-Knowledge Proof）。它指的是证明者（即被验证者）能够在不向被证明者（即验证者）提供任何有用信息的情况下，使被证明者相信某个论断是正确的。零知识证明的实质是一种涉及两方或多方的协议。

例如，阿里巴巴的零知识证明。有一天，强盗抓住了阿里巴巴并拷问他，让他说出进入山洞的咒语。面对强盗，阿里巴巴心想：如果把咒语告诉了强盗，他们就会杀了我以节省粮食；但如果我不告诉强盗咒语，他们就会认为我没有利用价值而杀了我。我怎样才能让他们相信我知道这个咒语，但又不向他们透露咒语的内容？这确实是个令人纠结的问题，但阿里巴巴想到了一个好办法。当强盗拷问他时，他对强盗说："你们在离我一箭远的地方，用弓箭指着我。当你举起右手时，我就会念咒语打开石门，当你举起左手时，我会念咒语关闭石门。如果我做不到或逃跑，你们就用弓箭射死我。"强盗当然会同意，因为他们没有损失，而且能弄清楚阿里巴巴是否真的知道这个咒语。阿里巴巴也没有损失，因为一箭之遥的强盗听不到他念的咒语，他不用担心泄露秘密。同时，他也确信自己的咒语有效，不会发生被射死的悲剧。强盗举起右手，看到阿里巴巴的嘴巴动了几下，石门果然开了；强盗举起左手，阿里巴巴的嘴巴动了几下，石门又闭上了。强盗还是不相信，怀疑是巧合。他们不断变换节奏，举起右手或左手。石门跟着他们的节奏开开关关。最后，强盗们想，如果还认为这只是巧合，未免有点傻，于是他们相信了阿里巴巴。这样，阿里巴巴既没有告诉强盗进入洞穴的咒语，又向强盗证明了他知道咒语。

零知识证明的一个典型应用就是 Zcash。Zcash 的代币为 ZEC。假设 A 拥有 3 个 ZEC，他要转 1 个 ZEC 给 B。首先，A 将要转的 1 个 ZEC 分成若干份，随机投入一系列"混合容器"中，同时混入的还有其他交易方输出的若干份 ZEC。然后，A 指定接收方 B 的地址。Zcash 从被"混合容器"随机拆分的 ZEC 中取出合计为 1 ZEC 的若干份，在发送时间上设置一定的延迟后转移到 B 的地址。其中，"混合容器"是一条"公有链"。经过这条公有链的"混币"过程，交易地址和包含金额的交易信息就无从考证了。

用零知识证明来实现匿名性要花费大量的计算资源，带来了很多资源浪费，导致了匿名性的可扩展性面临很大挑战。并且，匿名性也带来了额外的监管问题，给监管和追踪带来了很大的挑战，造成了一定的社会问题。

7.2 加强去中心化

7.2.1 挖矿市场研究

前文提到过，工作量证明机制需要大量的计算。这里的计算，通常指的是计算 SHA-256 或其他类似的加密哈希函数。下面就以 SHA-256 的计算为例，再次回忆工作量证明机制的工作过程。下面将简单介绍 SHA-256 运算的具体细节，虽然本书不打算介绍加密哈希函数的具体原理，但是其对工作量证明机制的大概了解是很有帮助的。

SHA-256 名称中的"256"代表它有 256 位的状态和输出。从技术上说，SHA-256 是 SHA-2 函数家族中几个密切相关的函数成员之一。整个 SHA-2 家族在密码学上的安全性是得到公认的，而下一代产品 SHA-3 家族已经在一个公开的竞赛（由美国国家标准及技术协会举办）中诞生了。

图 7-3 和图 7-4 展示了一轮 SHA-256 运算。矿工的任务就是尽可能快地进行这种函数运算。矿工们互相比拼运算速度，算得越快收益越高。

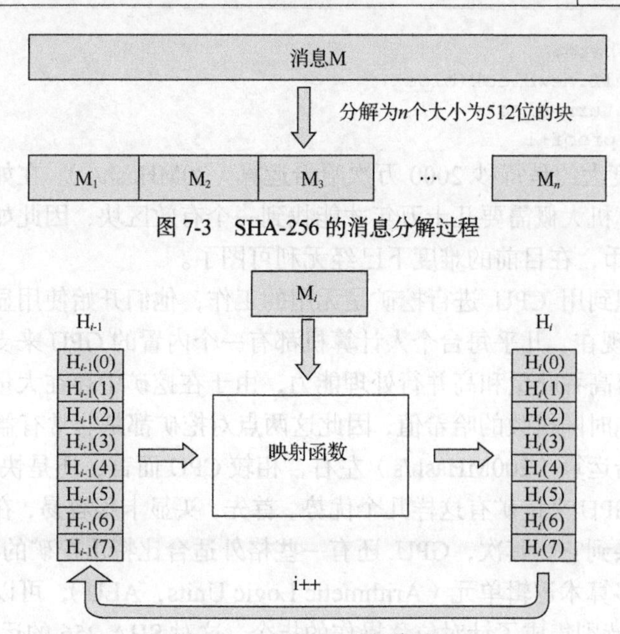

图 7-3　SHA-256 的消息分解过程

图 7-4　SHA-256 的迭代过程

下面，我们将简要介绍挖矿工具的变化过程，以及挖矿市场是如何一步步从去中心化走向中心化的。

1. 挖矿市场变迁过程

第一代挖矿工作都是在普通计算机上完成的，也就是用通用中央处理器（CPU）来进行运算。实际上，CPU 挖矿的工作与 5.4.2 小节编程案例中展示的逻辑一样简单，即矿工只是以线性方式尝试所有临时随机数，在软件中执行加密哈希操作，并检查结果以确认是否找到了有效的区块。

```
#返回
#挖矿中找到的有效的工作量证明
####################################
#说明
#进行工作量证明（挖矿），规则是 proof 从 1 开始不断加 1，直到找到一个可以通过工作量证明的 proof
####################################
def workProof(self):
    proof=0
    while True:
        block={
        'index':len(self.chain)+1,
        'time':time(),
        'trans':self.trans,
        'proof':proof,
        'hash':self.hash(self.lastBlock()),
        }
        block_hash=Blockchain.hash(block)
        i=0
        for j in range(len(block_hash)):
            if block_hash[j]!="0":
                break
            else:
                i=i+1
```

```
        if i>=hard:
            self.newBlock(block)
            return block
        proof=proof+1
```

CPU 挖矿的速度大约是每秒 2000 万次哈希运算（20MHash/s）。在如今比较火热的区块链应用中，普通计算机大概需要几十万年才能找到一个有效区块，因此如今使用一台普通计算机的 CPU 挖比特币，在目前的难度下已经无利可图了。

第二代矿工意识到用 CPU 进行挖矿是无用的工作，他们开始使用显卡上的图形处理器（GPU）进行挖掘。现在，几乎每台个人计算机都有一个内置的 GPU 来支持高性能的图像处理。这些 GPU 具有高吞吐量和高并行处理能力，由于在挖矿中存在大量的并行处理，需要同时计算多个不同临时随机数的哈希值，因此这两点对挖矿都是非常有益的。GPU 挖掘速度可达每秒 2 亿次哈希运算（200MHash/s）左右，相较 CPU 而言，还是快了许多。

通过显卡上的 GPU 来挖矿有这样几个优势。首先，买显卡很容易，在网上或大多数电子产品商场里都可以买到它。其次，GPU 还有一些格外适合比特币挖矿的特性：GPU 的并行性设计使其具备很多算术逻辑单元（Arithmetic Logic Units，ALU），可以同时进行 SHA-256 运算。一些 GPU 还特别集成了针对位移操作的指令，这对 SHA-256 的运算非常有用。此外，大多数显卡都可以超频，这意味着如果愿意承担显卡过热或者出现故障的风险的话，可以让显卡以高于设计频率的方式更快地运行。最后，可以通过一个 CPU 和一个主板加载多个 GPU。图 7-5 展示了早期人们自制的 GPU 矿机。

图 7-5　GPU 矿机

GPU 挖矿也有缺点：GPU 有大量的内置硬件来进行图形处理，但这些特定硬件对比特币挖矿没有任何用处；此外 GPU 也非常耗电；最后，相较于下文将会介绍的 FPGA 和 ASIC 矿机而言，GPU 挖矿仍然显得非常慢。

现在，即使是 GPU 矿机，也基本上因为速度太慢而被淘汰了，不过针对一些新兴的区块链应用，在相应的 ASIC 矿机被设计出来之前，用 GPU 挖矿仍然是有效的。

2011 年前后，现场可编程门阵列（Field-Programmable Gate Array，FPGA）的硬件设备（见图 7-6）第一次用于比特币挖矿。这段时间里一些矿工开始用 FPGA 来代替 GPU 进行挖矿。

精心设计的 FPGA 可以使得运算速度上升到每秒 10 亿次哈希运算（1GHash/s）。这显然比 CPU 或者 GPU 在性能上都有很大的提高。然而，FPGA 的使用和编程都非常困难，这在很大程度上限制了 FPGA 的推广。之后不久 ASIC 矿机的出现，更是使 FPGA 被彻底淘汰了。

图 7-6　FPGA 矿机

当今的挖矿市场主要被专用集成电路（Application-Specific Integrated Circuit，ASIC）矿机主导，图 7-7 显示了一台近年来生产的蚂蚁矿机。设计 ASIC 芯片需要非常专业的知识，需要的研发周期也比较长。尽管如此，由于区块链的蓬勃发展，ASIC 芯片的设计制作过程快得出乎意料，并且打破了很多芯片设计史上的记录。

图 7-7　近年来生产的蚂蚁矿机

在今天，挖矿的经济效益对小矿工来说已经非常差了。尽管任何人都可以购买矿机，但考虑到矿机运行需要耗费的电力成本以及冷却成本，绝大多数个人矿工都不可能从挖矿中获益。可以说，如今的挖矿市场已经从个人领域转到了大型专业挖矿中心。图 7-8 所示为美国纽约州的一处大型挖矿中心。

图 7-8　美国纽约州的一处大型挖矿中心

现在，基本上只有大型挖矿中心才能通过挖矿获得利润。人们不禁要问，未来会如何发展？小规模矿工是否永远不可能再参与到挖矿中？是否有办法把小规模矿工重新纳入挖矿体系中去？更重要的是，现在使用的 ASIC 和专业挖矿中心是否已经违背了区块链当初设计的初衷：一个完全去中心化的系统，在这个系统里每个人都能用自己的计算机去挖矿。

2. 反 ASIC 和矿池的必要性

大量研究指出，几乎所有基于工作量证明的应用最终都会不可避免被拥有大量 ASIC 矿机的专业挖矿公司垄断，导致普通个体几乎无法再参与到挖矿过程中。这对绝大部分去中心化系统来说都是十分危险的信号，因为原本设计的由全部参与者拥有的民主系统，已经被一小群职业矿工控制。同时，大量算力的集中也意味着系统遭到攻击的风险的增加。

与此类似的一个问题是矿池。一组矿工可以通过共用一个公钥来形成一个矿池共同进行挖矿，所以不管是谁最终发现了一个有效区块，矿池管理员都会收到这个区块的奖励，继而根据每个参与者贡献的工作量来分配奖励。矿池的存在进一步加剧了全网算力的集中，同时矿池间的不正当竞争和矿池遭到攻击的风险，也会对整个系统造成严重的破坏。

7.2.2 反矿机挖矿算法

1. 挖矿算法的基本要求

安全和公平是区块链共识机制最基本的要求。如果一个共识机制不能确保挖矿过程的安全和公平，那么也就没有必要考虑将其引用到区块链中。

区块链的共识机制实质上就是解密算法。矿工之间依靠某种资源进行公平竞争，获得创建区块的权力和奖励，并在这样的过程中维护整个网络，以及就区块链上需要存储的数据达成一致。通常来说，一个适合于区块链的共识机制，或者说解密算法，必须具备以下 4 个属性。

（1）能够被快速验证。解密的结果必须要能够被快速验证，这是因为在区块链网络中，任何节点、任何时刻都有可能需要验证大量区块的有效性。

（2）解密的难度必须可以灵活地调整。为了保证区块链网络的安全和稳定，解密的难度必须能够被动态调整。这样，当区块链网络中的某种资源如算力增加时，可以提高难度，提高攻击需要的代价以保证网络的安全，同时防止区块的产生速度过快；而当区块链网络中的某种资源减少时，则可以降低难度，确保产生区块的速度不会随着资源的减少而减慢。

（3）无关过程属性。一个好的解密算法应该是无关过程的，这意味着一个矿工能否成功解密与他过去做过多少工作无关。

（4）公平且难以破解。区块链算法设计要求解密算法必须是公平且难以破解的。这要求解密的成功概率正比于矿工的某种资源或他们所做的工作，并且不存在任何捷径。

针对第一个属性的要求，工作量证明机制的验证只需要一次哈希运算即可完成，代价非常小；针对第二个属性的要求，大部分的工作量证明机制都是要求寻找一个数字以使得得到的哈希值以一定数量的 0 开头，很明显，只需要增加或者减少 0 的数量，就可以动态地调整解密的难度；针对第三个属性的要求，工作量证明实质上纯粹是一个碰运气的过程，每次解密相互独立，除非哈希算法被破解，否则就是完全无关过程的；最后，工作量证明机制解密成功的概率大致上和矿工拥有的算力多少成正比，矿工投入的资源越多，就越容易在解密中获胜，而加密哈希函数的基本属性保证了矿工不可能找到更简单的办法，因此工作量证明机制是安全和公平的。

可以看到，工作量证明机制能够非常完美地符合区块链共识机制的基本要求，这也是工作量证明机制在区块链中得到广泛应用的原因。

2. 反矿机的争议

大部分人认为，矿机的出现和算力集中化的趋势最终会破坏区块链去中心化的优势，导致区块链的写入权力被掌握到几个中心化机构手上，与区块链最初的设计意图相悖。因此关于反矿机的研究，一直是区块链的热门领域之一。然而，也有人认为长期的反矿机是不可能实现的，并且即使是某条区块链被一个或几个大型矿工掌握，也未必是一件坏事。因为在这种情况下，如果矿工主动去破坏这条区块链网络，那么就会破坏大众对这条区块链的信心，导致他未来能够从区块链上获得的收益大幅减少。所以只要大型矿工是理智的，那么他就一定会尽职尽责地维护区块链网络的安全和稳定。

同时对于一个高度反矿机的挖矿算法，攻击者可能会暂时租用大量主机（如云服务），用它们来攻击，因为他们不需要在攻击后继续租用这个服务。相比较而言，在传统的工作量证明机制里面，攻击者不得不控制大量只可以用作某个特定区块链挖矿的矿机，而这将极大地增加攻击者需要承担的成本。按照这一逻辑，挖矿算法应该被设计为对矿机友好，并且使矿机除了挖矿外不能再作他用。

3. 反矿机的具体定义

正如 7.2.1 小节讨论的那样，挖矿最初是用普通计算机，然后再升级到 GPU 和定制化的 FPGA 设备，到现在基本上由非常强大的优化过的 ASIC 矿机垄断。现在的 ASIC 矿机的挖矿运算能力比一般计算机要高很多，一般的计算机即使硬件本身是免费的，也会因为电费价格等因素而使得挖矿不可行。理想情况下的反 ASIC 矿机的目标为：设计一个解密程序，让现有的普通计算机成为最廉价和最有效率的解密运算设备。但这在现实中不可能，毕竟不管我们设计怎样的挖矿算法，矿机都可以专门针对该算法在硬件上进行优化。此外，并不是所有的计算机都有相同的优化配置，同时它们还会随着时代变迁而改变。

本书对反 ASIC 矿机的定义为：设计一个解密程序，尽可能地减少最有效率的定制运算设备与普通计算机之间的效率差距。

7.2.3 Scrypt 算法

被使用最广泛的反矿机挖矿算法是刚性内存解谜（Memory-Hard Puzzles）算法。这类算法解谜计算需要大量的内存，而不是靠大量的 CPU 和时间。

刚性内存解谜算法能够实现反矿机主要有两个原因。首先，计算哈希函数的逻辑运算只占了 CPU 的一小部分，这意味着专门用来计算哈希函数的 ASIC 矿机不需要执行一些不必要的功能，而只需要执行计算哈希函数的相关功能，所以占了很大优势，因此任何一种依赖计算量的挖矿算法，都必然会出现专业矿机的优势远远大于普通计算机的情况。其次，不同的内存性能上的差异比不同处理器之间运算速度上的差异要小很多，所以，如果设计了一个刚性内存类的解谜，计算时需要相对简单的算力但需要大量的内存，这就意味着专业矿机和普通计算机在挖矿成本上的差异会更小一些。

最受欢迎的刚性内存解谜算法叫作 Scrypt 算法，是由 FreeBSD 黑客 Colin Percival 为他的备份服务 Tarsnap 开发的。当初他的设计是为了降低 CPU 负荷，尽量少地依赖 CPU 计算，利用 CPU 闲置时间进行计算。这也使得 Scrypt 算法不仅计算时间长，而且占用的内存也多，使得并行计算多个摘要异常困难，因此利用彩虹表进行暴力攻击更加困难。Scrypt 算法缺乏仔细的审察和广泛的函数库支持，所以 Scrpyt 算法一直没有被推广应用，没有在生产环境中大规模应用，但是由于其内存依赖的设计特别符合当时对抗专业矿机的设计，因此成为区块链技术发展的一个方向。

Scrypt 算法有两个步骤：第一步是用随机数据填充随机存取存储器（Random Acess Memory，RAM）里面的缓存空间；第二步是从这块内存区域里虚拟随机地读取或者更新数据，同时要求整个缓存都存储在 RAM 里。

下面是 Scrypt 算法的伪代码，关于 Scrypt 算法的具体实现可以参考本章 7.5 节的编程案例。

```
def scrypt(N,msg):
    V=[msg]*N #初始化内存区域
    for i in range(1,N):
        V[i]=hash(V[i-1])
    x=hash(V[N-1])
    for i in range(1,N):
        j=x%N
        x=hash(x^V[j])
return x
```

为了理解为什么 Scrypt 算法对内存要求高，我们先想象一下，如果要计算同样的值，但不用缓存区 V，这是可行的，但我们需要重新动态地计算值 $V[j]$，这需要进行 j 次的 SHA-256 的迭代运算。因为 j 的值在每次迭代循环里会在 $0 \sim N-1$ 中虚拟随机地选择，所以平均需要 $N/2$ 次 SHA-256 计算。这意味着计算整个函数需要 $N \times N/2 = N^2/2$ 次 SHA-256 计算，但是如果使用一个缓存的话，只需要进行 $2N$ 次运算。因此，缓存的使用将 Scrypt 算法的时间复杂度从 $O(N^2)$转换成 $O(n)$。这样一来，我们只要简单地选一个足够大的 N 值使得 $O(N^2)$的计算变得足够慢，就可以确保使用内存是更快的选择。

如果没有一个较大的内存缓存，计算 Scrypt 算法会变得很慢，但是用较少的内存来增加相对较少的计算还是可能的。假设使用一个大小约为 $N/2$ 的缓存（而不是 N），现在，我们只在 j 是偶数的情况下存储 $V[j]$的值，丢掉那些 j 是奇数的值。而在第二次循环里，有一半的概率 j 为奇数的值会被选到，但这种情况还是很容易被计算的。因为 $V[j-1]$在缓存里，我们只需要简单地计算 SHA-256($V[j-1]$)。在一半的时间内会产生这种情况，所以它增加了 $N/2$ 次额外的 SHA-256 计算。

Scrypt 算法的另一个局限性是，它需要用与计算用的同样大小的内存来做校验。为了让内存刚性有意义，N 需要变得比较大。这意味着一个 Scrypt 算法的计算要比一个 SHA-256 的迭代计算昂贵许多倍。这会产生负面的结果，因为在网络里的每个用户必须重复这个计算来检查每一个新发现的区块是否有效，所以会减缓新区块传播和被认可的速度，从而增加了分叉攻击（第 8 章）的风险。Scrypt 算法还要求每个客户端（即使是轻节点）必须拥有足够的内存来有效地进行函数计算。这样一来，实际在区块链中能够被 Scrypt 算法用到的内存 N 是有限的。

7.2.4 混合哈希函数

混合哈希函数就是把多个哈希函数混合在一起，从而增加矿机的设计难度，起到抵抗矿机的作用。此外，合理地混合哈希函数还可以抵御彩虹表攻击，提高系统安全性。混合哈希函数主要有两种设计模式，即串联和并联。

2013年，开始有人不满足于使用单一哈希函数，同年7月，首次有人尝试使用多轮哈希算法，也被称为S系列算法。其实质很简单，就是对输入数据运算了多轮哈希函数，前一轮运算结果作为后一轮运算的输入。早期的S系列算法共使用6种加密算法，分别为BLAKE、BMW、Groestl、JH、Keccak和Skein，这些都是公认的加密哈希函数，并且早已存在现成的实现代码。后来，还出现了使用11种、13种甚至15种加密哈希函数的变形。

这种S系列算法一出现就给人造成直观上很安全、很强大的感觉，因此有不少追捧者。然而S系列算法实质上是一种串联思路，没有提高整体的抗碰撞性，其安全性更是因木桶效应而由其中安全性最弱的算法决定，其中任何一种哈希函数遭遇碰撞性攻击，都会危及整个算法的安全性。这好比一根链条，环环相扣，只要其中一环断裂，整个链条就一分为二。

尽管串联哈希函数在安全性上没有多少实质作用，但意外地提高了矿机的设计难度。实际上，只要是使用了串联哈希函数的区块链，其矿机的出现速度都比较慢。

有串联，就有并联，Heavycoin率先做了尝试，提出了HVC算法，如图7-9所示。HVC算法的设计如下。

（1）对输入数据首先进行一次HEFTY1（一种哈希算法）运算，得到结果d_1。

（2）以d_1为输入，依次进行SHA-256、KECCAK-512、GROESTL-512、BLAKE-512运算，分别获得输出d_2、d_3、d_4和d_5。

（3）分别提取d_2～d_5前64位，混淆后形成最终的256位哈希运算结果，作为区块ID。

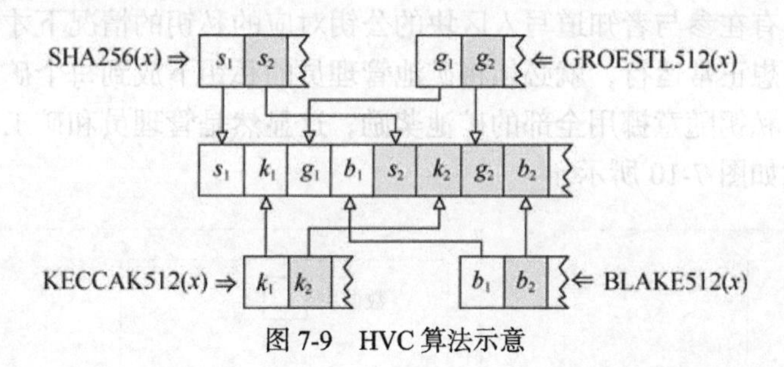

图7-9　HVC算法示意

之所以首先进行一轮HEFTY1哈希，是因为HEFTY1运算极其困难，其抵御矿机性能远超Scrypt。但与Scrypt一样，其安全性没有得到官方机构论证，于是加入后面的4种安全性已经得到公认的算法以增强安全。

HVC从SHA-256、KECCAK-512、GROESTL-512、BLAKE-512这4种算法中各提取64位，经过融合成为最后的结果。实际上是将4种算法并联在一起，其中一种算法被破解只会危及结果中的64位，4种算法同时被破解才会危及货币系统的安全性。

另外被提出但还没有被实施的一个方法是使得挖矿算法本身发生变化，就像比特币里的难度会周期性地改变一样。在理想的状态下，为上一个解谜算法而优化的挖矿硬件，对下一个解谜算法不再适用。然而目前不是很清楚要多久改变一次挖矿算法才能达到这种要求。此外，如果这种顺序是由开发人员决定的，这可能就变成了一种不可接受的中心化来源。例如，开发人员可以根据他们已经开发出来的一种硬件（或者只是优化过的FPGA），去设计一个相对应的新的解谜算法，他们自然就有了针对这个新算法的早期优势。

7.2.5　矿池与反矿池挖矿算法

尽管挖矿的预期收益是合理的，如对标准的工作量证明机制而言，矿工的预期收益与他拥有的算力成正比，但是挖矿毕竟是一个随机过程，而且是一个高方差的随机过程，这意味着小型矿工不得不面临花费了大量金钱，最终却因为运气不好而亏损的风险。正是这种风险催生了矿池的出现。矿池实际上是一个矿工的互助会，通过将许多矿工集合到一起，减小挖矿这个随机过程的方差，同时也提高矿工应对风险的能力。

矿池的运行多种多样，但总的来说，只要矿池中的一个矿工挖到了新区块，那么新区块的奖励就会分配给矿池中的每个矿工，分配的具体份额一般是根据矿工的贡献决定的。这也就是说，如果一个矿工非常努力地挖矿，就算他最后没能挖出新区块，也能够得到相应的奖励。

矿池的出现也在很大程度上加剧了区块链的中心化程度，这是因为通常来说一个矿池里的矿工的自由性是受到控制的。因此，从去中心化的角度来讲，挖矿算法应该是对矿池不友好的。

有一种办法可以从根源上消灭矿池。矿池之所以能够存在，主要是因为在普通的区块链应用里，当矿工挖出一个区块之后，只需要加上一个公钥即可。这意味着不同的矿工可以以同一个身份挖矿，而所有的奖励都会被给予该身份（公钥）对应的私钥所有者。因此只要能够找到一个读者信任的第三方作为矿池的管理员，矿池中的所有人都使用管理员的公钥来挖矿，便能够建立矿池了。因此，只需要简单地修改挖矿的规则便可实现反矿池挖矿。我们要求一个有效的区块中必须包含一个有效的数字签名，并且该签名必须使用这个区块对应的公钥来计算，因此只有在参与者知道写入区块的公钥对应的私钥的情况下才能进行挖矿。这样一来，一个矿池要想正常运行，就必须将矿池管理员的私钥下放到每个矿工手中，而每个矿工都可以使用这个私钥随意挪用全部的矿池奖励，这显然是管理员和矿工都无法接受的。反矿池挖矿算法示意如图 7-10 所示。

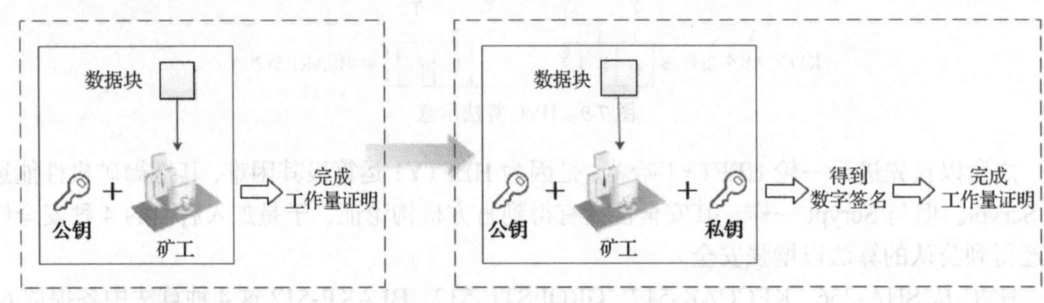

图 7-10　反矿池挖矿算法示意

最后需要指出的是，在区块链网络中，矿池的存在有利也有弊。一方面，矿池会导致算力的集中，影响系统的去中心化程度，此外，矿池还在一定程度上增大了系统遭遇攻击的风险；但是另一方面，矿池的存在使得更多的小型矿工可以参与到挖矿中，同时矿池也能够更有效地存储和检索区块链上的数据。因此，到目前为止，还没有区块链应用采取这样的反矿池设计。

7.2.6　中心化与去中心化之争

绝大多数的区块链都是高度去中心化的系统，选择去中心化的架构的一大原因就是可以保证发明者自己也无法左右系统的发展，从而使发明者也无法成为一个比其他节点更有优势的节点。

相较于中心化系统，去中心化系统存在以下优势。

（1）去中心化系统抗风险能力更强。因为没有具有决定性的中心节点，所以无法通过摧毁中心节点的方式来摧毁整个系统。

（2）去中心化系统里的用户更加平等。在中心化的组织中，只有位于中心节点的人有发言权，而位于底部节点的大多数人只能听从他们的命令。在去中心化的系统中，每个人都可以发言，并且有平等的机会让合适的人来听。

（3）去中心化系统的意识是自下而上地控制的。这就决定了去中心化系统中大多数节点是对系统非常满意的。而中心化系统的感知是自上而下的，底层节点不得不面对大量不公平的待遇。

（4）去中心化系统避免了由于中心节点的腐败和贪婪等负面因素对整个系统造成严重的破坏的问题。在中心化系统中，最大的问题是：如果中央组织腐败或堕落了怎么办？而在去中心化系统中，不需要担心一个中心节点出错而导致全盘皆输的局面。因此，整个系统可以避免被恶意地操纵。

（5）去中心化系统的规则通常要尽可能简单。为了建立一个去中心化系统，每个节点都需要有自主权，允许单体有自己的想法和规则。这使得整个强制性规则简单明了。大多数区块链应用的规则实际上非常简单。

俗话说“金无足赤，人无完人”，去中心化系统在具备上述优势的同时，也存在着以下的不足。

（1）因为要容纳所有节点相互的可能性，去中心化系统往往会变成一个臃肿的组织，而臃肿意味着资源浪费。就像我们人需要将基因复制亿万次，每一个细胞都存储一份完整的基因一样。所以去中心化系统肯定不是最优结构。

（2）去中心化系统意味着进化和优化效率低下。去中心化系统中的每一个节点都是自治的，并且可以有自己的想法和规则。如果要将某种规则统一为整体规则，则需要所有节点同意，否则就会分裂整个系统。这必然是非常缓慢的。

（3）去中心化系统不可控和不可预知。去中心化意味着我们无法特定地去干涉系统的发展，即使是可以干涉，也不可能准确获得未来的发展方向，因此去中心化系统的发展是不可知的。

中心化与去中心化之争由来已久，但从上面的讨论中可以看到，无论是中心化还是去中心化，都不是包治百病的“万能药”。去中心化和中心化只是两种不同的信息处理方式，适应环境不同，各有独自的应用场景，两者没有优劣之分，而是一种互补的关系。

7.3 能源消耗与生态环保

在7.2节中，我们看到了挖矿设备是如何从当初的个人计算机逐步走向如今的专业ASIC矿机的。毫无疑问，这些专业矿机的制造、运输和销售会耗费大量资源，同时无论是哈希函数、刚性内存解谜算法，还是混合哈希函数的运算，都不可避免地会消耗大量能源。不管是哪种挖矿算法，似乎其结果都很难说得上对社会有什么用，因此许多批评者甚至认为区块链的挖矿就是在浪费资源。那么，有没有什么办法可以减少这些资源的消耗，或者至少让被消耗的资源循环利用起来呢？

7.3.1 工作量证明机制的能源消耗

根据兰道尔原理［Landauer's Principle，兰道尔（1927—1999），德裔美籍科学家］，任何一个不可逆转的计算都会消耗一定的能量。根据该原理，每进行一个不可逆的数位运算都会消耗一个最小量的能量。能量是永远不会被摧毁的，只会从一种形式转变成另外一种形式。计算消耗的能量大多数都是从高等级的电能转换过来的，然后被转换成可以在环境中最终消失的热能。

密码学中的哈希函数必须是一个不可逆的运算，因此挖矿一定会消耗一定的能量。除了计算所需的能量之外，挖矿还会以以下 3 种形式消耗能量和资源。

（1）内涵能源。指用于挖矿设备的加工、制造和存储所消耗的总能源。由于近年来矿机已基本达到了在目前的技术条件下的硬件极限，其更换速度大大降低，相应的内涵能源也随着设备有效工作时间的增长而被均摊。

（2）工作能耗。当矿机开始挖矿时，它将消耗电能。根据兰道尔原理，这一步肯定会消耗能量。

（3）冷却。矿机需要冷却，以防止故障发生。即使在非常寒冷的环境中，一旦足够多的矿机在一个小空间内作业，仍然需要承担额外的冷却成本来解决散热问题。通常冷却的能耗形式也是电力。

全球所有的区块链及其应用需要花费多少能源用于挖矿？这个问题很难得到精准的回答，但我们还是可以从一个例子中进行粗略的估算。

作为最早落地的区块链应用，比特币一直是区块链领域最热门、最具代表性的应用。根据调查结果，比特币网络目前每年消耗约 25.5GW 的电力。为了让读者对此有一个基本的概念，我们可以看看以下数据：整个爱尔兰的平均用电量为 3.1GW，而奥地利的平均用电量为 8.2GW，与捷克相比，比特币网络每年消耗的电量占该国总用电量的 102.3%。可以看出，当前的比特币挖矿所消耗的能源已经远远大于一个小型国家消耗的能源。另一份研究指出，当前的比特币网络需要消耗全球电力的 0.2%～0.5%。

尽管工作量证明机制因为能源消耗而饱受诟病，然而许多工作量证明机制的支持者认为，这种能源消耗是有意义的，消耗一定的能源去保证区块链网络的安全和稳定是划算的。他们指出，就拿传统的货币来说，纸币印刷、ATM 机器的运行、点钞机、支付服务系统以及运送现钞和金条的武装押运车，无一不在消耗各种能源，也可以说这些能源的消耗除了维护整个货币体系之外，没有任何其他用处。

7.3.2 有效工作量证明

工作量证明被诟病的一大原因，就是它需要消耗大量资源去进行哈希运算，而这些哈希运算显然是没有什么实际作用的。于是一个想法便自然而然地诞生了：传统工作量证明机制的目标是通过一定的计算找到一个数字以使得得到的哈希值小于某个数字，那么可不可以通过修改工作量证明机制的目标，使得最后得到的结果变得有意义呢？

上述想法促进了有效工作量证明机制的诞生。在介绍究竟什么是有效工作量证明机制之前，先来看一下志愿者计算项目的定义。在区块链诞生很多年之前，人们就有利用空闲的计算机来完成一些分布式计算项目的想法。所谓的志愿者运算项目，就是把一个很大的计算任务拆分成小份的任务，然后分配给每一个志愿者进行运算检查。事实上，这种模式在一个叫作伯克利开放式网络计算平台（Berkeley Open Infrastructure for Network Computing，BOINC）上是很普遍的，这个平台就是用来给不同的个体分发小份额计算工作的。

表7-1显示了历史上比较有名的志愿者运算项目。

表7-1 历史上比较有名的志愿者运算项目

项目	成立时间	目标	影响
Great Internet Mersenne Prime Search	1996年	找到大的梅森质数	连续12次发现最大的质数
distributed.net	1997年	密码学的暴力破解演示	首次公开成功地破解了64位的密码私钥
SETI@home	1999年	寻找外星人	迄今为止最大的分布式计算项目，有500万以上的参与者
Folding@home	2000年	在原子级别上实现蛋白质折叠模型	史上最大算力的志愿者运算项目，帮助发表了118篇科技论文

很明显，上面列出的志愿者运算项目都是非常有意义的，本身也需要耗费大量的能源去进行运算。如果可以将这样的志愿者运算项目作为工作量证明机制的目标，那么也就可以在一定程度上实现绿色经济和循环经济。

不过，要设计一个有效工作量证明机制并不容易，回忆一下7.2节对挖矿算法的基本要求，我们发现大部分志愿者运算项目都不适合改造为有效工作量证明算法。

例如，对于SETI@home志愿者运算项目，我们很难制订出一个标准来确定在什么条件下是一次成功的工作量证明；也很难动态调整这个问题的难度。最重要的是，每天需要处理的资料数量也是固定的，如果算力太强，那么有一天可能会出现没有资料可供处理的情况。

而针对Great Internet Mersenne Prime Search项目，我们需要花费很多时间和算力才能找到一个大的质数。尽管我们希望工作量证明算法具有一定的难度，但是像搜索梅森质数这样的问题也未免太难了。过去20多年间总共才找到十几个大的梅森质数，这意味着如果我们将其用于工作量证明，可能要几年才能挖出一个新区块，这明显是完全不可接受的。

总之，一个切实可行的有效工作量证明机制必须满足以下4个条件。

（1）拥有一个机会均等的解密区域。

（2）拥有永不枯竭的解密问题。

（3）解密问题可以通过算法自动生成。

（4）拥有可以调节的难度特征。

到目前为止，唯一被证明真正可行的、使用有效工作量证明机制的系统是质数币（Primecoin）。质数币使用的有效工作量证明机制是寻找到指定长度，或比指定长度更长的坎宁安链。坎宁安链是指具有 k 个质数的序列 $P_1, P_2, P_3, \cdots, P_k$，以使得 $P_k = 2P_{i-1} + 1$（另一种坎宁安链的定义是 $P_k = 2P_{i-1} - 1$）。也就是说，你选一个质数，然后把这个质数乘以2再加1以得到下一个质数，直到你得到一个和数（非质数）。例如2,5,11,23,47就是一个长度为5的坎宁安链，按照这个规则获得的第6个数字95并不是质数（$95 = 5 \times 19$）。已知的最长的坎宁安链的长度是19（从79,910,197,721,667,870,187,016,101开始）。有一个被推测且被广泛认可但还没有被证明过的理论认为，存在一条任意的长度为 k 的坎宁安链。

以下是基于坎宁安链猜想的有效工作量证明机制。

```
m、k
while true
        x=hash()
        num=x[0:m]
        if odd(num) and chainLength(num)>k
                workproof success
```

其中，*m* 和 *k* 是难度参数，*m* 增大，解密的难度会呈线性增长；*k* 增大，解密的难度会呈指数级增长，因此该算法的一个优点便是可以灵活地调整工作量证明的难度。*x* 是整个区块的哈希值。*num* 是矿工不断尝试的随机数。*odd*()用于判断输入是否是奇数。*chainLength*(*num*)用于计算以 *num* 开头的坎宁安链的长度。

综上所述，基于坎宁安链猜想的有效工作量证明算法就是要寻找到一个前 *m* 位与区块哈希值的前 *m* 位相同的奇数，且以该奇数开头的坎宁安链的长度必须大于规定值 *k*。

坎宁安链猜想是数学界的重要猜想之一，与索非热尔曼质数和安全质数有着紧密的关系。使用工作量证明的算力去尝试解决这样一个问题，不仅有利于数学理论的发展，也对现代密码学有着重要的意义。

另外一种有效工作量证明叫作存储量证明（Proof of Storage），也被称为可恢复性证明（Proof of Retrievability）。不同于一个需要单独计算的解谜算法，我们可以设计一个需要存储大量数据被运算的解谜算法，如果数据有用，那么矿工在挖矿硬件设备上的投资就可用于大范围分布式存储和归档系统。

7.3.3 虚拟挖矿

虚拟挖矿是指一组不同的挖矿算法，这些算法都有一个共同的特点——对参与的矿工只要求少量的计算资源。工作量证明机制的初衷是建立起一个投票机制，有更多算力的矿工会得到更多的投票权力。因此，我们完全可以另外设计一个“投票”系统，例如让选票（投票权力）由每个人所拥有的当前币量决定。

虚拟挖矿的优势是显而易见的。首先，虚拟挖矿不再需要矿工做大量计算，因此能让区块链系统变得更加简单；然后，由于虚拟挖矿中不会存在某种硬件比另外一种硬件挖矿速度更快的情况，因此也可以从根本上实现反矿机挖矿，从而最终实现去中心化的目标；最后，虚拟挖矿不再需要消耗大量能源，从根本上降低了能耗。下面将介绍一些虚拟挖矿设计方案。

1. 权益证明

区块链中的分布式共识问题，究其根本还是该如何选举出下一个能够创建区块的矿工。此选举好比买彩票，从概率上来说，若 A 买的彩票比 B 多，则 A 中奖的概率更高。就工作量证明机制而言，如果 A 拥有的算力和电力都比 B 多，A 就能够计算出更多的输出值，A 赢（挖出下一个区块）的可能性就会更高。假设我们设置这样一个机制：如果 A 的权益比 B 多，他赢（挖出下一个区块）的可能性就会更高，他就得到了权益证明。

权益证明用权益替代了工作量证明机制中的电力和算力。权益指的是参与者在一段时间内愿意锁定的代币量。而作为回报，他们锁定的代币量和他们成为下一个领导者并选择下一个区块的可能性成正比。需要注意的是，在权益证明系统中没有区块奖励，因此，矿工们的收益主要依靠交易的手续费。权益证明有一个常见的漏洞，被称为“无利害关系问题”

（Nothing-At-Stake Problem）或者“权益粉碎攻击”（Stake-Grinding Attack）。具体细节可以参考本书的第 8 章。

尽管权益证明的安全性一直受到质疑，但它还是成为当今区块链共识机制的主要发展方向。近年来许多新兴的区块链应用纷纷采用权益证明机制作为自己的共识机制，同时许多原本采用工作量证明机制的区块链应用也计划通过硬分叉转而采用权益证明机制。

2. 授权权益证明

PoS 机制的加密货币中，每个节点都可以创建区块，并按照个人的持股比例来获得“利息”。DPoS 由被社区选举出的一定数量的可信账户（如得票数排行的前 101 位）来创建区块。为成为正式受托人，用户需要去社区拉票，以获得足够多用户的信任。用户根据自己持有的加密货币数量占总量的百分比来投票。授权权益证明机制类似于股份制公司，普通股民进不了董事会，要投票选举代表（受托人）代他们做决策。

这 101 个受托人可以理解为 101 个矿池，而这 101 个矿池彼此的权利是完全相等的。那些持有加密货币的用户可以随时投票更换这些代表（矿池），只要他们提供的算力不稳定，计算机出现故障，或者他们试图利用手中的权力作恶，他们将会立刻被愤怒的选民踢出整个系统，后备代表可以随时替代他们。

授权权益证明机制的优势在于需要执行确认交易的节点很少，因此整个网络的运行成本很低。同时，交易的确认速度非常快，现有的一些基于授权权益证明机制的区块链应用每秒可以处理上千笔交易，单笔交易的确认时间能够被控制在 10s 以内。授权权益证明机制的主要问题有两个：第一个问题是持股人投票的积极性并不高，调查显示超过 90%的持股人都不会参与投票；第二个问题是不清楚这样的投票机制能不能保证不选到恶意节点，因此其安全性还不能得到保证。

3. 虚拟挖矿的争议

在区块链社区中，围绕虚拟挖矿是否可行存在着许多争议。工作量证明机制的支持者们认为系统的安全性必须建立在真正的资源消耗上，也就是动用真正的计算机硬件和消耗电能去进行解谜运算。如果这个理论成立，工作量证明机制的能源耗费就可以被看成系统的安全费用。

虚拟挖矿目前依然是科研的前沿领域，还有许多未解决的问题。无论是权益证明机制还是授权权益证明机制，都还有待时间的检验。

7.3.4　改进的 PBFT 算法

一种基于可信度的 PBFT 算法，简称 RPBFT（Reliable Practical Byzantine Fault Tolerance），其主要改进方面如下。

（1）将传统 PBFT 的 C/S 架构模式改进为 P2P 的网络拓扑结构。

本算法不需客户端发送请求，由主节点直接向副本节点转发请求。这更加契合去中心化的特点。

（2）增加节点的可信度评价。

将节点集合分为共识节点和候补节点。增加对每个节点的可信度评价，所有节点初始可信度均置为 0。当有从节点怀疑主节点并成功发起一次视图变更时，主节点减 2 分，该从节点加 1 分。在下次选举主节点时，优先选取可信度高的节点作为主节点，降低每次选取主节点时选到恶意节点的概率。

（3）参与该共识机制的节点可以动态地加入、离开网络。

系统根据节点的可信度，动态地移除或加入共识节点集合中的节点。在可信度更新后，移除共识节点集合中可信度最低的节点到候补节点集合中，将候补节点集合中可信度最高的节点加入共识节点集合，并在之后的共识过程中代替被淘汰的节点参与共识。

（4）优化传统PBFT算法的三阶段广播协议，提高共识效率。

传统PBFT算法每次都完整执行三阶段广播协议，这样节点增多时会给系统带来极大的通信负担，且复杂度较高，效率较低。为了简化通信过程，在没有拜占庭错误的情况下进行优化，降低通信复杂度。

1. 算法定义

本改进算法将节点分为共识节点集合和候补节点集合，共识节点集合中的节点再分为主节点和从节点。共识节点和候补节点的集合用 R 表示，其中共识节点集合用 R_1 表示，候补节点集合用 R_2 表示。设 f 为系统中能接受的最大恶意节点数，则 R_1 满足：

$$|R_1| = 3f + 1$$

我们采用可信度 α 来评判节点的信用，可信度 α 的具体评价规则如下。

（1）所有节点的初始可信度均置为0。

（2）在一次共识过程成功执行后，主节点可信度加2分，成功参与共识的从节点加1分。成功参与共识是指在一次成功的共识过程中，从节点提交的消息与大多数节点（超过 $2f+1$ 个）提交的消息保持一致，则该节点被视为成功参与共识。未成功参与共识的从节点可信度减1分。

（3）当主节点长时间未发起共识或从节点对主节点广播的消息产生怀疑时，从节点发起视图切换请求，要求更换主节点。若视图切换协议成功执行，发起请求的从节点可信度加2分，主节点减2分，其余节点可信度不变。

系统以时间 T 的整数倍执行可信度更新协议，其中 T 为检查点协议执行的间隔时间。可信度更新后，可信度最高的 $3f+1$ 个节点为新的共识节点，剩余节点为候补节点。

2. 一致性协议

在本方案中，在固定的时间间隔内，系统将用户进行的交易信息打包放入区块。各个节点需要一致性协议保证存入的信息均正确且保持相同状态，这需要通过一致性协议完成。完整的一致性协议共识过程具体步骤如下。

（1）由主节点向所有参与共识的从节点广播，发送共识提议。提议的消息内容包括区块信息、区块信息的摘要值等，供其他节点验证。

（2）从节点验证接收到的提议，若验证通过，则向其他节点发送确认消息，并进行第（4）步。

（3）提议验证失败，验证该提议的从节点不再对主节点保持信任，并广播视图切换协议。视图切换协议的详细步骤将在下文中进行介绍。

（4）任意节点接收到 $2f$ 个相同的确认消息（不包括自己发送的确认消息），节点之间将达成共识。

若每次一致性协议都完整地完成三阶段协议，在节点增多的情况下，通信复杂度过高会大大影响共识效率。因此本方案对三阶段协议进行简化，如图7-11所示，简化后的共识过程如下。

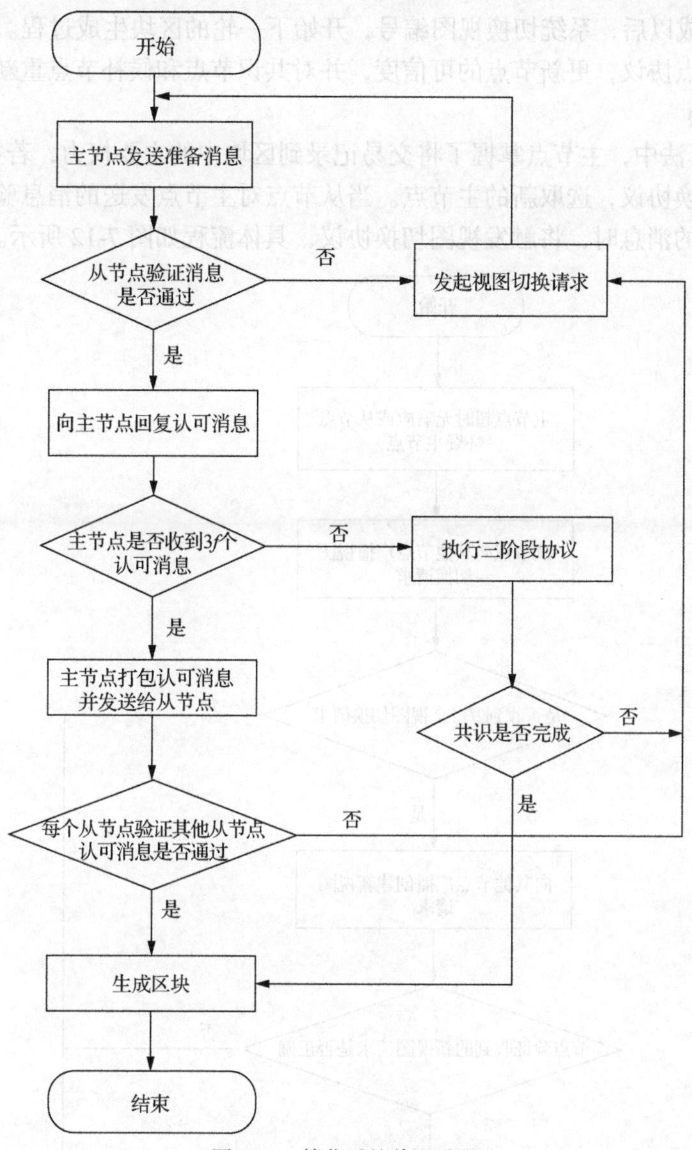

图 7-11　简化后的共识过程

（1）主节点发送给所有从节点预准备消息，从节点接收到预准备消息后对消息进行验证，验证通过后从节点回复认可消息。

（2）主节点等待接收认可消息，当认可消息数量达到 3*f* 时，主节点打包所有认可消息后将其发送给所有从节点，从节点收到后验证其他从节点的认可信息是否正确。验证通过后节点进入确认阶段，并加入新的区块。

（3）如果主节点接收到的认可消息数量不足 3*f* 个，则该段共识流程结束。系统进行完整的三阶段协议。

若系统中恶意节点较多，会造成主节点接收到的认可消息数量总是不足 3*f* 个而无法完成简化的一致性协议。但是随着系统的运行，该算法会逐渐淘汰恶意节点。运行一段时间后，简化的一致性协议能成功完成的概率会逐渐变高。若不存在恶意节点或者淘汰掉所有的恶意节点，则系统每次都可以成功完成简化的协议，大大提高通信效率，降低通信开销。

区块成功生成以后，系统切换视图编号，开始下一轮的区块生成过程。在一段固定的时间后会执行检查点协议，更新节点的可信度，并对共识节点和候补节点重新排序。

3. 视图切换

在 RPBFT 算法中，主节点掌握了将交易记录到区块中的主要权力，若主节点出现故障，系统执行视图切换协议，选取新的主节点。当从节点对主节点发送的消息验证没有通过，或接收不到主节点的消息时，将触发视图切换协议，具体流程如图 7-12 所示。

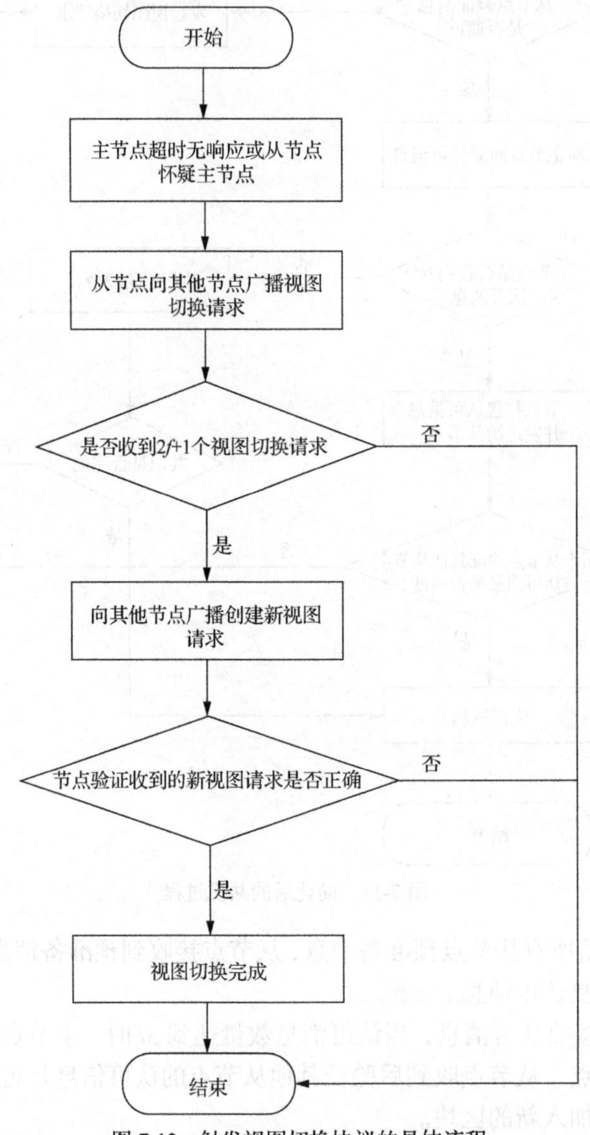

图 7-12　触发视图切换协议的具体流程

执行过程如下。

（1）从节点接收并验证主节点发送的消息，如果验证不通过，则该从节点不再信任主节点，并发起视图切换请求<*ChangeView*,v_{new},v_{old},*h*,*i*,*m*>，其中 v_{new} 是新视图编号，v_{old} 是当前视图编号，且 $v_{new}=v_{old}+1$，*h* 是当前区块编号，*i* 是发出视图切换请求的从节点，*m* 是新的主节点。各节点接收到视图切换请求后，暂停共识过程，对请求进行确认，验证当前视图编号 v_{old} 和区

块编号 h。验证成功后，该节点向其他节点发送确认消息<$ChangeView\text{-}Confirm, v_{new}, v_{old}, h, i, m$>。

（2）若有节点接收到 $2f$ 个确认消息后，向其他节点发送创建新视图请求<$new\text{-}view, v_{new}, V, O$>。其中 V 是视图切换请求集合，O 是预准备消息集合。视图切换完成后，新的主节点会执行之前未完成的请求。

（3）节点验证收到的新视图创建请求是否正确，若正确，视图切换完成，新视图编号为 v_{new}。

在视图切换协议成功执行一次后，提出视图切换协议的从节点可信度加 1，被质疑的主节点可信度减 2。由于各节点在收到视图切换请求后会暂停共识过程，若视图切换请求过于频繁，会影响系统效率，因此需要尽量避免主节点发生故障，采用节点可信度评价协议，选取可信度高的节点作为主节点，提高系统效率。

4. 检查点与节点可信度更新协议

如果所有节点都能按时地完成系统发出的各项任务，则这些节点最后都能保持一致性。但系统在实际运行过程中，节点时常会出现网络延迟甚至节点直接发生故障，这些发生意外的节点进度会因此落后于其他节点。此时便需要一个协议对各个节点的进度进行同步，防止各个节点因为进度不一致而导致系统发生故障。这个协议即为检查点协议。检查点协议的执行流程如图 7-13 所示。

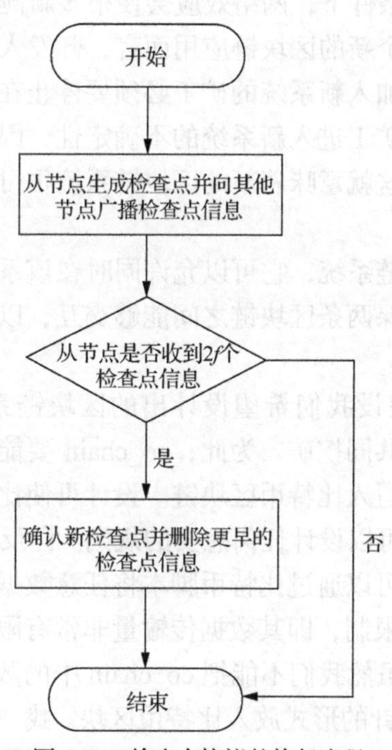

图 7-13 检查点协议的执行流程

检查点协议成功执行后，系统将清除之前产生的区块信息，为节点腾出存储空间。RPBFT 算法在检查点协议中加入了节点的动态添加和删除功能，以及节点的可信度更新功能。系统将检查点协议执行的时间周期设置为 T，每次执行协议的节点向其他节点请求查看区块链状态信息，若发现某一节点的区块链状态信息和大多数的节点不一致，再向其他节点请求上一次检查点协议结束后到现在的区块信息。检查点协议执行完成后，节点删除以前存储的交易信息。系统每经过 T 的整数倍时间，就执行节点的可信度评价协议，更新每个节点的可信度。

7.4 功能扩展与性能改进

如今，区块链技术已经在许多领域得到了较好的发展，这在很大程度上离不开一种被称为“侧链”的技术。

与此同时，区块链面临的一个主要问题是网络的处理能力太低，例如比特币每秒只能处理 6 笔交易，以太坊每秒最多只能处理 30 笔交易，相较而言，VISA 每秒能处理 700 多笔交易，PayPal 每秒能处理 1200 多笔交易。因此，如果区块链想要落地，想要应用到各行各业，就必须提高区块链处理交易的性能。

7.4.1 共同挖矿

对绝大部分区块链系统而言，其上的挖矿是有排他性的。也就是说，一个矿工可以选择将自己的资源全部投入区块链系统 A 或者区块链系统 B 中，或者将他的挖矿资源在两个不同的区块链系统间进行分配并随时调整配置，但是不能让同一份挖矿资源同时服务于两个不同的区块链系统。

在这种具有排他性挖矿的条件下，网络效应会使很多新诞生的区块链网络无法实现自我增强式的循环发展。例如对一个新的区块链应用而言，开发人员必须要设法说服一些矿工加入该区块链系统，这就意味着加入新系统的矿工必须要停止在原来的区块链系统中的挖矿。这种具有排他性的挖矿增大了矿工进入新系统的不确定性，因此矿工基本上很难有什么动力去加入新出现的区块链系统，这就意味着新的区块链系统很可能只有很低的哈希算力，也就很容易遭到攻击并夭折。

是否可以设计出一种区块链系统，它可以允许同时在该系统和其他区块链系统上进行挖矿？为了做到这一点，必须确保两条区块链之间能够交互，以使得同一笔交易或数据在两条区块链中均有效。

为了讨论的简便，不妨假设我们希望设计出的区块链系统的名字是 co_chain，同时 co_chain 能够实现与比特币的共同挖矿。为此，co_chain 要能够接纳比特币中出现的任何交易，同时还能够将自己的数据写入比特币区块链。设计可使比特币的交易出现在其区块里的区块链很简单，因为开发人员可以设计任何想要的规则。但反过来要把 co_chain 中的数据写入比特币区块链很困难，尽管可以通过比特币脚本将任意数据放在比特币的区块里，但是这样做会遇到比特币特有的带宽限制，即其数据传输量非常有限。

这里有一个巧妙的办法：虽然我们不能把 co_chain 中的数据放进比特币的区块里，但是可以把 co_chain 区块以哈希指针的形式放入比特币区块。找一个可以在每一个比特币区块里放入一个哈希指针的办法很容易。每个比特币区块都有一个特殊的交易，称为币基交易，也就是矿工创建新的区块时得到的比特币奖励。这种交易的输入脚本区域没有任何内容，可以用来存储任意数据，所以在共同挖矿的 co_chain 体系里，挖矿的任务就是去计算一类特殊的比特币区块，其币基交易的输入脚本区域存有指向 co_chain 区块的哈希指针。

现在这个区块可以身兼两职：对任何一个比特币节点来说，其与任何其他比特币区块没有区别，除了在币基交易中多了一个可以被比特币忽略的哈希值。而 co_chain 系统的节点则知道该如何以自己的方式解读这个区块：忽略比特币的交易，只看在币基交易中的哈希值指向的区块的数据。值得注意的是，这种设计不需要比特币做任何改变，但是需要 co_chain 能够兼容比特币，并且允许共同挖矿。

如果这样一个区块链系统支持共同挖矿，那么我们就可以很容易地去说服比特币的矿工也参与进来，因为这不需要花费任何额外的哈希算力，矿工只需要增加少量的运算资源去处理 co_chain 系统中的数据，就可以同时在两条区块链上挖矿并享受两份挖矿奖励。

然而现在还有一个问题。假如有 25%的比特币矿工他们的哈希算力同时在 co_chain 系统中挖矿，这说明平均 25%的比特币区块含有指向 co_chain 区块的指针，也就意味着，在 co_chain 体系里，每隔 40min 才能产生一个新的区块。而更糟糕的是，当 co_chain 还在自我发展且只有小部分的比特币矿工参与的时候，产生一个新区块需要几个小时甚至几天，这种局面让人无法接受。

有没有办法确保参与共同挖矿的 co_chain 的区块能按照稳定的速度产生？或者说，是否可以设定 co_chain 区块产生的速度与比特币中多少比例的人参与共同挖矿无关？可行的解决办法在于，虽然 co_chain 的挖矿任务和比特币一样，但是 co_chain 体系计算的困难程度和比特币体系中的困难程度没有关系。就如比特币可以调整其计算难度使每个区块按平均每分钟产生 10 个的速度一样，co_chain 也可以调整自己的难度使区块在 co_chain 体系也每隔 10min 或其他固定值产生一个。

这意味着 co_chain 挖矿的难度要远远小于比特币挖矿的难度，部分 co_chain 区块将不会被有效的比特币区块的指针指引到。但是这并不会带来问题，只需要把比特币区块链和 co_chain 区块链看成两个平行并列的区块链，只是偶尔有从比特币指向 co_chain 的哈希指针，如图 7-14 所示。在图 7-14 的例子中，60%的比特币矿工同时也挖 co_chain 的矿，co_chain 大约 5min 产生一个，这意味着 co_chain 的挖矿难度系数是比特币的 60%×5/10=30%。理论上大约有 40%的比特币区块没有包含指向 co_chain 区块的哈希指针。

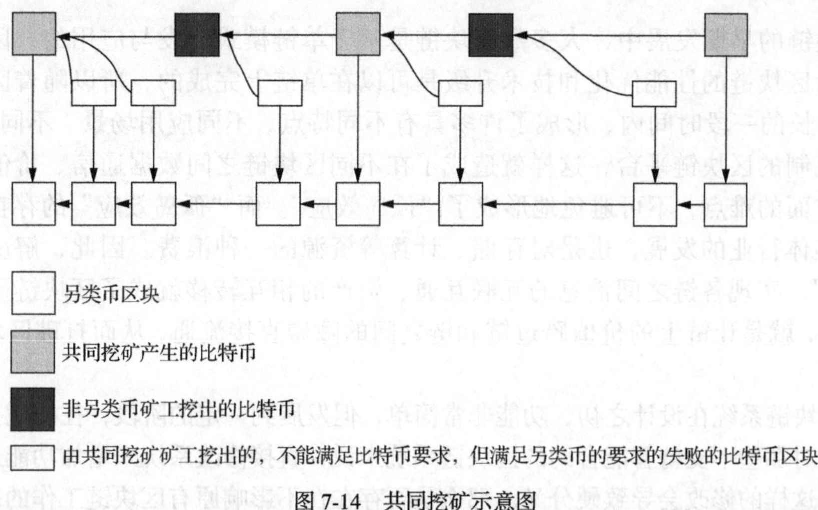

图 7-14　共同挖矿示意图

在这样的设计下，每个有效的 co_chain 区块都是比特币挖矿的结果，但是在所有满足 co_chain 的挖矿结果中，只有 30%能达到比特币的要求。对于另外 70%满足 co_chain 要求却无法满足比特币要求的区块，co_chain 的网络需要验证这些区块是否真的符合 co_chain 挖矿的要求。该设计有一个令人激动的特性，那就是任意数量的区块链系统都可以同时进行组合以实现共同挖矿。还是以比特币为例，在这样多条区块链组合共同挖矿的情况下，币基交易的输入脚本可能会更加复杂，如一个指向多条区块链的区块的梅克尔树结构。

共同挖矿是一把双刃剑。它一方面可以使一个新区块链系统更容易实现自我增长的循环发展，即通过增加总算力从而提高其抗攻击能力。在这种情况下，想通过购买算力去破坏该区块链系统的恶意竞争对手就需要付出巨大的前期投资。然而另一方面，共同挖矿很有可能只是一个安全假象，因为恶意竞争对手可以在攻击行为中通过共同挖矿来产生收益，收回一部分前期投资。事实上，第 8 章中将会提到的盘旋币，就是允许共同挖矿的。攻击者矿池 Eligius 和参与攻击者并不需要停止比特币挖矿就可以展开攻击。事实上，矿池的参与者甚至都不知道他们的计算资源被用于攻击另类币。

此外，从经济学的角度讲，共同挖矿的安全性也存在着许多问题。如果矿工的主要成本是工作量证明，在这种模式设计下，矿工是无法作弊的。在哈希函数的安全性保障下，挖矿没有捷径，并且其他矿工很容易、也愿意去验证工作量证明。但是如果主要成本变成交易验证时，以上假设就不成立了。矿工倾向于假设他们收到的交易都是有效的，并不对这个交易做任何其他验证。而且，矿工如果要去验证一个区块及其交易，其工作量就和挖矿一样。因此，我们可以预测对于小的共同矿工，他们有动机跳过验证环节。由于存在不验证的矿工，攻击变得更加容易，因为一个恶意的矿工可以创造一个区块，让其他矿工对哪条是最长的有效区块链产生争议。

简而言之，共同挖矿在解决安全问题的同时，也产生了其他多个问题，部分原因是共同挖矿和单独挖矿在经济收益上有重大差别。总体来说，考虑到挖矿攻击，共同挖矿是否是一个好主意还很难说清。

7.4.2 侧链（跨链）结构

在区块链的早期发展中，大多数区块链是基于单链模式开发与应用的，因为当时大家普遍认为区块链的性能优化和技术升级是可以在单链上完成的，所以随着区块链的发展，在相当长的一段时间内，形成了许多具有不同特点、不同应用场景、不同应用领域、不同运行机制的区块链平台，这样就造成了在不同区块链之间数据通信、价值转移、信息交互等方面的难点，不可避免地形成了“孤岛效应”。而“孤岛效应”的存在不仅不利于区块链整体行业的发展，也是对存储、计算等资源的一种浪费。因此，解决区块链的“孤岛效应”，实现各链之间消息的互联互通、资产的相互转移就成了区块链研究的重点问题。跨链，就是让链上的价值跨过链和链之间的障碍直接流通，从而打破区块链的“孤岛效应”。

许多区块链系统在设计之初，功能非常简单，但发展到一定的阶段，往往就会有扩展功能的需求。对那些不支持智能合约的区块链系统来说，直接修改系统来增加功能通常是不现实的，因为这样的修改会导致硬分叉。那么是否存在在不影响原有区块链工作的基础上，依托原有区块链进行技术升级的解决方案呢？

侧链就是在上述需求背景下被提出的。侧链协议本质上是一种跨区块链的解决方案。在这个解决方案中，数字资产可以实现区块链之间的转移，既可以从第一个区块链转移到第二个区块链，又可以在稍后的时间点从第二个区块链返回到第一个区块链。其中，第一个区块链被称为主区块链或者主链，第二个区块链被称为侧链。最初，主链通常指的是比特币区块链，而现在主链可以指任何区块链。侧链技术为开发区块链技术的新型应用和实验打开了一扇大门。通过侧链，我们可以在主链的基础上进行交易隐私保护、智能合约等新功能的添加，这样可以让用户访问大量的新型服务，并且对现有主链的工作不造成影响。另外，侧链也提供了一种更安全的协议升级方式，即当侧链出现严重问题时，主链依然安然无恙。

2012 年，在比特币聊天室中，首次出现了关于侧链概念的相关讨论。比特币核心开发团队也在考虑如何安全地升级比特币协议，以增加新的功能。直接在比特币区块链上进行功能添加比较危险，因为如果新功能在实践中发生软件故障，会对现有的比特币网络造成严重影响。另外，由于比特币网络结构的特性，如果进行较大规模的改动，还需要获得多数比特币矿工的支持。这时，比特币核心开发人员便提出了侧链方案。方案允许将新功能附加在其他区块链上，但是这些区块链仍然附着在现有的比特币区块链上。这些新功能利用现有比特币网络特性，不会对现有比特币网络造成危害。

侧链实现的技术基础是双向锚定（Two-way Peg）。通过双向锚定技术，可以暂时将数字资产在主链中锁定，同时在侧链中释放等价的数字资产。同样，当等价数字资产在侧链中被锁定的时候，主链中的数字资产也将被释放。双向锚定实现的难点是协议的改造需兼容现有的主链，也就是说不能对现有主链的工作造成影响，其具体实现方式分为以下几类。

1. 单一托管模式

实现主链和侧链双向锚定最简单的方法是将数字资产发送给一个主链单一托管方（类似于交易所），单一托管模式的工作流程示意图如图 7-15 所示。当单一托管方收到相关信息后，同时会在侧链上激活相应的数字资产。这种模式的最大问题是过于中心化。

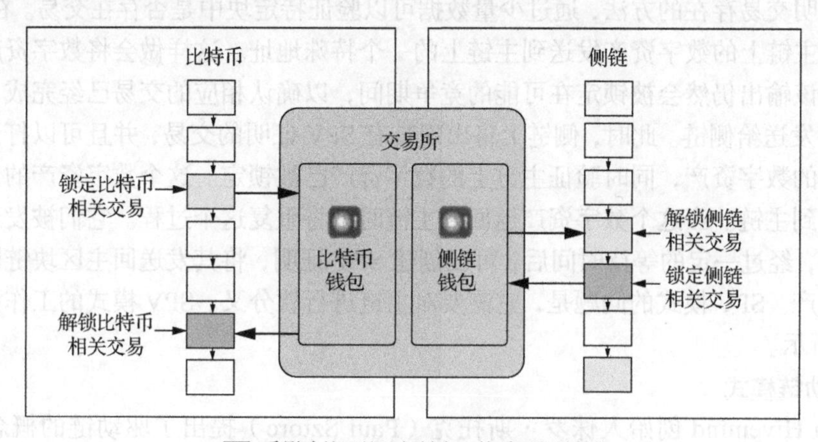

图 7-15　单一托管模式的工作流程示意图

2. 联盟模式

联盟模式利用公证人联盟代替单一的托管方，利用公证人联盟的多重签名来确认侧链的数字资产流动。在此模式中，如果要盗取主链上被冻结的数字资产，就需要突破更多的机构，但是侧链的安全仍然取决于公证人联盟的诚实度。以比特币为主链的联盟模式的工作流程示意图如图 7-16 所示。

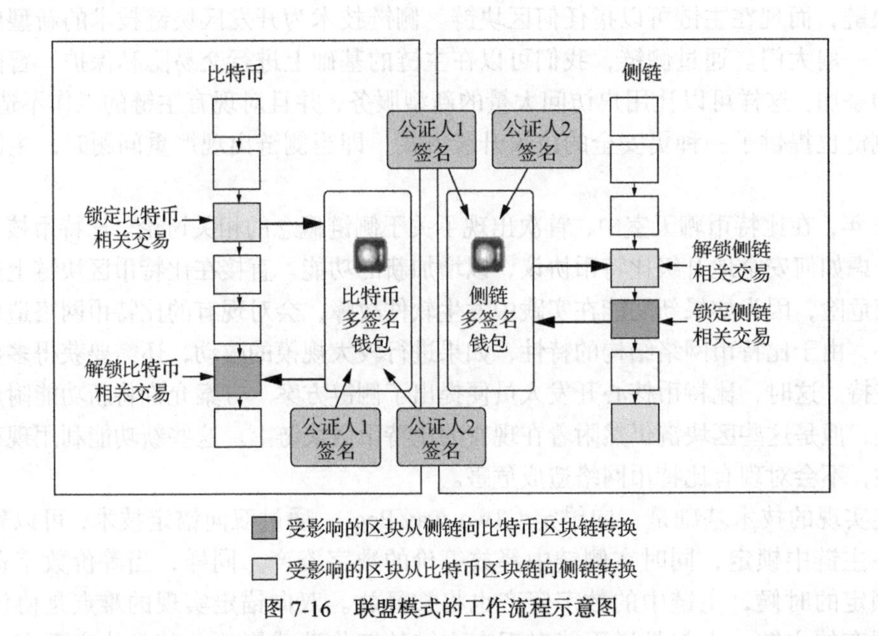

图 7-16　联盟模式的工作流程示意图

单一托管模式与联盟模式的最大优点是它们不需要对现有的比特币协议进行任何的改变。

3. SPV 模式

简易支付验证（Simplified Payment Verification，SPV）模式是最初侧链白皮书“*Enabling Blockchain Innovations with Pegged Sidechains*”中去中心化双向锚定技术的初始构想。SPV 是一种用来证明交易存在的方法，通过少量数据可以验证特定块中是否存在交易。在 SPV 模式下，用户将主链上的数字资产发送到主链上的一个特殊地址。这样做会将数字资产锁定在主链上，并且该输出仍然会被锁定在可能的竞争期间，以确认相应的交易已经完成，然后创建 SPV 证书并发送给侧链。此时，侧链上将出现带有 SPV 证明的交易，并且可以打开另一个具有相同价值的数字资产，同时验证主链上的数字资产已被锁定。这个数字资产的使用和更改稍后将返回到主链。当这个数字资产返回到主链时，将重复这个过程。它们被发送到侧链锁定的输出中，经过一定的等待时间后，可以创建 SPV 证明，将其发送回主区块链以解锁主链上的数字资产。SPV 模式的问题是，它需要对主链进行软分叉。SPV 模式的工作流程示意图如图 7-17 所示。

4. 驱动链模式

Bitcoin Hivemind 创始人侏罗·斯托克（Paul Sztorc）提出了驱动链的概念。在驱动链中，矿工作为“算法代理监护人”，需要对侧链的当前状态进行检测。换句话说，矿工本质上就是资金托管方，驱动链将被锁定数字资产的监管权发放到数字资产矿工手上，并且允许矿工们投票何时解锁数字资产和将解锁的数字资产发送到何处。矿工观察侧链的状态，当他们收到来自侧链的要求时，会执行协调协议以确保他们对要求的真实性达成一致。诚实矿工在驱动链中的参与程度越高，系统整体的安全性也就越高。如同 SPV 侧链，驱动链也需要对主链进行软分叉。以比特币为主链的驱动链模式的工作流程示意图如图 7-18 所示。

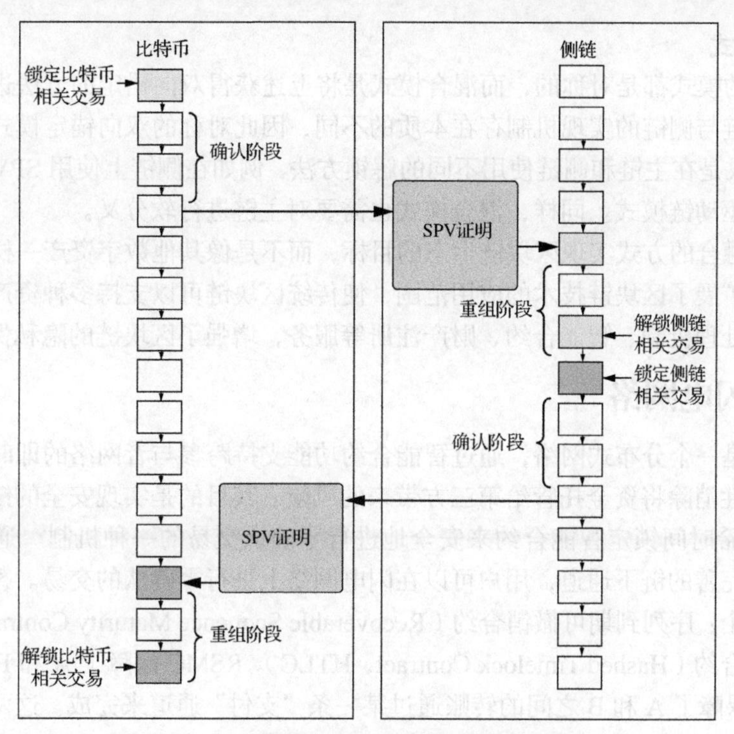

图 7-17　SPV 模式的工作流程示意图

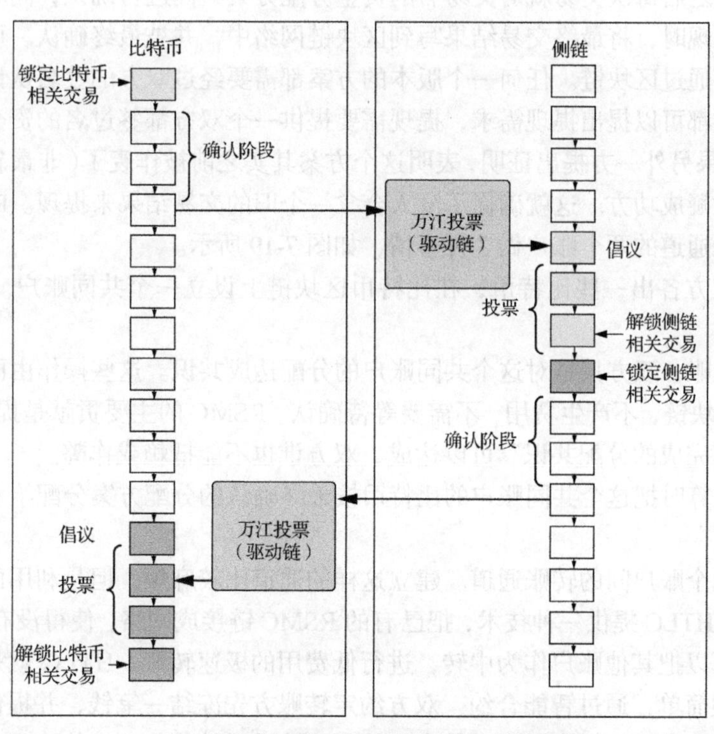

图 7-18　驱动链模式的工作流程示意图

5. 混合模式

上述所有的模式都是对称的，而混合模式是将上述获得双向锚定的方法进行有效结合的模式。由于主链与侧链的实现机制存在本质的不同，因此对称的双向锚定模式可能是不够完善的。混合模式是在主链和侧链使用不同的解锁方法，例如在侧链上使用 SPV 模式，而在主链网络上使用驱动链模式。同样，混合模式也需要对主链进行软分叉。

侧链是以融合的方式实现区块链生态的目标，而不是像其他数字资产一样排斥现有的系统。侧链技术扩展了区块链技术的应用范围，使传统区块链可以支持多种资产类型，包括小微支付、安全处理机制、智能合约、财产注册等服务，增强了区块链的隐私保护。

7.4.3 闪电网络

闪电网络是一个分布式网络，通过智能合约功能支持跨参与者网络的即时付款，同时利用区块链的特性消除将资金托管给第三方带来的风险。其目的是实现安全的链下交易，其本质上是使用哈希时间锁定智能合约来安全地进行零确认交易的一种机制。通过设置巧妙的“智能合约”，完善的链下通道，用户可以在闪电网络上进行零确认的交易。智能合约的核心概念主要有两个：序列到期可撤销合约（Recoverable Sequence Maturity Contract，RSMC）和哈希时间锁定合约（Hashed Timelock Contract，HTLC）。RSMC 保障了 A 和 B 的交易在链下完成，HTLC 保障了 A 和 B 之间的转账通过某一条“支付”通道来完成。这两个类型的交易组合构成了闪电网络，从而实现任意两个人都可以在链下完成交易。

RSMC 假定交易双方之间存在一个“微支付通道”（资金池）。双方都预存一部分资金到微支付通道里，之后每次交易就对交易后的资金分配方案共同进行确认，同时签字作废旧的版本。当需要提现时，将最终交易结果写到区块链网络中，并被最终确认。可以看到，只有在提现时才需要通过区块链。任何一个版本的方案都需要经过双方的签名认证才合法。任何一方在任何时候都可以提出提现需求，提现需要提供一个双方都签过名的资金分配方案。在一定时间内，如果另外一方提出证明，表明这个方案其实之前被作废了（非最新的交易结果），则资金罚没给质疑成功方。这就确保了没人会拿一个旧的交易结果来提现。RSMC 的主要思路就是建立转账通道的两个账户做 3 件事情，如图 7-19 所示。

（1）首先双方各出一些比特币，在比特币区块链上设立一个共同账户。这需要一次链上交易。

（2）每次转账，双方只是对这个共同账户的分配达成共识。这些操作由两个账户私下完成，不需要上区块链，不产生费用，不需要等待确认。RSMC 的主要贡献是提供了一种技术，确保这些“私下完成的分配共识”可以达成，双方谁也不能抵赖或作弊。

（3）最终结算时把这个共同账户的比特币按最终确认的分配方案分配给双方，这也需要链上交易。

RSMC 是两个账户间的转账通道。建立这样的通道比较麻烦，但是利用已有的通道进行转账比较划算。HTLC 提供一种技术，把已有的 RSMC 链接成网络，使得没有直接 RSMC 合约的两个账户可以把其他账户作为中转，进行低费用的极速转账。HTLC 就是限时转账。理解起来其实也很简单，通过智能合约，双方约定转账方先冻结一笔钱，并提供一个哈希值，如果在一定时间内有人能提出一个字符串，使得它哈希后的值与已知值匹配，则这笔钱转给接收方，如图 7-20 所示。

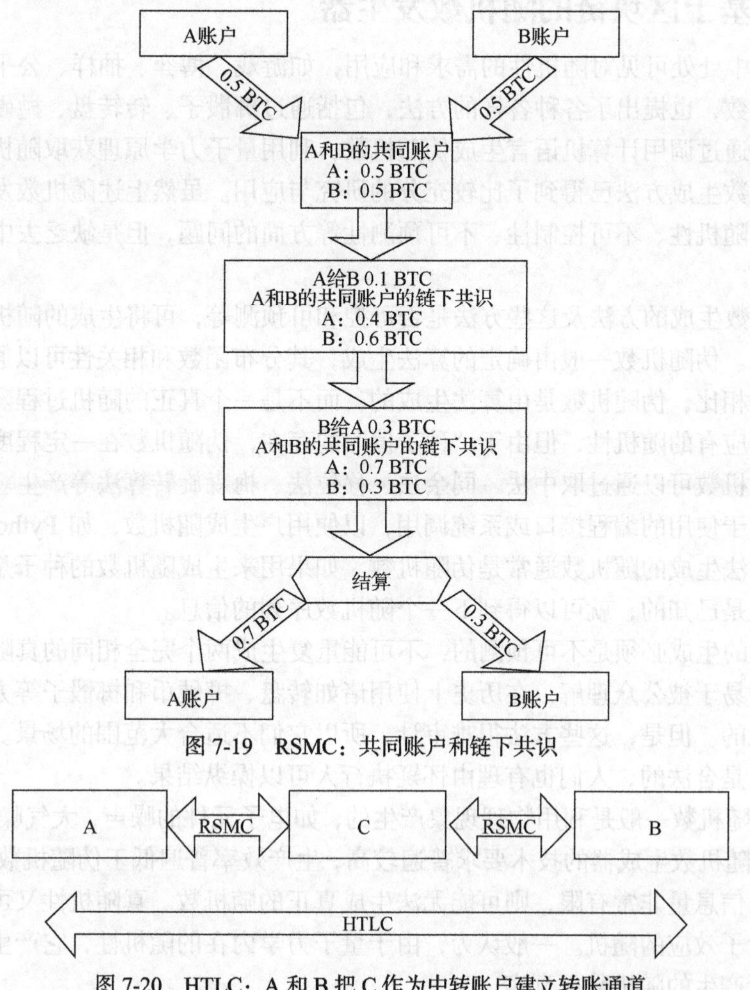

图 7-19　RSMC：共同账户和链下共识

图 7-20　HTLC：A 和 B 把 C 作为中转账户建立转账通道

举个例子，在一个约定时间内，有人知道了某个暗语（可以生成匹配的哈希值），就可以拿到这笔指定的资金。进一步，甲想转账给丙，丙先发给甲一个哈希值。甲可以先与乙签订一个合同：如果你在一定时间内能告诉我暗语，我就给你多少钱。乙于是跑去与丙签订一个合同：如果你告诉我那个暗语，我就给你多少钱。丙于是告诉乙暗语，拿到乙的钱，乙又从甲那里拿到钱。最终达到的结果是甲转账给丙。这样甲和丙之间似乎构成了一条完整的虚拟的“转账通道”。

闪电网络采用了更合理的支付网络架构，代表着效率的提高。与其向所有人广播交易，交易不如更直接地发送给收款人。只有当交易双方不诚实时，才需要进入烦琐的流程，即链上共识操作。通过这种方式，系统可以实现相当于互联网上各方之间直接沟通所能达到的性能和效率，同时保留区块链的一些安全特性。然而，如果各方想在出现问题时可以随时回归到区块链上并收回资金，那么建立这样一种支付系统是非常复杂的，并且还存在着一些重大风险和局限性。

目前闪电网络测试网已经上线，虽然也出现不少问题，但毫无疑问这是区块链网络扩容问题上的一大探索。相信随着参与者越来越多，闪电网络也会越来越成熟。

7.4.4 基于区块链的随机数发生器

日常生活中处处可见对随机性的需求和应用，如游戏、博弈、抽样、公平分配等。人们为了产生随机数，也提出了各种各样的方法，包括通过掷骰子、转转盘、抛硬币等统计方法产生随机数；通过调用计算机语言生成伪随机数；利用量子力学原理获取随机数，等等。这类传统的随机数生成方法已得到了比较充分的研究与应用。虽然上述随机数发生器很好地解决了随机数的随机性、不可控制性、不可预测性等方面的问题，但是缺乏去中心性与可证公平性。

根据随机数生成的方法及这些方法是否可控和可预测等，可将生成的随机数分为伪随机数和真随机数。伪随机数一般由确定的算法生成，其分布函数和相关性可以通过统计检验。但与真随机数相比，伪随机数是由算法生成的，而不是一个真正的随机过程。伪随机数只是尽可能接近其应有的随机性，但由于“种子值”的存在，伪随机数在一定程度上是可控和可预测的。伪随机数可以通过取中法、同余法、移位法、梅森旋转算法等产生。目前，编程语言通常提供易于使用的编程接口或系统调用，以便用户生成随机数，如 Python 中的 random 模块。这些方法生成的随机数通常是伪随机数。如果用来生成随机数的种子是已知的，或者生成的随机数是已知的，就可以得到下一个随机数序列的信息。

真随机数的生成必须是不可预测的，不可能重复生成两个完全相同的真随机数序列。由于其低成本和易于被公众理解，在历史上使用诸如转盘、掷硬币和掷骰子等方法生成真实随机数是很常见的。但是，这些方法很难审计，所以它们不适合大范围的场景。此外，即使整个过程看起来是合法的，人们也有理由怀疑执行人可以操纵结果。

目前，真随机数一般是利用物理现象产生的，如电子元件的噪声、大气噪声、太阳活动、核裂变等。真随机数生成器的技术要求普遍较高，生产效率普遍低于伪随机数生成器。此外，如果信息熵的信息量非常有限，则可能无法生成真正的随机数。真随机性又可分为统计意义上的随机和量子效应的随机。一般认为，由于量子力学内在的随机性，它产生的随机数比传统物理中统计产生的随机数更真实。

真随机数产生方法有以下几种。

1. NIST 真随机数发生器

NIST Randomness Beacon 用于生成公共随机数源。它使用两个独立的随机数发生器，每个发生器配备一个独立的物理熵源和 SP800-90 认可组件。NIST 随机数生成器旨在提供不可预测、自主、一致的随机数源。不可预测是指任何算法都无法预测该生成器将会给出的随机数。自主是指能够抵抗不相关者介入或阻止分发随机数的过程。一致是指一组访问该服务的用户能够获得相同的随机数。

2. Linux 真随机数生成器

Linux 内核提供了一个统计随机数生成器。它利用机器的噪声来产生随机数。噪声的来源包括各种硬件运行时速，用户与计算机交互时速，例如按键间隔的时间、鼠标移动的速度、特定中断的时间间隔和阻塞 I/O 请求的响应时间等。

3. random.org 真随机数生成器

random.org 使用大气噪声来生成随机数。也就是说，利用录音设备获取大气中的声波，然后检测其细微变化作为熵源产生随机数。random.org 还提到了熵的两种来源：量子现象和混沌现象。量子现象作为随机数的一种来源，利用了粒子在原子尺度上行为的随机性，其本质尚未被人类发现，因此可以认为是一种具有良好不确定性的熵源。混沌现象是指在混沌系统中，初始量的微小差异将导致未来完全不同的发展。因此，除非获得所有初始时刻的准确信息，否则无法预测未来的发展趋势。实际上，这两种方法都可以用来实现不可预知的随机数生成器。random.org 使用大气噪声生成随机数的方法就属于后者。

可以看到，现有的真随机数发生器要么基于单个设备，要么存在着中心化机构。这意味着一个真随机数并非天生是可证公平的。以 NIST Randomness Beacon 提供的随机数为例，即便其从宇宙背景辐射进行采样获得熵，NIST 仍然可以在他人之前获知最新的随机数，同时 NIST 具有对生成的随机数进行挑选和干涉的能力。自然地，人们希望找到一种更公平的随机数生成和发布机制。而区块链作为一个去中心化的平台，为可证公平的随机数生成提供了天然的基础。

为什么说随机数的可证公平是非常重要的性质呢？不妨来看下面一个例子。截至 2017 年年初，北京市参与普通小客车指标摇号的有效申请人为 2 783 966 人，而有效指标仅 13 905 个，中签比例小于 1∶200。网上流传各种摇号攻略，例如外地人摇号更容易中，晚点确定参与摇号更容易中，通过特殊渠道可以买号，等等。这些传言无论真假，它们发生的基础，都是人们对摇号过程和结果不满或质疑时，无法通过有效的方式证实而导致的。每到摇号结果发布的时候，各个微信群里就会晒摇号结果，有人摇了 6 年也没有摇中。从概率的角度说，这完全是可能的。但是站在普通人的角度，是真的运气太差，还是有人从中作弊，无法证实，必然产生怨言。时间长了，谣言也就形成了，管理机构的公信力也必将降低。所以，在真随机数使用场景下就更需要能自证公平，让所有参与者自由地查看结果产生的过程。随机数生成和发布过程不仅需要产生结果，更需要具备沟通的能力，与参与者达成共识，才是公平摇号的本质。

解决上述问题的一个方案是让产生真随机数的过程也去中心化。最简单的方案是斯坦福和普林斯顿的 Bonneau、Goldfeder 等人于 2015 年提出的可以把比特币挖矿的结果作为随机数发生器。回忆一下，比特币矿工必须计算大量的随机哈希函数来找到一个有效区块，这意味着没有人可以不经过挖矿工作就能预测或影响下一个区块的生成。当然，任何一个区块的哈希函数结果的最初几个字节都是零，但是只需要选择性地抽取哈希函数结果后面的位数，就可以产生令人无法预测的随机数了。这样一来，把区块链变成一个随机数发生器就成了一件简单的事。在区块链的每一个区块上，我们在区块头部设置一个随机数抽取器，其实就是一个哈希函数，这个哈希函数把输入的区块变成一定长度的哈希摘要，每次只要比特币产生一个新区块，就有一个新的随机信号输出。

相对前文介绍的真随机数发生器，这种使用比特币区块链产生随机数的方法的优点主要有两个：第一，它是完全去中心化的，这意味着没有哪个中心化机构能够操纵随机数的产生；第二，相比通过各种物理现象来产生随机数的方法，它更简单。

然而，这样的方案也存在一些不足。首先是不能精确定时，例如，假设需要在明天正午产生一个随机数，但没人能够知道区块产生的准确时间，虽然平均来说，在正午之前或之后的 10min 内一定会有一个区块被公布，但这还是会有误差。然后是延时。如果想降低目标区块在一个分叉事件中丢失的可能性，还要对可能发生的延迟有所准备。在比特币世界里，通常情况下要等 6 个区块（60min）生成后，才能确信这个信号值是真正地被确认了。最后，尽管没人能够控制产生的随机数的结果，但矿工还是可以通过丢弃区块来拒绝对自己不利的结果，这样的代价是矿工会失去一次获得挖矿奖励的机会。按照 2018 年的比特币价格，矿工丢弃一个区块的代价大约是数万美元。丢弃一个区块是一个高昂的代价，但对一些情况如NBA选秀而言，其中可能涉及几千万美元的利益，操纵这个随机值所需的代价可能还是太低，所以当涉及巨额资金时，这个方法是否有效仍值得探讨。此外，这里的安全评估忽略了一些现实生活中的因素。例如，对加入某一个矿池的矿工来说，丢弃一个有效区块并不会让他损失很多钱，因为他们是根据贡献算力的比例而不是区块来领取奖励的。

还有一种多方参与的随机数产生方法也可以和区块链相结合。这一方法的算法如下。

假设有3个参与者：Alice、Bob和Carrol，他们都想以相同的概率来选择一个号码1、2、3。我们尝试以下协议：每个人各选择一个大的随机数，如Alice选x、Bob选y、Carrol选z，然后互相告知各自的随机数，并共同计算结果$(x+y+z)/3$。如果他们都是完全独立地选择随机数的话，这个方法是可行的。但是在互联网上，没有办法可以限制他们绝对地"同时"送出数据。Alice可能会等到Bob和Carrol送出随机数之后再发布她的数据。这样一来，她可以轻易地操纵这个计算的结果。

首先，每个人各选一个大的随机数，并发布它的哈希函数值；然后，每个人披露各自所选的数字；接着，其他两个人查证这个被披露的函数值和在第一步发表的数据是否正确；最后，计算这3个随机数的结果。这种数据协议之所以能成功是因为：第一，函数的输入x、y、z是大的任意数，没有人可以在第一回合之后预测其他人的输入；第二，如果Alice按照规则任意地选择她的输入，她可以相信，不管Bob和Carrol是否选择了随机数，最后的输出结果也是随机的。

上述算法不依赖于区块链，但借助区块链技术和智能合约技术，该算法可以实现完全的去中心化，实现真正的公证可信。

7.5 编程案例

7.5.1 实现Scrypt加密算法

下面是Scrypt算法的一个简单实现。

```
import hashlib

#输入
#N：需要缓存的中间哈希结果的数量，用于调整算法的内存占用
#msg：需要加密的信息
####################################
#返回
#加密后得到的哈希值
####################################
#说明
#实现Scrypt算法
####################################
def scrypt(N,msg):
    V=[0]*N
    V[0]=msg
    for i in range(1,N):
        V[i]=hashlib.sha256(V[i-1].encode()).hexdigest()
```

```
    x=hashlib.sha256(V[N-1].encode()).hexdigest()
    for i in range(1,N):
        j=int(x,16)%N
        x=hashlib.sha256((x+V[j]).encode()).hexdigest()
    return x
```

7.5.2 实现随机并联混合哈希算法

在 7.2.4 小节，我们提出了一种会自动变换并且将多种哈希算法以并联的方式混合在一起的改进哈希算法，本次任务就是要实现这一算法。

作为一个扩展任务，我们在下面给出了国密 SM3 哈希算法的 Python 实现。如果你想要了解加密哈希函数的运行原理，可以尝试深入理解下面的代码；如果你只想简单地学习区块链，则不需要去深入理解哈希函数的原理，只要直接复制下面的代码即可。国密算法是中国国家密码管理局认定的国产密码算法，其具体细节可参考相应的中国国家密码管理局文档。

```
#国密算法 SM3
#具体参考国密 SM3 文档

import struct

IV="7380166f 4914b2b9 172442d7 da8a0600 a96f30bc 163138aa e38dee4d b0fb0e4e"
IV=IV.split(" ")
IV=[int(IV[i],16) for i in range(len(IV))]

Tj=[]
for i in range(0,16):
    Tj.append(0x79cc4519)
for i in range(16,64):
    Tj.append(0x7a879d8a)

def hex_out(x):
    for i in x:
        print("%08x" % i)

def FF(x,y,z,j):
    if j>=0 and j<=15:
        return x^y^z
    elif j>=16 and j<=63:
        return (x&y)|(x&z)|(y&z)
    else:
        print("function FF error")
        exit(0)

def GG(x,y,z,j):
    if j>=0 and j<=15:
        return x^y^z
    elif j>=16 and j<=63:
        return (x&y)|((~ x)&z)
    else:
        print("function GG error")
        exit(0)
```

```
#用于执行循环左移操作
def left(x,k):
    k=k%32
    return((x<<k)&0xFFFFFFFF)|((x&0xFFFFFFFF)>>(32-k))

def P0(x):
    return x^(left(x,9))^(left(x,17))

def P1(x):
    return x^(left(x,15))^(left(x,23))

#进行填充
def padding(msg):
    len1=len(msg)
    len2=len1%64
    len2=len2+1
    msgByte=msg.encode()+struct.pack("B",128)
    for i in range(len2,56+int(len2/56)*64):
        msgByte=msgByte+struct.pack("B",0)
    bitLength=(len1)*8
    bitLengthString=struct.pack(">Q",bitLength)
    msgByte=msgByte+bitLengthString
    return msgByte

#进行分组
def splitm(msg):
    B=[]
    length=int(len(msg)/64)
    for i in range(0,length):
        B.append(msg[i*64:(i+1)*64])
    return B

def CF(V,B):
    W=[]
    for j in range(0,16):
        W.append(struct.unpack(">I",B[j*4:(j+1)*4])[0])
    for j in range(16,68):

W.append(P1(W[j-16]^W[j-9]^(left(W[j-3],15)))^(left(W[j-13],7))^W[j-6])
    W2=[]
    for j in range(0,64):
        W2.append(W[j]^W[j+4])
    A,B,C,D,E,F,G,H=V
    for j in range(0,64):
        SS1=left(left(A,12)+E+left(Tj[j],j),7)
        SS2=SS1^(left(A,12))
        TT1=(FF(A,B,C,j)+D+SS2+W2[j])
        TT2=(GG(E,F,G,j)+H+SS1+W[j])
        D=C
        C=left(B,9)
```

```
        B=A
        A=TT1
        H=G
        G=left(F,19)
        F=E
        E=P0(TT2)
    ################################################################
        A = A & 0xFFFFFFFF
        B = B & 0xFFFFFFFF
        C = C & 0xFFFFFFFF
        D = D & 0xFFFFFFFF
        E = E & 0xFFFFFFFF
        F = F & 0xFFFFFFFF
        G = G & 0xFFFFFFFF
        H = H & 0xFFFFFFFF
        ################################################################
    newV=[]
    newV.append(A^V[0])
    newV.append(B^V[1])
    newV.append(C^V[2])
    newV.append(D^V[3])
    newV.append(E^V[4])
    newV.append(F^V[5])
    newV.append(G^V[6])
    newV.append(H^V[7])
    return newV

#主函数
def main(msg):
    msg=padding(msg)
    B=splitm(msg)
    V=[]
    V.append(IV)
    for i in range(0,int(len(msg)/64)):
        V.append(CF(V[i],B[i]))
    #hex_out(V[len(V)-1])
    return V[len(V)-1]

#对外提供的接口
def hash(msg):
    msg=main(msg)
    res=""
    for i in range(0,8):
        res=res+"%08x"%msg[i]
    return res
```

由于ASIC矿机只能针对一种加密算法进行设计，且其设计与制造都必须投入大量的资源和时间，因此我们提出了一种随机混合哈希函数来实现反ASIC矿机的目标。所谓的随机混合哈希函数就是一个会自动发生变化的哈希函数，这样ASIC生产厂商就没有办法针对算法来开发专门的ASIC矿机了。

我们对随机混合哈希函数的设计如下。首先系统有一个哈希函数库（Hashlib），里面存放着多个高安全性的哈希函数。然后每挖出一定数量的区块，系统就会自动使用SHA-256和SM3算法计算链上最后一个区块的哈希值，记为h_1和h_2，系统会根据h_1和h_2从哈希函数库中选取两个哈希函数，记为 H_1 和 H_2。如果选出的 H_1 和 H_2 相同，那么就设置 $H_2=sm3$。最后，分别使用 H_1 和 H_2 计算区块的头部和主体，然后将其以字符串形式连接起来，并进行一次SHA-256 计算以得到最后的结果。

```
hashlib=[SHA-512,SHA3-256,SHA3-152,Scrypt,BLAKE2b,BLAKE2s,SHAKE,PBKDF2]
hashnum=len(hashlib)
if lastBlock().index%144000==0
        h1=sm3(lastBlock())%hashnum
        h2=sha256(lastBlock())%hashnum
        H1=hashlib[h1]
        if h1=h2
             H2=sm3
        else
             H2=hashlib[h2]
H=SHA-256(H1(Bhead))+H2(Bbody)
```

我们仅选择了如表 7-2 所示的 9 种基础哈希函数作为混合哈希函数的基础函数。为了进一步增强系统的安全性和反 ASIC 能力，我们建议尽可能为混合哈希函数选取更多基础的哈希函数。

表 7-2　基础哈希函数

算法	密钥长度
SHA-256	256
SHA-512	512
SHA3-256	256
SHA3-512	512
SM3	256
Scrypt	256
BLAKE2b	512
BLAKE2s	256
SHAKE	任意

```
#实现随机混合动态哈希函数
import hashlib
from sm3 import hash
import json
#加密会用到的哈希函数，还需要增加种类
hashhouse=[hashlib.sha3_512,hashlib.sha3_256,hashlib.sha256,hashlib.sha512,hashlib.shake_256,hashlib.blake2b,hashlib.blake2s]

#输入
#string1：目前是 pproof，以后可能会更改
#string2：目前是 proof，以后可能会更改
#N：用于控制内存消耗的参数
#r1：用于随机选择哈希值的随机数
#r2：用于随机选择哈希值的随机数
######################################
#返回
#加密后得到的哈希值
```

```
#######################################
#说明
#实现随机混合哈希函数
#######################################
def scrypt(string1,string2,N,r1,r2):
    #根据输入的哈希值选择加密算法的类型，确保加密算法变换的去中心化
    r1=r1%len(hashhouse)
    r2=r2%len(hashhouse)
    h1=hashhouse[r1]
    if r1==r2:
        h2=hashhouse[(r2+1)%len(hashhouse)]#保证使用的两种加密算法不同
        r2=r2+1
    else:
        h2=hashhouse[r2]

    #初始化数组
    V1=[0]*N
    V2=[0]*N
    V1[0]=string1
    V2[0]=string2
    #print(h1,h2)

    #随机地填满内存区域，保证该算法为一个刚性内存解谜算法
    for i in range(1,N):
        if r1==4:
            V1[i]=h1(V1[i-1].encode()).hexdigest(32)
        else:
            V1[i]=h1(V1[i-1].encode()).hexdigest()
        if r2==4:
            V2[i]=h2(V2[i-1].encode()).hexdigest(32)
        else:
            V2[i]=h2(V2[i-1].encode()).hexdigest()

    #计算 X1 和 X2 的初始值
    X1=""
    X2=""
    if r1==4:
        X1=h1((X1+V1[N-1]).encode()).hexdigest(32)
    else:
        X1=h1((X1+V1[N-1]).encode()).hexdigest()
    if r2==4:
        X2=h2((X2+V2[N-1]).encode()).hexdigest(32)
    else:
        X2=h2((X2+V2[N-1]).encode()).hexdigest()
    #计算最终结果，会使用到之前在内存中缓存的数字，如果有人试图不缓存数字，那么这一步的时间复杂度将会上升一个指数级
    for i in range(0,N):
        j1=int(X1,16)%N
        j2=int(X2,16)%N
        if r1==4:
            X1=h1((X1+V1[j1]).encode()).hexdigest(32)
        else:
            X1=h1((X1+V1[j1]).encode()).hexdigest()
        if r2==4:
```

```
            X2=h2((X2+V2[j2]).encode()).hexdigest(32)
        else:
            X2=h2((X2+V2[j2]).encode()).hexdigest()
    return hash(X1+X2)

#输入
#block：前一个区块，用于确定随机选择哈希函数的随机数
#string1：目前是 pproof，以后可能会更改
#string2：目前是 proof，以后可能会更改
#N：用于控制内存消耗的参数
####################################
#返回
#加密后得到的哈希值
####################################
#说明
#对外提供的接口，根据输入的区块的哈希值来随机选择加密算法的类型
####################################
def randhash(block,string1,string2,N):
    #index=block["index"]
    n=0
    r1=hashlib.sha3_256(json.dumps(block,sort_keys=True).encode()).hexdigest()
    r2=hash(json.dumps(block,sort_keys=True))
    r=scrypt(string1,string2,N,int(r1,16),int(r2,16))
    return r

if __name__ == '__main__':
    a={'index':1,'time':1111,
    'trans':[{'sender':'system','receiver':'a','amount':5,'information':None},
{'sender':'system','receiver':'b','amount':5,'information':None},{'sender':'system
','receiver':'a','amount':2,'information':None}],
    'proof':961113,
    'hash':961113,
    }
    #r=randhash(a,"abc","defg",100)
    r=scrypt("abc","123",100,7,7)
    print(r)
```

7.5.3 实现有效工作量证明算法

在 7.3.2 小节中我们讨论了用于质数币的有效工作量证明算法。该算法的实质就是寻找满足一定条件的坎宁安链。

```
#基于坎宁安链的有效工作量证明算法

import numpy as np

#输入
#num：待验证的数字，寻找到的坎宁安链以该数字开头
#k：要求的坎宁安链的长度
#second：属性为真表示寻找第二坎宁安链，默认为第一坎宁安链，目前这个还没有实现，需要改动其他模
块，以后会做到自动变换
####################################
#返回
```

```
#如果找到的坎宁安链满足要求就返回真，否则返回假，不管是否找到了符合要求的坎宁安链都会返回找到的坎宁安链
####################################
#说明
#对外提供的接口，寻找一个数字开头的坎宁安链，并判断该坎宁安链的长度是否满足要求
####################################
def validProof(num,k,second=False):
    chain=[num]
    while True:
        num=num*2+1
        if isPrime(num):
            chain.append(num)
        else:
            break
    if len(chain)>=k:
        return True,chain
    else:
        return False,chain

#输入
#num：待验证的数字
####################################
#返回
#是质数则返回真，否则返回假
####################################
#说明
#用于判断给定数字是否为质数，时间复杂度为 O(log(n))，未来还需要进一步优化
####################################
def isPrime(num):
    if num<1:
        print("function isPrime wrong,because num can not be lower than1  ")
        exit(0)
    if num==2:
        return True
    if num==1:
        return False
    n=int(np.sqrt(num))+1
    for i in range(2,n):
        if num%i==0:
            return False
    return True

if __name__ == '__main__':
    for i in range(2,10000):
        r1,r2=validProof(i,5)
        if r1:
            print(i,r2)
```

本章小结

本章主要讨论了对区块链的技术改进，包括改善区块链的匿名性，通过反矿池和反矿机

算法加强区块链的去中心化程度，以及设法降低挖矿的能源损耗。需要注意的是，本章中讨论的大部分技术都具有很大的争议性，既有缺点也有优点，在选择使用时，一定要根据实际运用的需要慎重选择。

思考题

1. 在 7.2.3 小节中我们分析了一种用时间换取空间的方法，试改变 Scrypt 算法，以使得这样的策略失效。

2. 在编程案例 7.5.2 小节中，我们实现了一种会自己变化的哈希算法，现在尝试将通用的算法用到编程案例 7.5.3 小节中，使得挖矿的目标在第一区块链和第二区块链间自动切换。

第 8 章 区块链安全性分析

【本章导读】

本章重点对区块链系统中受到的攻击与相应的应对策略进行讨论，包括 DDoS 攻击、分叉攻击、拒绝服务攻击、临时保留区块攻击、区块丢弃攻击、惩罚分叉攻击、Sybil 攻击和 Eclipse 攻击等，分析典型的攻击案例。最后通过开发分叉攻击模拟和 Sybil 攻击防御模拟来理解区块的安全性。

8.1 针对区块链的恶意攻击与应对策略

首先我们需要讨论的是针对区块链分布式共识机制的攻击。这些攻击包括伪造区块记录、矿工之间的恶意竞争，以及某个恶意矿工对某个地址的绞杀。

8.1.1 针对区块链系统的 DDoS 攻击

分布式拒绝服务攻击（Distributed Denial of Service，DDoS）是指多个受攻击的计算机系统会在一个目标上联合起来，并通过向目标发送大量消息、请求或数据包来造成系统崩溃，从而导致对合法用户和系统的拒绝服务。

绝大部分传统的互联网平台都是基于 C/S 或 B/S 架构的，其逻辑处理、数据存储等关键功能极度依赖于中心化的服务器和数据库，因此中心节点一旦因为某种原因发生故障，整个网络就会陷入瘫痪。

由于区块链是基于去中心化架构设计的，其数据存储由一条公开的区块链完成，服务由多个不同的矿工节点提供，因此任意单个节点的故障并不会对系统的正常运行造成严重影响。同时由于在去中心化的区块链网络架构里面没有传统的中心节点，因此能够非常有效地预防 DDoS 攻击。下面我们就将以 DDoS 为例，分析去中心化的区块链网络承受 DDoS 攻击的能力。

由于去中心化的区块链网络中没有传统意义上的中心节点，因此一个 DDoS 攻击若想成功，就必须同时对多个节点发动攻击，这就有效地分散了攻击者的力量。即使攻击者成功使一些节点陷入瘫痪，其他的节点作为网络中的冗余，也可以代替瘫痪的节点正常完成工作，因此一个成功的 DDoS 攻击只有在瘫痪了绝大部分区块链节点的情况下才能对系统造成致命性破坏，而这几乎是不可能的。此外，由于节点在区块链网络中使用的地址是节点的公钥而非 IP 地址，黑客只有在通过其他方式得到了大量节点的 IP 地址的情况下才有可能发动 DDoS 攻击。区块链网络的高可靠性示意如图 8-1 所示。

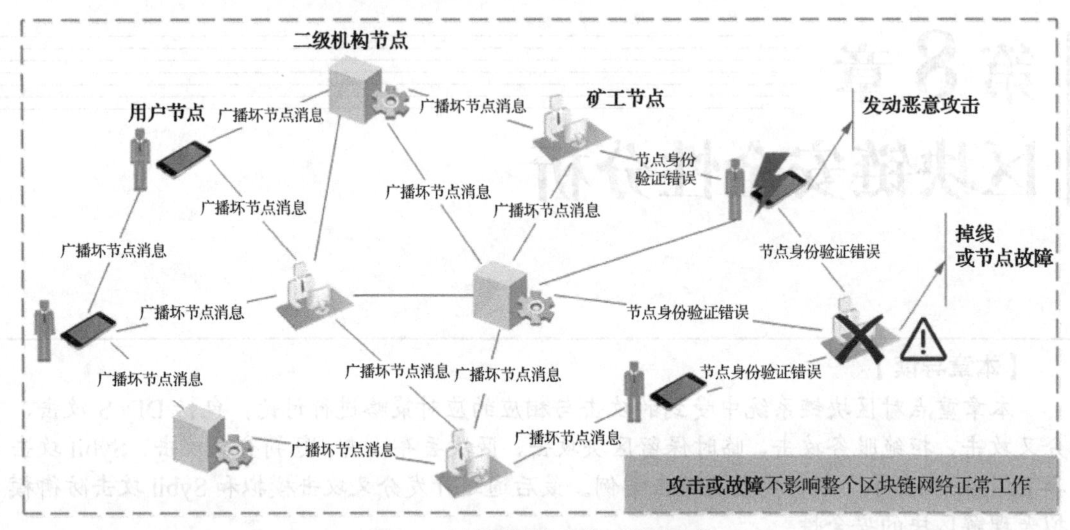

图 8-1　区块链网络的高可靠性示意

传统的中心化架构在阻止 DDoS 攻击方面常常处于不利地位。DDoS 攻击可以通过利用服务器上的漏洞，或者消耗服务器上的资源（例如内存、硬盘等）来达到目的。DDoS 攻击主要分两大类：带宽耗尽攻击和资源耗尽攻击。为了有效遏制这两种类型的攻击，传统的 DDoS 防御系统必须吸收大量的流量，因此需要很高的维护费用。而区块链基于去中心化架构设计，能够以网络的冗余性对抗 DDoS 攻击，不仅提高了系统的安全性，还大大降低了系统的维护成本。

8.1.2　分叉攻击

分叉攻击是区块链领域中最著名的一种攻击方式，由于发动这类攻击通常需要掌握全网算力的 50%以上，因此这种攻击方式也被称为 51%攻击。

分叉攻击的原因通常是攻击者出于某种原因不愿承认共识链上的一个区块 B_i。举个例子，在加密“数字货币”中，一个攻击者可能不愿意承认在区块 B_i 上有一笔自己的付款记录，如果攻击者能够成功让大部分矿工都不承认区块 B_i，那么就相当于过去的付款没有发生过，这样同一笔钱攻击者就可以消费第二次了。这也是分叉攻击在数字加密货币中也被称为双重支付攻击的原因。

下面让我们以资产交易为例仔细分析一个具体的分叉攻击过程。假设 A 是攻击者，B 是某个诚实的商人，B 打算向 A 购买一套房子，双方准备通过区块链实现财产的公证和交易。B 向 A 付款后，A 在区块链上发起一笔交易，将房产的所有权转移到 B 的地址，这笔交易被某个诚实的矿工处理，并写入区块 B_i 中，B 看见区块链上的记录已经显示现在房产的所有权属于他，且 B 相信区块链具有不可篡改的特点，于是愉快地结束了这次交易。然而，攻击者 A 决定让之前的房产转移交易作废，这样他就可以拿回房产的所有权了。假设 A 也是一个矿工，他可以尝试从区块 B_{i-1} 开始发起一次分叉“$\cdots B_{i-2}B_{i-1}C_iC_{i+1}\cdots$”，创建一条新的区块链分支，如果新创建的分支长于原来区块链的主链“$\cdots B_{i-2}B_{i-1}B_iB_{i+1}\cdots$”，那么所有人都会自动切换到新的分支上来，这样攻击就成功了。因为包含之前那笔房产转移交易的区块 B_i 已经被大家抛弃了。

那么分叉攻击在什么条件下能成功呢？回顾上面的例子，分叉攻击成功的关键在于攻击者要让自己制造的新分支“$\cdots B_{i-2}B_{i-1}C_iC_{i+1}\cdots$”长于诚实矿工制造的主链“$\cdots B_{i-2}B_{i-1}B_iB_{i+1}\cdots$”，因此分叉攻击完全可以理解为攻击者与所有诚实矿工制造新区块的速度竞赛。如果攻击者赢得竞赛，那么攻击成功；如果攻击者输掉竞赛，那么他在竞赛中投入的算力就全部被浪费了。如果挖矿是有区块奖励的，那么攻击者还会亏掉他原本可以获得的区块奖励。

二叉树随机漫步（Binomial Random Walk）描述了诚实节点和攻击者节点之间的竞赛。成功事件被定义为诚实节点制造的链条延长了一个区块，使其领先性加 1，而失败事件被定义为攻击者制造的链条被延长了一个区块，使得差距减 1。

赌徒破产问题（Gambler's Ruin Problem）可以近似地看作攻击者成功填补某一既定差距的可能性。假定一个赌徒拥有无限透支的信用，通过潜在次数为无穷的赌博，试图填补自己的亏空，那么我们可以计算他填补亏空的概率，具体如下。

$$q_z=\begin{cases}1, & q\leqslant p\\ \left(\dfrac{q}{p}\right)^z, & p>q\end{cases}$$

其中 p 为诚实节点在一轮竞争中领先的概率；q 为攻击者在一轮竞争中领先的概率；q_z 为攻击者在落后诚实节点 z 个区块的情况下最终追上诚实节点的概率。

假定 $p>q$，那么随着区块数的增长攻击成功的概率呈指数级下降趋势。假设诚实节点领先 z 个区块，并且耗费平均预期时间以产生一个区块，那么攻击者的潜在进展就呈现泊松分布，分布的期望值为：

$$\lambda=z\frac{q}{p}$$

攻击者取得进展区块数量的泊松分布的概率密度，乘以在该数量下攻击者依然能够追赶上的概率，得到攻击者追赶上的概念。

当 $k\leqslant z$ 时，有：

$$\sum_{k=0}^{+\infty}\frac{\lambda^k\mathrm{e}^{-\lambda}}{k!}\times\left(\frac{q}{p}\right)^{z-k}$$

当 $k>z$ 时，有：

$$\sum_{k=0}^{+\infty}\frac{\lambda^k\mathrm{e}^{-\lambda}}{k!}\times 1$$

为了避免对无限数列求和，我们可以将其转化为下面的形式。

$$1-\sum_{k=0}^{z}\frac{\lambda^k\mathrm{e}^{-\lambda}}{k!}\left(1-\left(\frac{q}{p}\right)^{(z-k)}\right)$$

这里借用 8.4.1 中的结果。编程案例 8.4.1 对分叉攻击成功的概率进行了模拟，模拟结果如表 8-1 所示。

表 8-1　分叉攻击成功率模拟结果

	q=0.1	q=0.3	q=0.4
z=1	0.20458727394278242	0.627749109982254	0.8288609603224694
z=2	0.05097789283933862	0.4457170995239838	0.7364028618842733

续表

	q=0.1	q=0.3	q=0.4
z=3	0.013172241678896482	0.3245841018204811	0.6641680008572947
z=4	0.0034552434664851736	0.2391268577972393	0.6034010417859026
z=5	0.0009136821879279122	0.1773523113609451	0.550625129070 2074
z=10	1.2414021747979564E-06	0.04166047996897915	0.3599763240066038

将其画成折线图，结果如图 8-2 所示。

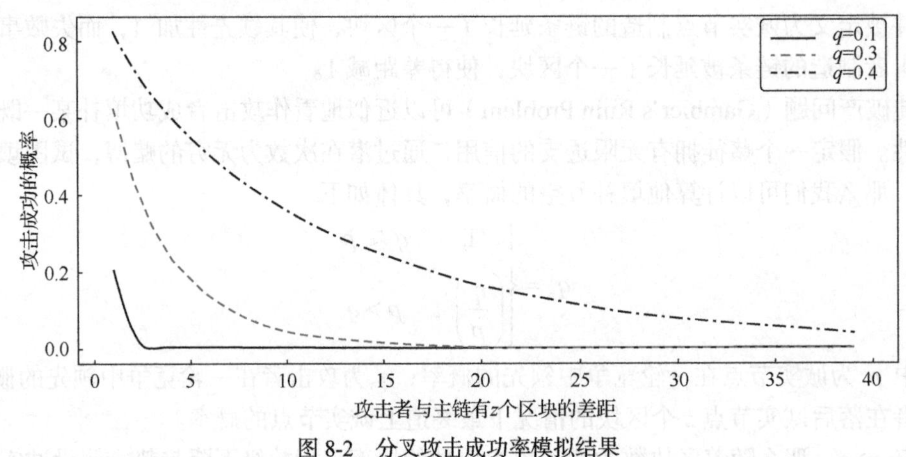

图 8-2　分叉攻击成功率模拟结果

分析得到，随着 z 的增加，分叉攻击成功率呈指数级下降趋势。从概率上来说分叉攻击几乎是不可能成功的，除非攻击者掌握的算力接近全网算力的 50%。从上面的结果也可以看出，工作量证明机制的安全性建立在大部分矿工都是诚实的这一基础之上，即攻击者拥有的算力不会超过或接近诚实矿工的算力之和。

在第 7 章中我们讨论了区块链的中心化的趋势、中心化可能带来的问题和应对中心化的策略。从上面的讨论中可以再次看到为什么需要设计一个能够实现反矿机和矿池、加强区块链去中心化程度的挖矿算法，因为这样可以在很大程度上避免分叉攻击的发生。

实际中，成功的分叉攻击都是针对总算力较小的区块链系统，通常是刚刚投入运行的区块链系统。此外，攻击者通常不是为了经济利益而发动攻击。这是因为发动一次分叉攻击需要大量的算力，尽管拥有此等算力的机构有可能在短期内从这样的攻击中获益，但这样的攻击很有可能会彻底摧毁人们对区块链系统的信心，而拥有此等算力的机构必然已经投入了大量的资金和矿机，所以从长远来看，不会有人会以营利为目的发动分叉攻击。因此，如果一个区块链应用真的遭到分叉攻击，那么一定是有人希望通过打击人们对此应用的信心来摧毁这一应用。以 2012 年盘旋币（Coiled Coin）被攻击为例，比特币矿池 Eligius 的总管认为，盘旋币是一个骗局，会对整个加密货币的生态系统产生冲击。所以，Eligius 将其挖矿资源全部用在盘旋币上，制造出的区块链把盘旋币几天的交易给对冲掉，同时挖了一条很长的空区块链。这造成了其他盘旋币用户无法再使用盘旋币的服务，也就无法再产生任何新的交易。在盘旋币经历了短暂的攻击后，用户放弃了盘旋币，盘旋币从此销声匿迹。在这个案例和其他类似的另类币夭折的案例里，攻击者都是出于经济利益以外的动机发动攻击的。

在一个成熟的区块链系统中，算力集中很容易引起网络中其他节点的警惕。例如在 2014 年

6 月，比特币网络中最大的矿池 GHash.IO 拥有的算力超过了全网算力的 50%，这引起了比特币社区的关注，并导致了对 GHash.IO 的攻击。到了 8 月，GHash 主动减少了矿池的用户以下调一些算力比例。图 8-3 和图 8-4 显示了 GHash.IO 矿池主动调整前后的算力分布情况。

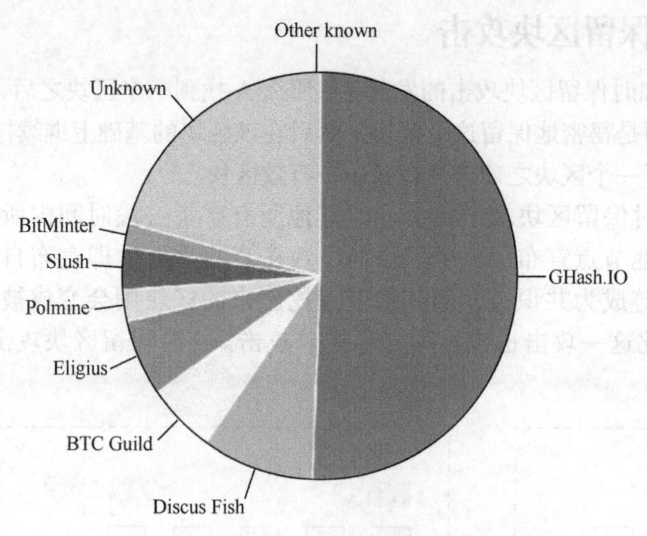

图 8-3　GHash.IO 矿池调整前的算力分布情况

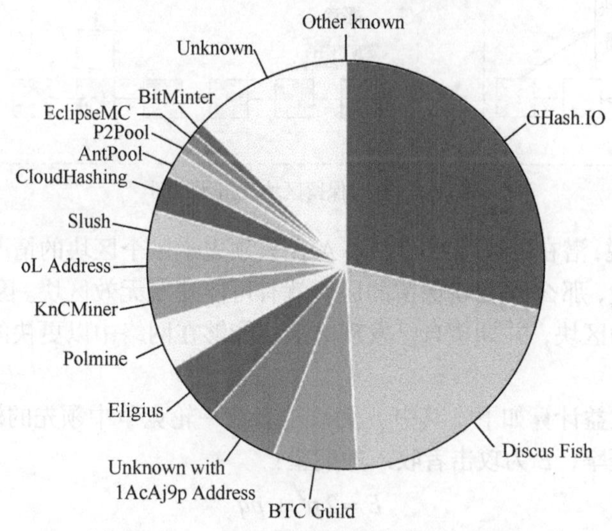

图 8-4　GHash.IO 矿池调整后的算力分布情况

如果真的发生了分叉攻击，诚实节点也可以联合起来不承认攻击者产生的链。

8.1.3　拒绝服务攻击

假设矿工 A 因为某些原因不愿意处理用户 B 提出的服务请求，即 A 不为 B 提供服务，也不将交易写入区块链。尽管这是 A 开展的攻击，但这并不是一个大问题，因为 A 无法阻止 B 的请求被网络中的其他诚实节点处理，所以这算不上是一个有效的攻击。

一个类似但更加极端的攻击被称为惩罚分叉攻击。发动这类攻击的攻击者（仍假设为 A）不仅会拒绝 B 的服务请求，而且还会拒绝在包含 B 的服务请求的区块上工作。类似于 8.1.2 小节中分析的分叉攻击，如果 A 拥有的算力超过全网算力的 50%，能够让自己挖出来的链成为全网所有节点的共识链，那么 A 确实有可能发动这样一种攻击。但正如前文分析的那样，区块链网络中存在大量节点，单个攻击者基本上不可能拥有足够的算力来发动一次这样的攻击。

8.1.4 临时保留区块攻击

假设矿工 A 是临时保留区块攻击的发起者，那么 A 找到一个区块之后，不会立即向全网广播找到的区块，而是秘密地保留这个区块，然后在该区块的基础上继续挖矿，并期望可以抢在其他矿工找到下一个区块之前连续找到两个有效区块。

一次成功的临时保留区块攻击将会导致其他所有矿工一段时间内所做的挖矿努力全部白费，因为当其他节点宣布了一个区块时，攻击者只需要立即宣布自己保留的两个区块就可以让自己的链成为共识链，而其他节点挖出来的区块则会变成被排斥在共识链之外的无效区块，因此这一攻击也被称为自私挖矿攻击。临时保留区块攻击示意图如图 8-5 所示。

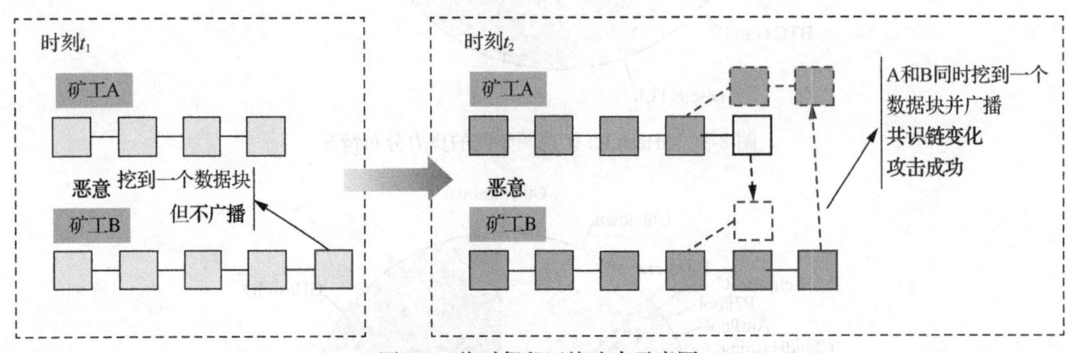

图 8-5 临时保留区块攻击示意图

对攻击者 A 来说，潜在的风险在于如果 A 在只领先了一个区块的情况下便有其他节点宣布发现了一个新区块，那么 A 秘密保留的区块就有可能变成无效区块。因此 A 不得不也立即跟着广播自己发现的区块，并期望自己发现的区块能够在网络中以更快的速度传播以得到大多数节点的承认。

攻击者的预期收益计算如下，其中 p 为攻击者在一轮竞争中领先的概率，q 为攻击者在网络传播中获胜的概率，E 为攻击者收入的期望：

$$E = 2p^2 + pq$$

临时保留区块攻击是最近才被提出的一种针对工作量证明的攻击方式。该攻击对算力的需求相对较低，例如当 q 为 50%时，攻击者只要拥有 25%的算力便可以从这样一种攻击方式中获益，因此这是一种相当难以防御的攻击。

尽管临时保留区块攻击难以防御，但这类攻击更加类似于矿工之间的不正当竞争，并不会对系统产生特别严重的破坏，也不会影响到提供给用户的服务质量。此外，这样的攻击必定会在区块链中留下记录（某个矿工多次连续发现多个区块），因此非常容易被检测到，诚实的矿工完全可以联合起来抵制这一攻击。

8.1.5 区块丢弃攻击

目前所有的矿池设计都有一个漏洞：没有办法来确保矿工在找到有效区块的时候一定会

提交给管理员。这就造成了一种可能的攻击——区块丢弃攻击。这种攻击也被称作民间攻击或者蓄意破坏攻击。假设矿池中的一名成员想要发动这种攻击，那么他可以正常地参与挖矿然后提交工分（接近有效区块的区块）并获得矿池分配的奖励，但当他找到一个有效区块的时候，他可以选择丢弃它而不是将其提交给管理员。

这个攻击降低了整个矿池的挖矿能力，因为攻击者的工作量并没有实际贡献到挖矿中去。但是这个矿工依然会收到奖励，因为他看起来也在不断地提交工分，只是运气不好没有找到有效的区块。多年来，这一攻击被看作一种无利可图的蓄意破坏，对矿池和攻击者都是不理性、不经济的，因为矿池和攻击者自身都会遭受一定的经济利益损失，所以人们认为理智的矿工肯定不会去发动这样的攻击。但是研究指出，矿池之间的区块丢弃攻击在一定条件下能够给攻击者带来一定的经济利益。

下面讨论一种相对简单的情况。假设区块链网络中有两个奖励分配机制相同的矿池 M 和 N，其中矿池 M 掌握的算力占总算力的比例为 x_a，矿池 N 掌握的算力占总算力的比例为 x_b，区块链网络中的其他算力之和为 y，矿池 M 动用比例为 p 的算力加入矿池 N，并在矿池 N 中发动区块丢弃攻击，整个矿池的挖矿奖励为 M，那么矿池 M 不发动此类攻击的预期收益 E_1 和发动攻击的预期收益 E_2 分别为：

$$E_1 = \frac{x_a}{x_a + x_b + y} M$$

$$E_2 = \left(\frac{(1-p)x_a}{(1-p)x_a + x_b + y} + \frac{p x_a x_b}{((1-p)x_a + x_b + y)(x_b + p x_a)} \right) M$$

解不等式 $E_2 > E_1$，可以得到 $p < \frac{x_b}{y + x_b}$。这表明，不管矿池 M 控制着多少算力，只要合理地调整 p，它总可以从这样的攻击中获益。这有可能导致不同矿池之间陷入“囚徒”困境。因为从单个矿池的角度来看，这样的攻击是难以检测和防御的，同时也无法确认其他节点是否是诚实的。因此为了提升自己的利润，或者弥补遭到攻击的损失，理性的矿池很可能会不断发动这样的攻击。但从整个区块链网络的角度来看，这将导致大量的区块被丢弃，严重影响网络的正常运行。

8.1.6 惩罚分叉攻击

惩罚分叉攻击是 8.1.3 小节中讨论的拒绝服务攻击的升级版。在这类攻击中，攻击者 Alice 不仅拒绝将 Bob 的交易放入自己挖出的区块，并且还会向其他矿工宣布拒绝在任何包含 Bob 交易的区块链上工作。这一攻击的成功条件类似于分叉攻击，从数学和概率的角度来说，除非 Alice 掌握着区块链网络中的大部分算力，否则此类攻击基本上没有成功的可能性；从经济学和博弈论的角度来说，这类攻击具有很大的潜在威胁。

假设攻击者控制的算力占全网算力的比例为 q（q 远远小于 50%），他发动这类攻击成功的概率约等于他接下来连续赢得两轮挖矿竞争的概率。因为如果他没能够立刻赢得接下来的两轮挖矿竞争，那么之后攻击成功的概率会呈指数级下降，基本上可以忽略不计。如果其他矿工都是诚实的，那么 Alice 大约只有 q^2 的概率成功。但是如果对其他矿工的预期收益 E 进行分析，就会发现其他矿工有很大的可能会配合他发动这样一次攻击。

设每次的挖矿奖励为 x，交易的平均手续费为 y，平均每个区块中的交易数量为 z，Bob 在自己的交易中附加的手续费为 m，在一轮竞争中，假设攻击者领先的概率为 q，那么对于

领先概率为 p 的矿工来说，他的预期收益为：

$$E_1 = p(x+(y-1)z+m)(1-q)$$

$$E_2 = p(x+(y-1)z)$$

其中 E_1 表示矿工将 Bob 的交易纳入自己挖出的区块的预期收益，E_2 表示矿工配合攻击者拒绝将 Bob 的交易纳入自己挖出的区块的预期收益。

可以看出，只要 $q > \dfrac{m}{x+(y-1)z+m}$，那么矿工配合攻击者就能够获得更多的预期收益。下面将以比特现金（Bitcoin Cash，BCH）的实时交易情况为例粗略估计发动这样一次攻击需要多少算力。

2018 年 3 月 22 日 13:00 的区块奖励 x 为 12.5，每秒的平均交易量为 2.2，平均每 10min 挖出一个区块，因此每个区块的平均交易数量 z 为 1320。设平均交易手续费 y 等于系统推荐的交易手续费（比真实的平均值略高）0.0001，假设遭到攻击的 Bob 也按照 y 为自己的交易支付手续费，那么计算出来的 $q \approx 7 \times 10^{-6}$。也就是说，理论上攻击者只要拥有全网算力的很小一部分，就足以发动这样的攻击了。

在实际情况下，由于 Alice 不可能保证每个矿工都及时得知自己的宣称，也不能保证每个矿工都完全理性行事，因此她实际发动此类攻击所需的算力可能会远远超过这里的估计值。尽管如此，从上面的估计可以看到，Alice 只需要很少的算力便能让其他矿工有配合自己攻击的意愿。而在今天的挖矿市场中，由于主要的算力都集中在几个矿池手上，因此 Alice 只要能够说服矿池相信自己的确有足够的决心发动这样的攻击，那么矿池考虑到未来的经济利益，很有可能会配合这样的攻击。

在这里，我们提出这样一种观念，那就是惩罚分叉攻击的可行性在某种程度上也有利于政府或金融监管机构对加密“数字货币”等区块链应用的管理。

8.1.7 虚拟挖矿的潜在风险

尽管虚拟挖矿存在很多优点，但同样也存在很多安全隐患。

虚拟挖矿存在一个常见的漏洞，被称为“无利害关系问题”或“权益粉碎攻击”。假设一个有着小于 50%的权益份额的攻击者，尝试制造一个有 k 个区块的分叉，这样的分叉攻击有着相当高的失败概率。在传统挖矿里，一个失败的攻击有着很高的机会成本，因为矿工可以在挖掘的过程中赚得奖励，而不是浪费挖掘资源在失败的攻击上。

但在虚拟挖矿里，这个机会成本根本就不存在。一个矿工可以既在当前最长的区块链上挖矿，同时又可以进行创建分叉的尝试。如果分叉成功，会消耗掉大量的权益/股权；如果失败，这个失败的记录不会出现在最长的区块链上。因此，理性的矿工也会不断地尝试分叉攻击。

这个问题有不同的解决方法。绝大多数的虚拟挖矿方案都积极地使用检查点来防御长分叉攻击。有些使用虚拟挖矿的区块链系统，采取了以检查点作为防御分支攻击的方法：节点会从指定检查节点收到检查点的常规更新，该更新由指定的私钥签发；节点会放弃与检查点冲突的分支。这种方法使得检查点的运作能从分叉和“转回”区块中选择胜出者。这种方法设计非常复杂，而且从某种角度上说已经和区块链去中心化的设计理念背道而驰。

以太坊提出了一个称为“Slasher”的方法来惩罚尝试进行分叉攻击的矿工。在 Slasher

方案中，使用筹码去挖矿需要用私钥对当前区块进行签名，来应对那些作弊的交易。如果矿工曾经使用相同的筹码去签署两个不连续的区块链（不是前后关系），Slasher 允许其他矿工在区块链上输入这两个签名作为作弊的证据，并且拿走一部分筹码作为奖励。

如果虚拟挖矿中的某个矿工获得了 50%的筹码，那么按照虚拟挖矿的规则，他手上筹码增加的速度将会超过其他所有人之和，最终整个系统和系统中几乎所有的筹码都会被他控制。而在工作量证明算法中，即使某个矿工在一段时间里控制了超过 50%的算力，也很有可能因为其他矿工算力的增加或新矿工的加入而减少算力占比。

8.2 针对分布式存储的攻击和防御

一些应用有时需要区块链存储海量数据。由于单个存储设备的存储能力是有限的，因此很多时候必须设法实现区块链上数据的分布式存储。但区块链上出现了很多针对分布式存储的恶意攻击。为了保证区块链数据的分布式存储安全，我们有必要研究可能的攻击方式和应对策略。

8.2.1 Sybil 攻击和 Eclipse 攻击

Sybil 攻击是指在对等网络中，单一节点通过伪造多个身份标识，从而利用控制系统的大部分节点来削弱冗余备份的作用。具体到当前情况中，一种典型的 Sybil 攻击可能是同一个恶意节点同时扮演多个矿工，通过欺骗使得原来需要备份到多个矿工节点的数据全部被备份到了同一个恶意节点。Sybil 攻击过程示意图如图 8-6 所示。

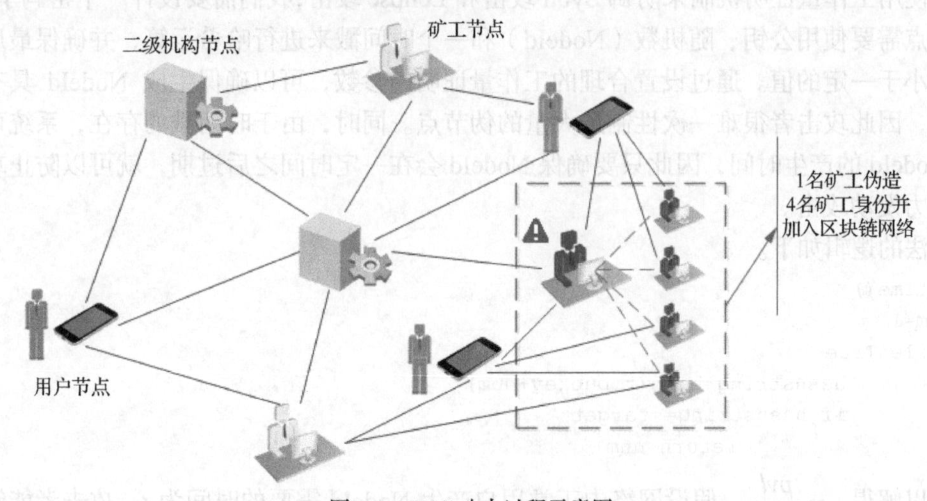

图 8-6 Sybil 攻击过程示意图

Eclipse 攻击也被称为路由表毒化，是指攻击者侵占节点路由，将足够多的恶意节点添加到其邻居节点集合中，从而将这个节点隔离于正常网络之外。为了发动 Eclipse 攻击，攻击者必须首先设置足够多的 Sybil 节点，并让这些节点得到网络中合法节点的承认。Eclipse 攻击过程示意图如图 8-7 所示。

区块链中存在不同类型的节点，因此 Sybil 攻击也就可能会伪造多种身份。

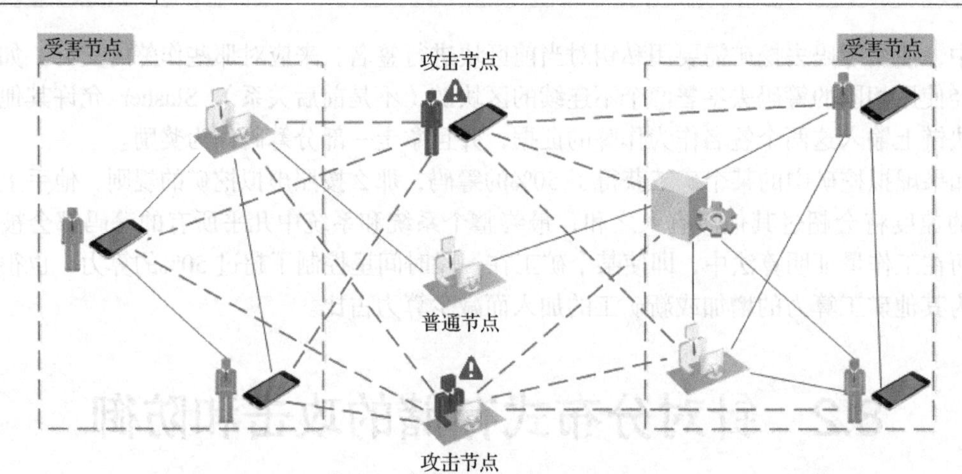

图 8-7　Eclipse 攻击过程示意图

轻节点在网络中的主要身份为服务发起者，因此伪造普通用户节点最多也只能发起大量交易，无法破坏系统数据存储的冗余性。全节点或者是矿工节点则可以执行确认交易、确认区块、产生新区块等操作，需要存储全部的区块链数据，因此是 Sybil 攻击和 Eclipse 攻击的主要对象。

8.2.2　基于工作量证明机制的 Sybil 攻击防御方案

由于 Sybil 攻击成功是 Eclipse 攻击的前提条件，因此不管是针对 Sybil 攻击还是 Eclipse 攻击的防御，重心都在于防御 Sybil 攻击。为此，我们可以使用在前文中被反复提及的工作量证明机制。

要使用工作量证明机制来防御 Sybil 攻击和 Eclipse 攻击，我们需要设计一个密码学难题：矿工节点需要使用公钥、随机数（NodeId）和一个时间戳来进行哈希运算，并确保最后的哈希运算小于一定的值。通过设置合理的工作量证明的参数，可以确保生成 NodeId 具有一定的难度，因此攻击者很难一次性制造大量的伪节点。同时，由于时间戳的存在，系统可以判断该 NodeId 的产生时间，因此只要确保 NodeId 会在一定时间之后过期，就可以防止攻击者通过蓄力发动攻击。

算法的逻辑如下。

```
t=time()
num=1
while True
        hashstring=hash(t+pubkey+num)
        if hashstring==target
                return num
```

可以解得 $x=\dfrac{pvl}{1-p}$。假设网络中正常用户产生 NodeId 需要的时间为 t，攻击者能够控制的算力为正常节点平均算力的 m 倍，那么攻击者控制比例为 p 的节点所需的时间为：

$$t_a=\frac{pvld}{(1-p)m}$$

通过设置每个 NodeId 的生命周期 T，可以迫使攻击者每隔一段时间就不得不对 NodeId 进行重新计算，因此合理地设置 T，可以限制攻击者能够伪造的节点的数量上限，防止攻击者通过蓄力发起攻击。

图 8-8 模拟了当 T=4h、d=5min、l=2.25h、m=10、vl=10 000，网络中合法节点的数量的波动率为 10%时，网络中伪造节点在 10h 内占总节点数量的百分比的变化。

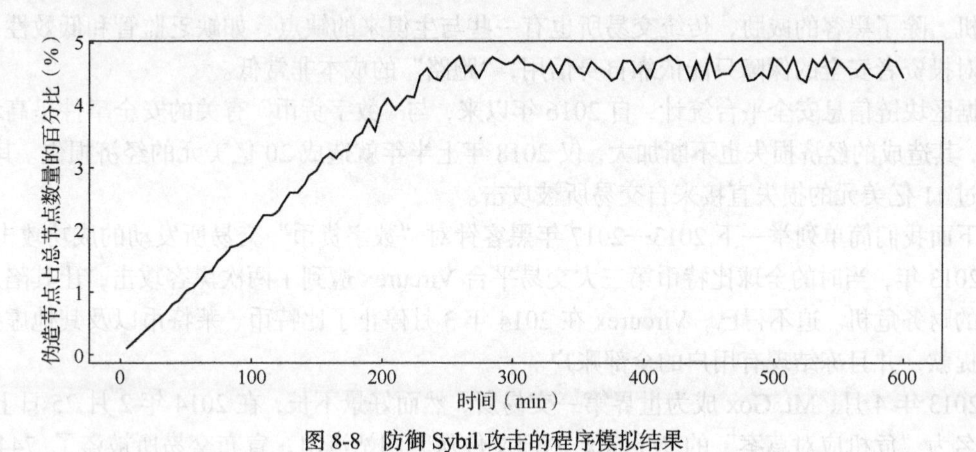

图 8-8　防御 Sybil 攻击的程序模拟结果

从实验结果可以看出，基于工作量证明的 NodeId 生成算法可以有效地限制伪造节点的数量，保证系统免遭攻击。

8.3　攻击案例分析

安全性是任何区块链系统的设计重心。相比传统的中心化应用，区块链能够利用高冗余的数据库保障信息的完整性，并利用密码学的相关原理进行数据验证，保证不可篡改性。但是世界上不存在绝对安全的系统，正如 8.1 节和 8.2 节的分析，即使是区块链也存在许多潜在的安全漏洞。为了预防可能发生的攻击，我们不仅应当从理论的角度来研究可能存在的漏洞，更要研究现实世界中真实发生的攻击。下面，我们将对区块链应用中发生过的恶性攻击行为展开分析。

8.3.1　币安黑客事件

随着近年来区块链技术的发展，许多区块链应用也成了黑客攻击的目标。在区块链领域，直接针对区块链使用的基本技术（如加密哈希算法、工作量证明机制）的攻击鲜有成功案例，绝大多数成功的攻击都是针对区块链系统的外部设施的。在所有攻击中，被攻击得最频繁、损失最大的就是各种加密“数字货币”的交易所。

尽管交易所是一种针对区块链的线上交易平台，但它并没有采取任何去中心化设计。实际上，交易所是一种很传统的中心化机构，和现在的网上银行、证券交易所没有本质上的区别。对于比特币交易所，从用户使用的角度看，交易所和银行类似。交易所可以办理“数字货币”存款，日后需要用钱的时候，可以到交易所提款。用户还可以把法定货币（例如美元、人民币等）存到交易所，交易所承诺日后会按照用户的要求把钱以“数字货币”或法定货币的方式返还给用户。用户也可以通过交易所办理类银行业务，例如，用“数字货币”付款或收款。最后，用户还可以通过交易所完成“数字货币”与法定货币的兑换，或者是把一种“数字货币”换成另外一种“数字货币”。

从理论上来说，基于区块链的加密“数字货币”本身是安全的，只要用户保护好自己的私钥，就没人能够盗走他们的财产。然而，因为交易的需要，用户经常需要在交易所执行“数字货币”和法定货币之间、“数字货币”与“数字货币”之间的兑换，这就给黑客提供了可乘之机。除了黑客的威胁，传统交易所也有一些与生俱来的缺点，如缺乏监管和低效性。交易所对投资者安全的保障只能依靠自身信用，“跑路”的成本非常低。

据区块链信息安全平台统计，自2016年以来，与“数字货币”有关的安全事件呈高增长态势，其造成的经济损失也不断加大，仅2018年上半年就造成20亿美元的经济损失。其中，有超过11亿美元的损失直接来自交易所被攻击。

下面我们简单列举一下2013—2017年黑客针对“数字货币”交易所发动的成功攻击。

2013年，当时的全球比特币第三大交易平台Vircurex遭到了两次黑客攻击，让其陷入了严重的财务危机。迫不得已，Vircurex在2014年3月停止了比特币、莱特币以及其他虚拟货币的提款，并且冻结现有用户的全部账户。

2013年4月，Mt. Gox成为世界第一交易所，然而好景不长，在2014年2月25日上午，一份名为“危机应对草案”的Mt.Gox内部文件从其网站流出，宣布交易所被盗了744 408枚比特币。2月28日Mt.Gox正式向日本法院递交破产申请，文件中声称总共丢失了85万枚比特币，按当时的比特币均价计算，丢失的财富约合4.75亿美元。

2015年1月4日Bitstamp交易所被黑客入侵，如图8-9所示。尽管Bitstamp反应迅速，但1月4日凌晨—5日凌晨，还是被窃取了近19 000个比特币，价值510万美元。

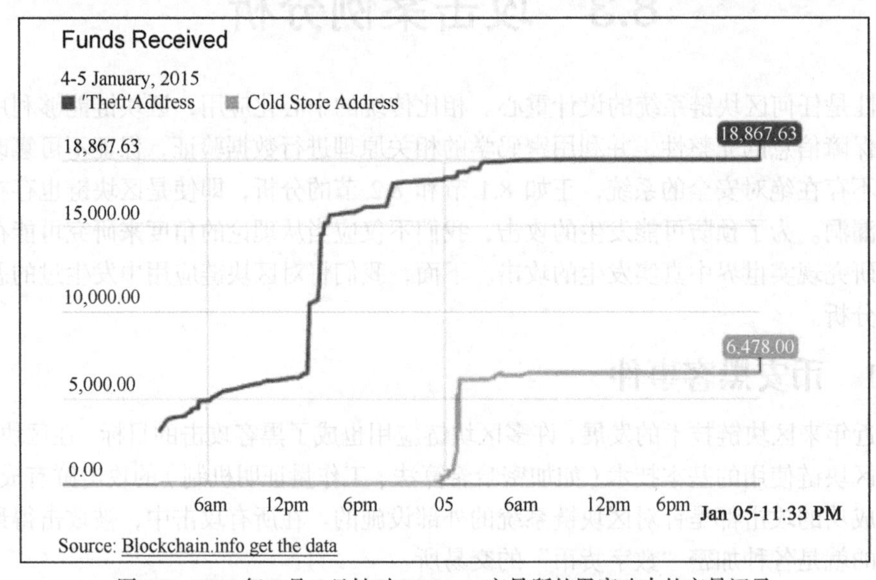

图8-9　2015年1月4日针对Bitstamp交易所的黑客攻击的交易记录

2016年8月2日黑客在全球最大的“数字货币”交易所之一的Bitfinex上，找到了该交易所的一个安全漏洞，盗取了用户近12万枚比特币，价值近6700万美元，使其当日比特币价格大跌20%，如图8-10所示，被盗的12万枚比特币至今全无踪迹。

2017年6月，韩国最大“数字货币”交易所Bithumb的一名员工的计算机被黑客入侵，大约3万名客户的个人信息遭泄露，被盗的账户中，发现有266个账户提现，受损资产达到数十亿韩元。韩国民主党试图准备一系列法案草案，以期通过修改电子金融交易法，赋予加密货币法律地位。

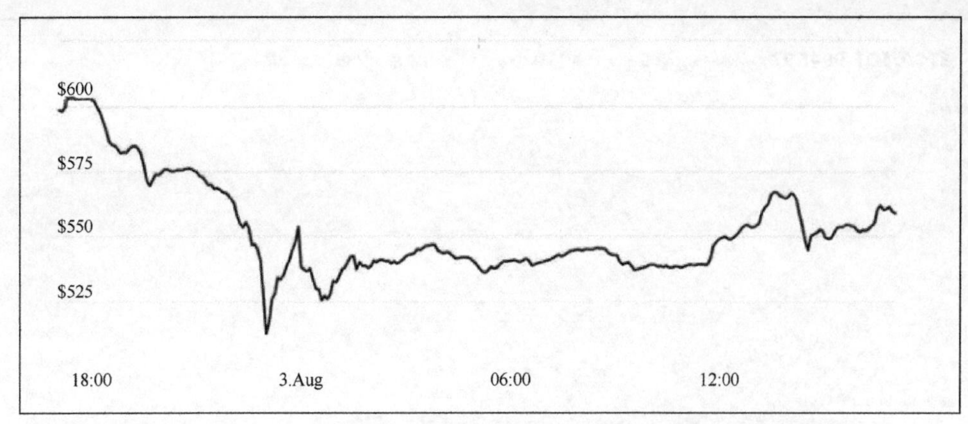

图 8-10　2016 年 8 月 2 日针对 Bitfinex 交易所的黑客攻击造成的比特币价格变动

目前最近的一次针对“数字货币”的大规模攻击发生在 2018 年 3 月 7 日，一个黑客团体攻击了币安，全球最大的“数字货币”交易所之一。下面我们将对这起攻击的前因后果进行分析，并尝试从中学习这起事件的教训和启示。

2018 年 3 月 7 日深夜，币安交易所大量用户发现自己的账户被盗，如图 8-11 所示。不少人以为是币安系统错误导致的，还试图从币安客服那里得到解释，但是后来意识到是币安被黑客攻击了。

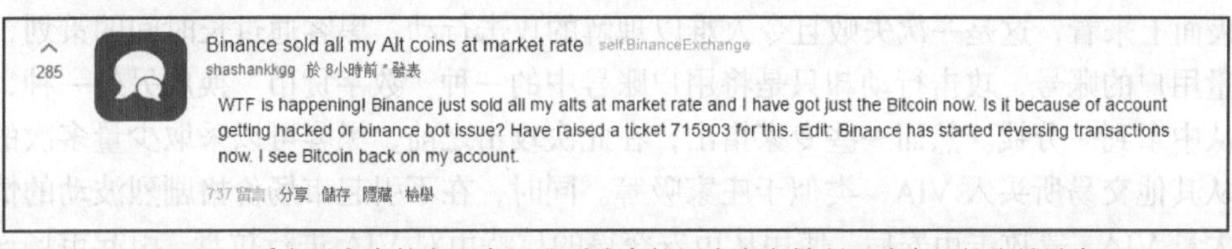

图 8-11　币安黑客事件发生当天遭到攻击的用户向交易所反映自己的账号异常

正当所有人都认为这次攻击事件会和以前那些交易所被黑案例一样——黑客提币走人时，黑客却并没有选择立即提出这些账户中的“数字货币”，而是进行了一系列操作：将各种各样的代币、“数字货币”即时币币交易成了比特币。因为大量“数字货币”被市价抛售，导致绝大部分币种开始下跌，市场中不明真相的散户也加入了恐慌性抛售。在币安交易所中，只有 10 余个币种处于正常状态，其他币种价值均在下跌。

由于币安是全球交易量第二大的“数字货币”交易所，因此这个交易所中的任何波动都将快速地影响到其他的交易所，如图 8-12 所示，包括 OKEx、火币、Bitfinex、Upbit 等大规模的交易所。币安交易所中突然出现的绝大多数币种的快速下跌，影响到其他交易所投资者的投资行为，进而引发“数字货币”价格暴跌。比特币价格下跌超过 10%，从 2018 年 2 月 26 日以来，第一次跌破了 1 万美元关口。

在众多“数字货币”中，有一个币种 Viacoin（VIA）逆市拉升。黑客操纵的账号在 1h 内用被盗账户中持有的比特币全部高价买入 VIA，共消耗了约 1 万枚比特币，VIA 的价格从 22 点 50 分的 0.000225 美元直接拉升到 0.025 美元，增加了大约 110 倍。

币安交易所注意到异常情况后，为了防止黑客提币，暂停了币安平台上所有的提币行为。事后币安宣称：“币安上所有异常交易已完成回滚处理。将会对今日凌晨所发生的事情进行更详细的说明。有趣的是，黑客在此次攻击中损失了货币。充值、交易和提现均已恢复。我们将把这些币捐给币安慈善。”

图 8-12　币安黑客事件导致的比特币价格变动

币安事后的调查显示，黑客是通过长时间利用第三方钓鱼网站偷盗用户的账号登录信息的。

表面上来看，这是一次失败且令人难以理解的攻击行动。黑客通过长时间的策划，盗取了大量用户的账号，攻击行动却只是将用户账号中的一种“数字货币”换成另外一种，自己没有从中拿到一分钱。然而一些专家指出，在此次攻击之前，黑客可以采取少量多次的购买方式从其他交易所买入 VIA，类似于庄家吸筹。同时，在不引起市场价格剧烈波动的情况下购买大量 VIA。等攻击币安后，使用从币安获得的比特币对 VIA 进行拉盘，引起市场连锁反应，待其他平台的 VIA 跟着上涨后再抛出 VIA 筹码，从中获利。

不管黑客发动这次攻击的目的究竟是什么，我们都可以从中学到以下 3 个教训。

（1）在考虑系统的安全性时，一定要将人的因素纳入其中。例如在币安黑客事件中，尽管“数字货币”是安全的，币安的网站也没有特别大的漏洞，但黑客还是通过钓鱼网站盗取了大量用户的账号，进而发动了攻击。

（2）区块链系统作为一个去中心化的分布式共识系统，其价值和运行方式主要依靠的是人们对它的信心，因此对任何区块链系统和应用来说，最致命的打击永远是对其用户信心的打击，例如在币安黑客事件中，许多“数字货币”的价值就因为人们对其信心的变化而经历了大幅波动。

（3）尽管区块链的去中心化提高了系统的安全性，但一个区块链系统中多多少少总是存在一些中心化机构，例如在币安黑客事件中，尽管“数字货币”都是去中心化的，是难以攻破的，但大量交易所的存在，成了事实上的中心节点和容易被黑客攻破的薄弱环节。因此，对区块链系统的进一步去中心化研究是有必要的，特别是对区块链系统中事实上的中心化节点的替代研究是提高安全性的关键所在。

8.3.2　“The DAO”事件与以太坊分叉

以太坊黑客攻击事件是一起典型的黑客组织利用以太坊网络漏洞盗取以太币的攻击事件，直接导致以太币被盗取和以太币价格大跌近腰斩。这一事件警示着所有区块链项目及相关产业，网络安全问题一直是一个永久性问题。

以太坊黑客攻击事件也称“The DAO”事件，“The DAO”是一个去中心化的风险投资基金，以智能合约的形式运行在以太坊区块链上。投资者可以购买 DAO 代币，代币允许他们投票支持他们喜欢的项目，如果他们支持的项目赚钱，则他们也可以作为股份持有人分享利润。在“The DAO”项目的创建期，任何人都可以向众筹合约发送以太币以获得 DAO 代币。这就是“The DAO”项目的众筹，共筹集到了 4 亿美元。“The DAO”项目不受任何人或者组织控制，持有 DAO 代币的成员投票决定是否投资以太坊的应用。

“The DAO”项目自 2016 年 4 月 30 日开始，融资窗口开放了 28 天。截至 5 月 15 日，这个项目筹得了超过 1 亿美元，而到整个融资期结束，共有超过 11 000 位热情的成员参与进来，筹得 4 亿美元，成为历史上最大的众筹项目。“The DAO”筹集的资金远远超过其创建者的预期。

在众筹期间，就有人担心“The DAO”项目的代码会受到攻击。“The DAO”项目创始人之一——史蒂芬-图阿尔（Stephan Tual）于 6 月 12 日宣布，他们发现“The DAO”项目的智能合约的第 666 行代码存在“递归调用漏洞”问题。不幸的是，一个不知名的黑客在开发人员修复这一漏洞及其他问题期间收集“The DAO”项目在销售中所得的以太币。

6 月 18 日，黑客成功盗取了超过 360 万枚以太币，并投入一个子组织（以下简称“子 DAO”）中，这个组织和“The DAO”有同样的结构。当日以太币的价格从 20 多美元直接跌至 13 美元。很多人都在尝试从“The DAO”项目中脱离出来，以防止以太币被盗，但是由于“The DAO”的结构、限制以及缺陷，这个新生组织中的以太币在 28 天内是取不出来的，因为 28 天是其初始融资期。因此，每个人都可以看到“子 DAO”中的以太币——任何试图将其提现的行为都会引发警报及调查。也就是说，黑客也将永远无法取现或使用任何一枚以太币。但是攻击者在发动攻击时，很可能拥有大量以太坊空头，在以太币数量减半后用来套现。也就是说，黑客已经从“The DAO”项目之外赚到了钱，所以也就无所谓“The DAO”里的以太币了。

“The DAO”项目当时持有近 15%的以太币，所以“The DAO”项目的问题对以太坊网络及其加密币都产生了严重的负面影响。需要注意的是，当时有数十家初创公司在研究“The DAO”及其管理产品，许多智能合约都有相似缺陷，而利用智能合约来构建复杂的软件还处于初始阶段，因此当时的每个项目都有可能遇到相同的风险。这导致所有人都在关注“The DAO”项目和以太坊基金会，希望找到一个解决方案，能够让这个生态系统回归之前的发展道路。

回忆一下前文讲过的区块链的原理：节点网络将交易输入区块，然后各区块连接成一个单一的链，来代表所发生事件的“真相”。如果有两笔竞争中的交易同时开始，那么网络就会选择一笔，拒绝另一笔，从而化解冲突，因此所有节点都有整个分布式账本的相同副本。唯一“重写历史”的方法就是让超过 50%的节点同意这个决定，但是比特币或以太坊都还没有这种先例。去中心化网络的目标就是没有人有权做这件事情，否则网络本身就会变得非常不可信。

6 月 17 日，以太坊基金会的维塔利克·布特林（Vitalik Buterin）更新了一项重要报告，他表示，“The DAO”项目正在遭受攻击，不过他已经研究出了解决方案：软件分叉解决方案。通过这种软件分叉，任何调用代码或委托调用的交易，也就是借助代码（“The DAO”和“子 DAO”）来减少账户余额的交易都会被视为无效。以太坊代码会创建一份黑名单，来防止不法分子借此获利。在这种“冻结资产”的场景中，布特林呼吁一起探讨，如何帮助DAO代币持有者恢复他们最初的投资。这个看似无害且颇有“解围”意义的提议需要以太坊网络节点大部分人都接受才能奏效，事实上它引起了巨大的争议。

黑客也对这个计划（软分叉）做出了回应。自称攻击者的人通过网络匿名访谈的形式宣称这样的分叉会破坏以太坊的共识，维持现状是最好的选择，同时他还强调智能合约的前提是他们是自己的仲裁人，任何其他外部节点都不能“改变这一交易的规则”。从区块链的设计原则来看，这一观念确实有他自己的道理，因此也在一定程度上引起了社区中很多人的共鸣。之后，黑客还通过一个中介表示，他会奖励那些不支持这项软分叉提议的矿工（节点）。他说：“很快我们就会有一个智能合约来奖励矿工，奖励那些反对软分叉并进行挖矿的人。共计100万枚以太币，以及100枚比特币会分享给矿工。”这样，想通过投票的办法来达成一致变得十分困难。

还有一项提议也引起了争论，即要求矿工彻底解除盗窃并且归还“The DAO”项目所有的以太币，这样就能自动归还给代币持有人，从而结束“The DAO”项目。正如图阿尔在他的博客中写的：“当地时间下午4点，达成的共识是，如果27天都使用软分叉，那么攻击者就不能索回他塞到‘子DAO’中的资金了。而之后硬分叉甚至可以追回所有以太币，包括‘The DAO’的‘额外余额’以及被盗资金，它们都将归还到智能合约上，这个智能合约将包含一个简单函数——withdraw”。

最终，以太坊团队还是采用硬分叉技术来解决问题。他们通过修改以太坊软件的代码，在第1 920 000区块强行把“The DAO”，项目及其“子DAO”的所有资金（包括黑客控制的部分）全部转到一个特定的退款合约地址。这个合约唯一的功能就是把众筹人手上的DAO代币按照100∶1的比例换回原来的以太币。“The DAO”项目将会死去，而DAO代币持有者将会得到他们所投入的部分以太币。这样一来，硬分叉产生了以太坊ETH（新版以太坊）和ETC（经典以太坊）两个平行世界。那么就有人提出疑问了，这种硬分叉是否是“一币双卖”？是否在新链上发生交易同样会被广播到旧链上重放？

7月15日，以太坊基金会公布了具体的硬分叉方案，21日，硬分叉方案被实行。尽管社区中的大部分人选择支持以太坊基金会的硬分叉方案，但还是有一部分人不同意这个选择。他们表示，为了提供一个良好的历史记录，区块链不得不实现抗审查性并且避免被篡改。这意味着不可篡改性是区块链最重要的性质，一旦做出交易，即使在其中遭到了黑客的攻击，交易也不能被撤回。为此，他们继续在原有的旧版本的基础上挖矿，最终诞生了一个新的平行项目：ETC。这样的硬分叉饱受争议，许多以太坊的批评者称其是一币双卖。

ETH和ETC同源的两条区块链并存，交易互相交错，必然会带来使用上的混乱，在任何一条链上做交易，都要考虑在另一条链上是否有重放影响。最好的办法还是把ETH和ETC存放在不同的地址上，从而互不影响。以太坊官方推荐了第三方的智能合约，可以把原来同地址的ETH和ETC发向不同的新地址，即本来在双链上都存放在地址x的以太币，分别转到ETH的地址y和ETC的地址z。接下来是安全分拆合约代码，在split()方法（Java中split()方法用于把一个字符串分割成字符串数组）中判断合约运行在哪条链上，然后把ETH、ETC转到不同的目标地址上。这个代码有点像操作系统进程fork（程序设计中的分叉函数）调用之后，判断代码到底在子进程还是父进程运行。代码中用到了另一个称为oracle（预言家）的合约AmIOnTheFork，地址是0x2bd2326c993dfaefB4f696526064ff22ebaSb362。这个合约在硬分叉前发布到区块链上，并且在硬分叉后，根据“The DAO”黑客合约的余额，立刻记录下合约到底是处于新链还是旧链，从而给其他合约提供判断依据。

尽管长期趋势不明朗，但至少 ETC 目前已经存活下来了。ETC 的币值也逐渐上涨，并伴随着巨大的换手量。甚至有人还估计 ETC 将来的价格会比 ETH 更高。

以太坊无疑是区块链技术发展之路上的伟大之作，但同样遭受黑客的威胁。这也给以后的区块链技术发展敲响了警钟：安全，是所有技术发展路上的重中之重。

以太坊分叉后形成的两个平行项目头一年的算力对比如图 8-13 所示。

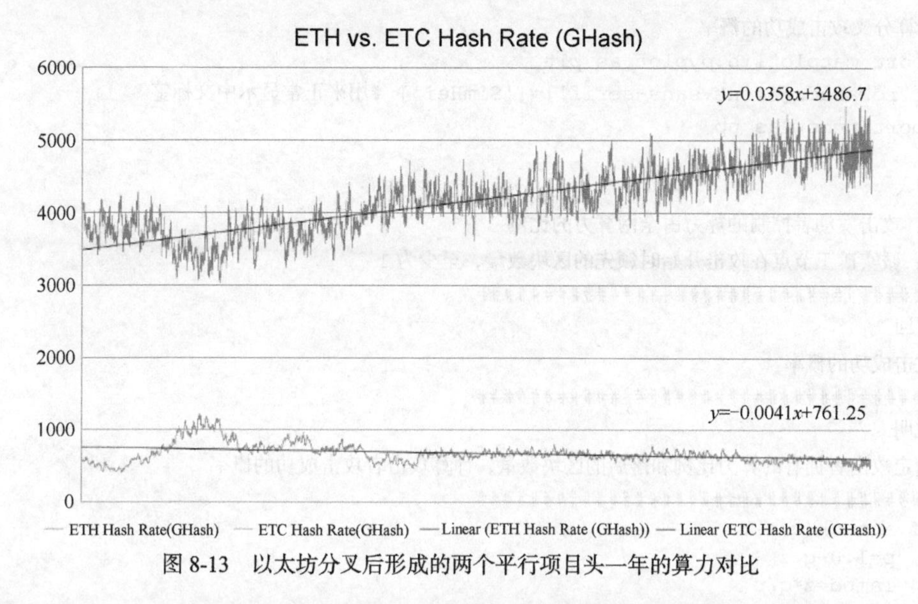

图 8-13 以太坊分叉后形成的两个平行项目头一年的算力对比

那么，“The DAO”事件与以太坊分叉最终能给我们带来什么样的启示呢？

智能合约目前为止还是一个新兴事物，肯定会存在许多漏洞和不足，因此必须在经过多重审查、确定安全后才能让智能合约运行，或者在危险察觉时让智能合约自动停止。同时应该在智能合约中设立触发条件和限制条件，触发条件可以是当多人签名后触发合约的执行停止，抑或是占有一定比例的节点投票后触发智能合约的运行停止；限制条件则可以学习“The DAO”。“The DAO”在设计的时候允许个人对自己的 DAO 资产进行分离，但是必须等待 27 天才可以提取以太币。这个设计使得“The DAO”被攻击后攻击者需要 27 天才能提走被盗的以太币。虽然这个设计并未阻止攻击的行为，但是给 The DAO 团队、以太坊基金会，以及社区充足的时间来研讨对策，评估对策带来的风险，从容冷静地进行处理。

中心化和去中心化并无优劣之分，两者各有各的优点和缺点。具体到这个案例，任何系统都会存在漏洞和技术无法解决的问题，这时如果有一个中心化机构（如以太坊基金会）介入，往往能够取得关键作用。但也不得不承认，ETC 的支持者也有他们自己的道理，因此如何在中心化和去中心化之间取得平衡，是任何区块链系统都需要关心的话题。

8.4 编程案例

8.4.1 模拟分叉攻击

分叉攻击指的是，恶意节点不接在最长合法链上的最新区块后面继续挖矿，而是接在之前的某一个区块后面出块，继而产生分叉，如果这条分叉的长度赶上最长合法链，分叉将成为最长合法链，这条链上的交易将被共识为合法交易，而被分叉的原先最长合法链的上的交易将全部失效。

在 8.1.2 小节中，我们讨论了分叉攻击的原理和攻击成功的前提条件，以及攻击成功的概率与攻击发动者拥有的算力之间的关系。下面，我们通过程序模拟的方式展开对分叉攻击的研究，代码如下。模拟结果的分析见本章的 8.1.2 小节。

```
#计算分叉攻击成功的概率
import matplotlib.pyplot as plt
plt.rcParams['font.sans-serif']=['SimHei'] #用来正常显示中文标签
import numpy as np

#输入
#q：攻击发动者控制的算力占全网算力的比例
#p：诚实矿工节点在攻击开始时领先的区块数量，至少为 1
####################################
#返回
#攻击成功的概率
####################################
#说明
#给定攻击者拥有的算力比例和落后的区块数量，计算攻击者攻击成功的概率
####################################
def attack(q,z):
    p=1.0-q
    lambd=z*q/p
    sum=1.0
    for i in range(0,z+1):
        poisson=np.exp(-lambd)
        for j in range(1,i+1):
            poisson=poisson*lambd/j
        sum=sum-poisson*(1-np.power(q/p,z-i))
    return sum

if __name__ == '__main__':
    zz=range(1,40)
    l1=[]
    l2=[]
    l3=[]
    for z in zz:
        l1.append(max(attack(0.1,z),0))
        l2.append(max(attack(0.3,z),0))
        l3.append(max(attack(0.4,z),0))
    plt.plot(zz,l1,label="q=0.1")
    plt.plot(zz,l2,label="q=0.3")
    plt.plot(zz,l3,label="q=0.4")
    plt.xlabel(u"攻击者与主链有 z 个区块的差距")
    plt.ylabel(u"攻击成功的概率")
    plt.legend()
    plt.show()
```

8.4.2 模拟防御 Sybil 攻击

在 8.2.1 小节我们分析了 Sybil 攻击和 Eclipse 攻击的原理和可能造成的危害，发现 Eclipse

攻击是建立在成功的 Sybil 攻击的基础之上的，因此防御这两种攻击的关键就是防御 Sybil 攻击，最后，我们提出了一种基于工作量证明算法的Sybil 攻击防御机制。该防御机制要求节点在完成了具有一定难度的工作量证明算法之后才会被认为是合法节点。同时，每个合法节点的身份是有生命周期的，通过合理地设置工作量证明的难度和节点生命周期的长度，可以提高攻击者伪造节点所需的代价，减轻 Sybil 攻击和 Eclipse 攻击可能对系统造成的危害。

下面的代码模拟了通过使用工作量证明算法来防御 Sybil 攻击的结果。

```
#用于模拟针对 Sybil 攻击的防御

import numpy as np
import matplotlib.pyplot as plt
plt.rcParams['font.sans-serif']=['SimHei'] #用来正常显示中文标签

l=2.25*60
d=5
T=4*60
tt=np.array(range(5,601,5))
n=10000
m=10

node={}
nodearray=[]
for t in tt:
    sum=0
    node[str(t)]=5*m/d
    if t-T>0:
        del node[str(t-T)]
    for i in node.keys():
        sum=sum+node[i]
    nodearray.append(sum/(n+(np.random.rand()-0.5)*1000+sum)*100)

nodearray=np.array(nodearray)
plt.plot(tt,nodearray)
plt.xlabel(u"时间（min）",fontsize=14)
plt.ylabel(u"伪造节点占总节点数量的百分比（%）",fontsize=14)
plt.xticks(fontsize=18)
plt.yticks(fontsize=18)
plt.show()
```

本章小结

综上所述，区块链技术作为多项创新技术的集大成者，体现了“互联网+”时代的精神内核，能够为金融监管、法律规范、商业模式等带来彻底而又深刻的影响。但同时我们也应该清醒地认识到，区块链技术是一把双刃剑，在发展和使用区块链技术的过程中，需要提高安全意识，加强市场监管。最后，我们一定要认识到世界上没有绝对安全的技术，区块链技术未来的落地和布局，一定离不开对其安全性的研究和分析。

第9章 区块链项目实战案例

【本章导读】

本章基于前文的知识，以基于区块链的婚恋交友平台和基于区块链的智能物联网协作控制系统两个实战案例，进一步阐述区块链技术的开发与实践。

9.1 基于区块链的婚恋平台开发

根据民政部的数据，我国目前单身成年人口数量超过2亿，单身率居高不下。男女比例严重失调使得婚恋交友需求日益庞大。同时，二次婚恋的需求也随着离婚率的增长而持续扩大。与此同时，随着科技的发展，互联网的普及，我国网民规模大幅攀升，大众对网络婚恋的接受度日益提高。然而，现存婚恋平台审核不严，虚假信息成患，信息泄露事件常有发生，危及用户财产安全，甚至生命安全。传统婚恋平台上“鱼龙混杂”，诈骗、传销、卖保险、隐瞒婚史甚至伪造资料，骗婚骗财现象多有存在，如何保障个人信息及财产安全成为广大婚恋平台的主要关注方向。

本项目的目标如下。

（1）使用基于区块链的思想和技术，构建一个安全可靠的公开区块链网络；利用区块链的公开透明且不可篡改的特性确保用户个人信息的真实性和可信性。

（2）构建去中心化的分布式存储系统，防止用户信息的泄露，拒绝第三方对用户隐私信息的不合理利用，充分保证用户隐私信息的安全。

（3）完成对区块链网络的优化。提出基于类 Scrypt 的刚性内存算法与反矿机挖矿算法，以解决区块链算力垄断的现象，同时增加系统抵御攻击的能力，使链上生态更加安全；采取梅克尔树算法，降低存储量，提高区块链网络运行效率。

9.1.1 设计系统整体架构

系统采用基于去中心化区块链的体系架构。区块链网络中有三类节点：用户节点、矿工节点和二级机构节点。用户、矿工和二级机构均作为区块链网络中的一个节点加入区块链网络，当一个节点遭到攻击导致瘫痪或断网掉线等情况发生时，整个网络会照常运行，不会受到影响，具有良好的安全性和稳定性。系统整体架构设计如图 9-1 所示。

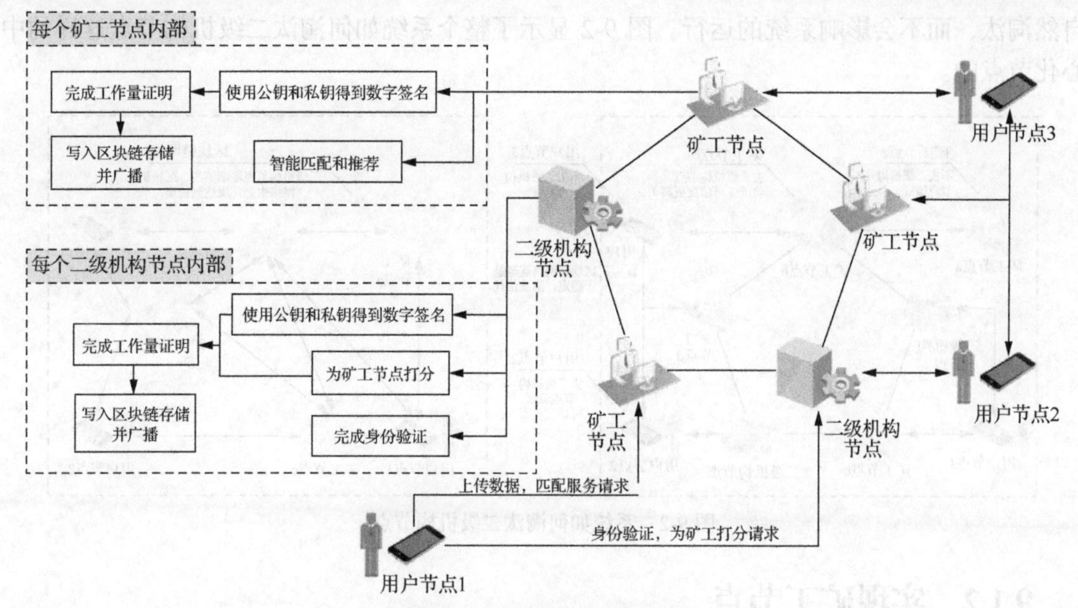

图 9-1 系统整体架构设计

区块链网络在本系统中扮演的角色类似于一个半公开的分布式数据库。和传统的分布式数据库相比，区块链网络具备以下几个特点：第一，区块链网络中存储的数据天生具备不可篡改性，因此通过区块链网络，我们可以搭建一个可信的数据存储机制；第二，区块链网络一般通过工作量证明或者其他类似算法来达成一致，因此可以实现一种去中心化的设计；第三，区块链网络是分布式的，且使用各种密码学技术，因此具有很强的健壮性。

本系统中的区块链需要有三类节点参与：用户节点、矿工节点和二级机构节点。

1. 用户节点

用户通过用户节点上传不同类型的个人身份信息，并由矿工写入区块链网络。

2. 矿工节点

矿工节点通过挖矿产生新的区块数据，新区块在区块链矿工节点中进行同步广播。用户交易数据通过区块间竞争完成合法性证明后才真正被写入区块链网络。此外，矿工节点未来还可以通过运行基于机器学习的用户智能推荐系统，为用户提供智能匹配和智能推荐的服务。

3. 二级机构节点

各大婚恋平台通过使用二级机构节点接入区块链网络，用户可以通过与二级机构节点通信，完成注册、登录等身份认证功能，也可以验证其他用户身份的可信度，同时提供矿工节点打分服务。

需要注意的是，由于系统中同时存在多个中心化机构节点，因此单个二级机构节点的故障并不会影响整个网络的运行。同时，由于用户可以在多个中心化机构节点之间自由选择，不同的中心化机构节点之间也存在着竞争关系，因此任意一个节点的不良行为都会导致严重的经济损失。最后，我们并没有规定每个节点只承认在中心化机构上注册的公钥的身份，而是让用户自己做决定，因此如果这样的中心化机构节点被证明是没有必要存在的，也就是大部分节点都选择不到中心化机构节点上去注册，那么中心化机构节点也会在区块链网络中被自然淘汰，而不会影响系统的运行。图 9-2 显示了整个系统如何淘汰二级机构节点这样的中心化节点的。

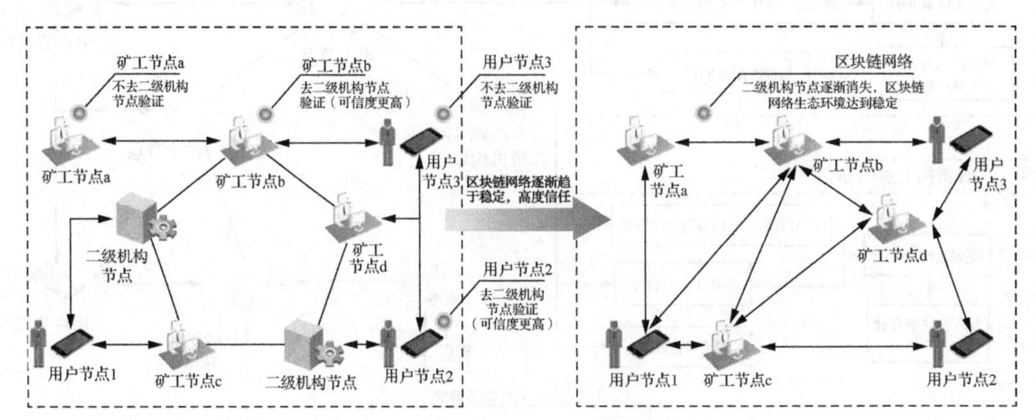

图 9-2　系统如何淘汰二级机构节点

9.1.2　实现矿工节点

矿工节点可以说是区块链中最重要的节点。它们要存储和验证整条区块链，要接收交易并将交易上传，还需要通过某种算法达成一致，如工作量证明算法。

以下是区块链矿工节点主要方法的实现参考。可以看到，代码是在 5.4.2 小节编程案例的基础上开发的，主要的区别在于主类中增加了一个属性：cunning，它的作用是保存有效工作量证明算法中找到的坎宁安链。此外，新增了以下几种方法。

1. sendTran()方法

虽然用户在提交交易时会向网络中的所有节点广播，但是用户提交的交易在网络传输的过程中可能会延迟或丢失。为了加速用户提交的交易在网络中传播的速度，我们可以考虑节点在收到一个用户提交的交易后，再将交易转发给其他已知的区块链节点。

2. searchUserinformation()方法

作为一个婚恋平台，肯定经常需要执行查找用户和用户信息的操作。searchUserinformation()方法的作用是通过遍历区块链记录，寻找指定用户（指定的用户公钥）及其相关信息。需要注意的是，由于区块链上的数据具备不可更改的特点，因此如果用户想要修改自己的信息，必须重新上传自己的信息，同时在搜索和查看用户信息时，也应该只查看同一个用户的最新记录。本书在这一方法的实现上只考虑了最简单的功能实现目标，如果感兴趣的话，读者完全可以试着自己优化查找效率。

3. searchUser()方法

searchUser()方法也用于寻找用户及其相关信息，但与 searchUserinformation()方法不同的是，searchUserinformation()方法通过给定公钥实现对用户的精确查找，而 searchUser()方法则通过设置一定的限定条件去搜索所有满足要求的用户。

本项目区块链采用的工作量证明算法使用了7.5.2小节编程案例中的随机混合动态哈希函数和7.5.3 小节编程案例中的有效工作量证明算法，具体原理和编程实现请参考本书第 7 章的内容。

```
import hashlib
import json
from time import time
from urllib.parse import urlparse
```

```
import requests
from scrypt import randhash
from target import validProof
from sm3 import hash as hash2
hard=5#全局变量，用于调整挖矿难度，随着 hard 值的增大，挖矿难度会呈指数级增长，hard=4 时挖矿时间大约在 3s 之内，hard=5 时挖矿时间大约为 30s
ChangeHash=5#全局变量，用于规定每挖出多少个区块改变一次挖矿算法
M=4#要求寻找到工作量证明的前 m 位必须与前一个区块的哈希值的前 m 位相同
#M 和 hard 都可以用于调整难度：hard 增加，难度会呈指数级上升；m 增加，难度会呈线性增长
#区块链的主类
#方法
#__init__：初始化操作
#registerNode：注册新节点
#validChain：用于验证给定链是否为合法链
#longChain：用于确保一致性
#newBlock：创建一个新的区块
#newTrans：创建一个新的交易
#hash：计算并返回一个区块的哈希值
#lastBlock：返回区块链当中的最后一个区块
#checkProof：验证给定的工作量证明是否有效
#workProof：挖矿
#sendTran：向所有已知节点广播本节点提交的交易
#searchUserinformation：根据指定的公钥，精确查找相关的用户信息
#searchUser：通过设置用户条件的方式，匹配符合条件的用户
####################################
#属性
#self.chain：用于存放当前的区块链上的每一个区块
#self.trans：用于存放当前还没有得到确认的区块，即当前还没有加入区块的交易
#self.nodes：用于存放当前已知的节点
#self.cunning：用于存放找到的坎宁安链
####################################
class Blockchain(object):
    ####################################
    #输入
    #p：运行端口号
    ####################################
    #说明
    #执行类的初始化操作
    ####################################
    def __init__(self):
        #if(p==None):
            #print("Class Blockchain init fail")
            #print("Beacuse p(port) can not be None")
            #exit(0)
        self.chain=[]
        self.trans=[]
        self.nodes=[]
        self.cunning=[]
        #创建创世区块，即区块链中的第一个区块
```

```
        self.chain.append({
            'index':len(self.chain)+1,
            'time':time(),
            'trans':[{'sender':'system','receiver':'a','amount':5,'information':
None},{'sender':'system','receiver':'b','amount':5,'information':None},{'sender':
'system','receiver':'a','amount':2,'information':None}],
            'proof':961113,
            'hash':self.hash(961113),
            "owner":"system",
        })

        #这段是用于测试的代码
        ####################################
        #if p==5001:
            #self.nodes.append("127.0.0.1:5000")
        #if p==5000:
            #self.nodes.append("127.0.0.1:5001")
        ####################################

    ####################################
    #输入
    #address：新节点的地址
    ####################################
    #说明
    #注册新节点，新节点用于实现一致性算法
    ####################################
    def registerNode(self,address):
        if(address==None):
            print("Function registerNode wrong")
            print("Beacuse address can not be None")
            exit(0)
        #加入节点列表前，首先需要判断新节点是否已经存在于节点列表中
        for n in self.nodes:
            if n==address:
                return
        self.nodes.append(address)

    ####################################
    #输入
    #chain：待验证的链
    ####################################
    #返回
    #如果待验证的链为有效链，则返回真，否则返回假
    ####################################
    #说明
    #验证一条链是否为有效（合法）链，包括：
    #检查链中每个区块存放的哈希值是否与前一个区块的哈希计算结果一致，这是区块链不可更改的关键
    #检查区块链中的每个区块的工作量证明是否有效
    ####################################
    def validChain(self,chain):
        if(chain==None):
            print("Function validChain wrong")
            print("Beacuse chain can not be None")
```

```
            exit(0)
        for i in range(0,len(chain)-1):
            if chain[i+1]["hash"]!=self.hash(chain[i]):
                return False
            if self.checkProof(chain[i]['proof'],chain[i+1]['proof'],
chain[int(int(i/ChangeHash)*ChangeHash)])==False:
                print(i,len(chain),int(int(i/ChangeHash)*ChangeHash))
                return False
        return True

    ####################################
    #返回
    #如果当前链不是所有已知节点中的最长链，则返回假，否则返回真
    ####################################
    #说明
    #检查当前链是否是所有节点中的最长链，如果不是，就自动切换到最长链（抛弃原来的链）
    #定时执行此操作可保证不同节点能够对区块链达成一致
    ####################################
    def longChain(self):
        max=len(self.chain)
        for n in self.nodes[1:]:
            response=requests.get('http://'+n+'/chain')#访问另外一个节点上的接口
            chain=response.json()['chain']#将获取到的数据转换为 JSON 格式
            #print(chain)
            #print(self.validChain(chain))
            if self.validChain(chain):
                if max<len(chain):
                    self.chain=chain
        if max==len(self.chain):
            return True
        else:
            return False
                ####################################
    #输入
    #proof：挖矿的结果，用于工作量证明
    ####################################
    #返回
    #新挖出的区块
    ####################################
    #说明
    #创建一个区块，并将还没有确认的交易加入新挖出的区块
    ####################################
    def newBlock(self,proof=None):
        if(proof==None):
            print("Function newBlock wrong")
            print("Beacuse proof can not be None")
            exit(0)
        block={
            'index':len(self.chain)+1,
            'time':time(),
            'trans':self.trans,
            'proof':proof,
            'hash':self.hash(self.lastBlock()),
            "owner":"-----BEGIN PUBLIC KEY-----MFwwDQYJKoZIhvcNAQEBBQADSwAwSA
```

```
JBAJxB/13QiUR050yXXstTkxJG96JHYHSfFPoJWarO4QoP8+scVbdcBY8QXriGtww7G7lfUckJ3DtX7Nx9
mQtT0vECAwEAAQ==-----END PUBLIC KEY-----",
        }
        self.chain.append(block)
        self.trans=[]
        print("新区块产生",block)
        return block

    ###################################
    #输入
    #tran：交易信息
    ###################################
    #返回
    #将会容纳这个交易的区块的索引号
    ###################################
    #说明
    #创建一个新的交易，并将其加入还没有得到确认的区块
    ###################################
    def newTrans(self,tran):
        self.trans.append(tran)
        return self.lastBlock()['index']+1

    ###################################
    #输入
    #block：一个区块
    ###################################
    #返回
    #输入区块的哈希值
    ###################################
    #说明
    #静态方法，计算区块的哈希值
    ###################################
    @staticmethod #静态方法
    def hash(block):
        if(block==None):
            print("Function hash wrong")
            print("Beacuse block can not be None")
            exit(0)
        #json.dumps()：用于将 dict 类型的数据转换成 str，sort_keys 选项选择是否按照键值进行重新排序
        #encode()方法：用于对字符串进行编码
        blockString=json.dumps(block,sort_keys=True)
        blockEncode=blockString.encode()
        #下面进行 sha256 加密
        blockHash=hashlib.sha256(blockEncode).hexdigest()
        return blockHash

    ###################################
    #说明
    #静态方法，计算区块的哈希值
    ###################################
    def lastBlock(self):
```

```
        return self.chain[-1]

    ######################################
    #输入
    #pproof：前一个区块的工作量证明
    #proof：需要验证的工作量证明
    #block：根据 ChangeHash 确定的区块，其哈希值作为随机混合哈希函数的随机数输入
    ######################################
    #返回
    #如果输入的工作量证明有效，返回真，否则返回假
    ######################################
    #说明
    #目前使用的一致性协议是工作量证明，工作量证明的具体算法为
    #要求找到这样一个数字：它的前 m 位数字与以当前区块的 proof 和前一个区块的 pproof 进行混合
哈希运算之后得到的哈希值相同，且以该数字开始的坎宁安链的长度达到或者超过 hard
    #m 和 hard 都可以调整挖矿的难度，m 使挖矿难度呈线性增长，hard 使挖矿难度呈指数级增长
    ######################################
    def checkProof(self,pproof=None,proof=None,block=None):
        if(pproof==None):
            print("Function checkProof wrong")
            print("Beacuse pproof can not be None")
            exit(0)
        if(proof==None):
            print("Function checkProof wrong")
            print("Beacuse proof can not be None")
            exit(0)
        if(block==None):
            print("Function checkProof wrong")
            print("Beacuse block can not be None")
            exit(0)
        if(hash==None):
            print("Function checkProof wrong")
            print("Beacuse hash can not be None")
            exit(0)
        gussHash=randhash(block,str(pproof),str(proof),100)
        #print(pproof,proof,gussHash)
        r1,r2=validProof(int(gussHash[0:M],16),hard)
        if r1:
            self.cunning.append(r2)
        return r1

    ######################################
    #输入
    #pproof：前一个区块的工作量证明
    #block：根据 ChangeHash 确定的区块，其哈希值作为随机混合哈希函数的随机数输入
    ######################################
    #返回
    #挖矿中找到的有效的工作量证明
    ######################################
    #说明
    #进行工作量证明（挖矿），规则是 proof 从 1 开始不断加 1，直到找到一个可以通过工作量证明的 proof
    ######################################
```

```
    def workProof(self,pproof=None,block=None):
        if(pproof==None):
            print("Function workProof wrong")
            print("Beacuse pproof can not be None")
        proof=1
        while True:
            if self. checkProof (pproof,proof,block):
                return proof
            proof=proof+1

    ####################################
    #输入
    #tran: 需要广播的未确认交易
    ####################################
    #说明
    #一个节点在收到一个未确认交易后，需要调用此方法对网络广播该交易以帮助新交易在网络中的传播
    ####################################
    def sendTran(self,tran):
        for n in self.nodes[1:]:
            requests.post('http://'+n+'/newTrans',data=tran)

    ####################################
    #输入
    #pubkey: 需要查询的用户的公钥
    ####################################
    #返回
    #根据输入的公钥查找到的用户信息
    ####################################
    #说明
    #根据指定的公钥，查找相关的用户信息
    ####################################
    def searchUserinformation(self,pubkey):
        reversed_chain=reversed(self.chain)
        for b in reversed_chain:
            for t in b["trans"]:
                if 'pubkey' in t and 'type' in t:
                    #print(t["pubkey"],pubkey,t["pubkey"]==pubkey)
                    if t["type"]=="userinformation" and t["pubkey"]==pubkey:
                        return True,t
        return False,{}

    ####################################
    #输入
    #sex: 查找用户时设置的性别条件
    #height1: 查找用户时设置的最低身高
    #height2: 查找用户时设置的最高身高
    #age1: 查找用户时设置的最小年龄
    #age2: 查找用户时设置的最大年龄
    #address: 查找用户时设置的常住地地址
    #edback: 查找用户时设置的教育背景
    #marital: 查找用户时设置的婚姻状况
```

```
        #income：查找用户时设置的最低收入
        #####################################
        #返回
        #符合限定条件的用户的信息
        #####################################
        #说明
        #根据限定条件查找符合要求的用户
        #####################################
    def searchUser(self,sex=None,height1=None,height2=None,age1=None,age2=None,
address=None,edback=None,marital=None,income=None):
        data=[]
        pubkeys=[]
        reversed_chain=reversed(self.chain)
        for b in reversed_chain:
            for t in b["trans"]:
                if 'pubkey' in t and 'type' in t and not(t["pubkey"] in pubkeys):
                    pubkeys.append(t["pubkey"])
                    if sex!=None and sex!=t["sex"]:
                        continue
                    if height1!=None:
                        height1=int(height1)
                        height=int(t["height"])
                        if height<height1:
                            continue
                    if height2!=None:
                        height2=int(height2)
                        height=int(t["height"])
                        if height>height2:
                            continue
                    if age1!=None:
                        age1=int(age1)
                        age=int(t["age"])
                        if age<age1:
                            continue
                    if age2!=None:
                        age2=int(age2)
                        age=int(t["age"])
                        if age>age2:
                            continue
                    if address!=None and address!=t["address"]:
                        continue
                    if edback!=None and edback!=t["edback"]:
                        continue
                    if marital!=None and marital!=t["marital"]:
                        continue
                    if income!=None:
                        income=int(income)
                        if income>int(t["income"]):
                            continue
                    data.append(t)
        return data
```

4. 实现矿工节点的 API

该部分的实现基于 5.4.2 小节编程案例，不同的是，Flask 框架在处理 POST 请求时获取数据的方法变了。代码中使用的方法是先获取字节流格式的原始数据，然后将其解码，最后转换成JSON格式数据。尽管这种方法比5.4.2编程案例中的方法更复杂，但是其适用性更好。根据我们的实验，这种方法基本上能够从任何POST请求中获取提交的数据，而原来的方法则经常出现获取数据失败的情况。此外，作为用于婚恋平台的区块链节点的矿工API，自然也免不了增加和删除一些接口。

（1）/search_userinformation接口：精确搜索指定用户的接口，即通过给定的公钥来查找用户及其相关的信息，通过调用Blockchain类中的searchUserinformation()方法来实现。

（2）/post_userinformation接口：这个接口实质上与之前的/newtrans接口的功能类似，即接收用户上传的请求，只是现在需要接收的数据更多了。

（3）/search_user接口：模糊搜索指定用户的接口，即通过给定限定条件来搜索满足要求的用户及其相关的信息，通过调用Blockchain类中的searchUser()方法来实现。

（4）/trans_unconfirm接口：查找当前矿工节点中存储的所有还没有确定的交易的接口。

（5）/new_block接口：查看当前节点存储的最近确认的区块的信息的接口。

（6）/status接口：查看当前矿工节点的运行情况统计的接口。

（7）/cunning 接口：有效工作量证明算法找到的满足一定条件的坎宁安链存储在Blockchain类的属性cunning中，这个接口的功能就是返回cunning属性中存储的坎宁安链。

```
import block as Block
import hashlib
import json
from textwrap import dedent
from uuid import uuid4
from flask import Flask, request, render_template,jsonify
import requests
import threading
from socket import *
import time
from sm3 import hash as hash2

ChangeHash=5
#address="172.18.18.193"
address="127.0.0.1"
url=address+":"
b=Block.Blockchain()

#挖矿线程的主程序
def newBlock2():
    time.sleep(10)
    while True:
        pproof=b.lastBlock()["proof"]
        proof=b.workProof(pproof,b.chain[int((b.lastBlock()["index"]-1)/ChangeHash)
*ChangeHash])
        b.newBlock(proof)
        b.longChain()

#监听其他节点的地址广播线程的主程序
def broadcastReceiver():
    udp=socket(AF_INET,SOCK_DGRAM)
    udp.bind(('',5555))
    while True:
        data, addr=udp.recvfrom(1024)
```

```
            data=data.decode()
            #print(data)
            b.registerNode(data)

#广播本节点地址线程的主程序
def broadcastSender():
    time.sleep(10)
    udp=socket(AF_INET,SOCK_DGRAM)
    udp.bind(('', 0))
    udp.setsockopt(SOL_SOCKET,SO_BROADCAST,1)
    while True:
        udp.sendto(url.encode(),('<broadcast>',5555))
        time.sleep(10)

if __name__ == '__main__':

    p=int(input("请输入 HTTP 服务器端口号"))
    for i in range(100):
        print()
    url=url+str(p)

    b.registerNode(url)

    #使用 Flask 框架创建一个 HTTP 服务器进程
    app=Flask(__name__)
    #为每个服务器程序选择一个专有的名称，目前还没有被用到
    #uuid4：产生一个在空间和时间上都唯一的随机数
    node_identifier=str(uuid4()).replace('-', '')

    #创建一个区块链节点
    #b=Block.Blockchain(p)

    #启动挖矿线程
    thread=threading.Thread(target=newBlock2)
    thread.start()

    #启动监听其他节点的地址广播的线程
    thread=threading.Thread(target=broadcastReceiver)
    thread.start()

    #启动广播本节点地址的线程
    thread=threading.Thread(target=broadcastSender)
    thread.start()

    #下面这段是测试用的代码
    ######################################
    #b.newTrans("a","b",5,"xxx")
    #b.newTrans("a","b",4,"xxx")
    #b.newTrans("a","b",3,"xxx")
    #pproof=b.lastBlock()["proof"]
    #proof=b.workProof(pproof)
    #b.newBlock(proof)
    ######################################
```

```
######################################################################
#下面的代码用于在服务器上注册接口
#可以在浏览器中通过 https://IP地址:端口号/接口名运行，如http://127.0.0.1:5000/chain
####################################
#接口
#/index：用于浏览器访问首页
#/chain：查看当前节点存放的所有区块
#/search_userinformation：使用公钥查找指定用户的信息
#/post_userinformation：上传用户信息
#/search_user：通过指定限定条件来搜索用户
#/trans_unconfirm：查看当前还没有得到确认的交易
#/new_block：查看最新区块及其统计数据
#/status：查看当前矿工节点的运行情况统计
#/cunning：查看所有找到的、符合要求的坎宁安链
####################################
#以
#@app.route('/index', methods=['GET'])
#def home():
    #return render_template('index.html')
#为例
#@app.route('/index', methods=['GET'])在服务器上注册一个接口，'/index'用于指定接
口名称，methods=['GET']指定允许的访问方式
#def home():用于指定当服务器收到请求时应当做什么处理
#return render_template('index.html')：用于返回一个HTML模板，具体请参考MVC框架

@app.route('/index', methods=['GET'])
def home():
    return 
render_template('index.html',address1="/trans_unconfirm",address2="/new_block",add
ress3="/status",address4="/chain",address5="/cunning")

######################################################################
#信息查看接口
#查看区块链上的所有区块的记录
######################################################################
#接口返回
#chain：该节点存储的所有区块
#length：该节点存储的所有区块的长度
######################################################################
@app.route('/chain', methods=['GET'])
def allChain():
    response = {
        'chain': b.chain,
        'length': len(b.chain),
    }
    return jsonify(response)

######################################################################
#精确搜索用户的接口，通过给定的公钥查找用户信息
```

```
###################################################################
#接口输入（JSON 格式）
#pubkey：指定用户的公钥
###################################################################
#接口返回
#code：状态码，200 表示成功，其他表示失败
#msg：返回的提示信息
#data：返回的用户信息
###################################################################
@app.route('/search_userinformation', methods=['post'])
def search_userinformation():
    try:
        receive_dict=request.get_data()
        receive_dict=json.loads(receive_dict.decode())
        pubkey=receive_dict["pubkey"]
    except KeyError:
        print("search_userinformation 函数错误，上传的数据无法处理")
        response={"code":"1001","msg":"上传的数据无法处理!"}
        return jsonify(response)
    r1,r2=b.searchUserinformation(pubkey)
    if r1==True:
        response={"code":"200","msg":"ok","data":r2}
    else:
        response={"code":"1001","msg":"查找的用户不存在"}
    return jsonify(response)

###################################################################
#上传用户信息的接口
###################################################################
#接口输入（JSON 格式）
#pubkey：用户的公钥
#sex：用户的性别
#height：用户的身高
#address：用户的常住地
#date：用户的出生日期
#edback：用户的教育背景
#marital：用户的婚姻状况
#income：用户的年收入
###################################################################
#接口返回
#code：状态码，200 表示成功，其他表示失败
#msg：返回的提示信息
###################################################################
@app.route('/post_userinformation', methods=['POST'])
def post_userinformation():
    try:
        receive_dict=request.get_data()
        receive_dict=json.loads(receive_dict.decode())
        pubkey=receive_dict["pubkey"]
        sex=receive_dict["sex"]
```

```
            height=receive_dict["height"]
            address=receive_dict["address"]
            date=receive_dict["date"]
            edback=receive_dict["edback"]
            marital=receive_dict["marital"]
            income=receive_dict["income"]
            print("已接收到用户信息：",receive_dict)
        except KeyError:
            print("userinformation_post 函数错误，上传的数据无法处理")
            response={"code":"1001","msg":"上传的数据无法处理！"}
            return jsonify(response)
        tran={"type":"userinformation",'pubkey':pubkey,'sex':sex,'height':height,
'address':address,'date':date,'edback':edback,'marital':marital,'income':income}
        b.sendTran(tran)
        b.newTrans(tran)
        print("交易：",tran,"等待确认当中")
        response={"code":"200","msg":"ok"}
        return jsonify(response)

    ######################################################################
    #模糊搜索的用户接口
    ######################################################################
    #接口输入（JSON 格式）
    #sex：查找用户时设置的性别条件
    #height1：查找用户时设置的最低身高
    #height2：查找用户时设置的最高身高
    #age1：查找用户时设置的最小年龄
    #age2：查找用户时设置的最大年龄
    #address：查找用户时设置的常住地地址
    #edback：查找用户时设置的教育背景
    #marital：查找用户时设置的婚姻状况
    #income：查找用户时设置的最低收入
    ######################################################################
    #接口返回
    #code：状态码，200 表示成功，其他表示失败
    #msg：返回的提示信息
    #data：返回的用户信息
    ######################################################################
    @app.route('/search_user', methods=['POST'])
    def search_user():
        try:
            receive_dict=request.get_data()
            receive_dict=json.loads(receive_dict.decode())
            sex=receive_dict["sex"]
            height1=receive_dict["height1"]
            height2=receive_dict["height2"]
            age1=receive_dict["age1"]
            age2=receive_dict["age2"]
            address=receive_dict["address"]
            edback=receive_dict["edback"]
            marital=receive_dict["marital"]
```

```
            income=receive_dict["income"]
        except KeyError:
            print("userinformation_post 函数错误，上传的数据无法处理")
            response={"code":"1001","msg":"上传的数据无法处理！"}
            return jsonify(response)
        data=b.searchUser(sex,height1,height2,age1,age2,address,edback,marital,
income)
        response={"code":"200","msg":"ok","data":data}
        return jsonify(response)

    ##################################################################
    #查看当前节点所有未确认交易的接口
    ##################################################################
    #接口返回
    #length：未确认交易的数量
    #trans：当前所有的未确认交易
    ##################################################################
    @app.route('/trans_unconfirm', methods=['GET'])
    def trans_unconfirm():
        return render_template('trans_unconfirm.html',length=len(b.trans),trans=
b.trans)

    ##################################################################
    #查看当前节点存储的最近确认的区块的信息
    ##################################################################
    #接口返回
    #block：最近确认的区块
    #time：最新区块的产生时间
    ##################################################################
    @app.route('/new_block', methods=['GET'])
    def new_block():
        t=b.lastBlock()["time"]
        t=time.localtime(float(t))
        t=time.strftime('%Y-%m-%d %H:%M:%S',t)
        return render_template('new_block.html',block=b.lastBlock(),time=t)

    ##################################################################
    #查看当前节点的工作状态统计
    ##################################################################
    #接口返回
    #len_trans：节点目前有多少未确认交易
    #newblock_average：节点产生新区块所需的平均时间
    #length：节点存储的区块链的长度
    #newtrans_average：节点确认新交易所需的平均时间
    #time0：区块链网络的创建时间
    #time1：区块链网络最新区块的创建时间
    #time2：区块链网络上一个区块的创建时间
    #time_arr：区块链网络中最近 50 个区块的创建时间
    ##################################################################
```

```
    @app.route('/status', methods=['GET'])
    def status():
        if len(b.trans)==0:
            newtrans_average="None"
        else:
            newtrans_average=(b.lastBlock()["time"]-b.chain[-2]["time"])/
len(b.trans)
        time_arr=[]
        if len(b.chain)<50:
            for i in range(len(b.chain)):
                time_arr.append(b.chain[i]["time"])
        else:
            for i in range(50):
                time_arr.append(b.chain[i-50]["time"])
        response = {
            "len_trans":len(b.lastBlock()["trans"]),
            "newblock_average":(b.lastBlock()["time"]-b.chain[0]["time"])/
len(b.chain),
            "length":len(b.chain),
            "newtrans_average":newtrans_average,
            "time0":time.strftime('%Y-%m-%d %H:%M:%S',time.localtime(float(b.
chain[0]["time"]))),
            "time1":time.strftime('%Y-%m-%d %H:%M:%S',time.localtime(float(b.
lastBlock()["time"]))),
            "time2":float(b.lastBlock()["time"])-float(b.chain[-2]["time"]),
            "time_arr":time_arr,
        }
        return render_template('status.html',response=response)

    ######################################################################
    #查看当前节点找到的坎宁安链
    ######################################################################
    #接口返回
    #cunning：搜索到的坎宁安链列表
    ######################################################################
    ######################################################################
    @app.route('/cunning', methods=['GET'])
    def cunning():
        return render_template('cunning.html',cunning=b.cunning)
    ######################################################################

    ######################################################################
    #运行节点
    app.run(host=address,port=p,threaded=True)
```

5. 矿工节点需要的 HTML 模板

在本章使用的 HTML 模板中，我们引入了一些 JavaScript 编写的脚本，使用了 ECharts 框架。其中 ECharts 框架用来在网页上绘制各种图形。

index.html 模板的示例代码如下。

```
<html>
<meta http-equiv="Content-Type" content="text/html; charset=UTF-8">
<head>
    <title>欢迎</title>
</head>
<body>
```

```
    <div style="text-align: center;">
        <h1 style="font-style:italic">欢迎</h1>
        <h1 style="font-style:italic">矿工节点演示</h1>
        <a href="{{address1}}">未确认交易</a>
        <br>
        <br>
        <a href="{{address2}}">最新区块</a>
        <br>
        <br>
        <a href="{{address3}}">运行统计数据</a>
        <br>
        <br>
        <a href="{{address4}}">区块历史记录</a>
        <br>
        <br>
        <a href="{{address5}}">坎宁安链历史记录</a>
        <br>
        <br>
        <h1 style="font-style:italic">by YJT</h1>
    </div>
</body>
</html>
```

cunning.html 模板的示例代码如下。

```
<html>
<meta http-equiv="Content-Type" content="text/html; charset=UTF-8">
<head>
    <title>坎宁安链历史记录</title>
</head>
<body>
    <div style="text-align: center;">
        <h1 style="font-style:italic">矿工节点演示</h1>
        <h1 style="font-style:italic">坎宁安链历史记录</h1>
        <br>
        <br>
        <label>寻找到的坎宁安链：</label>
        <br>
        {% for arr in cunning %}
            {% for n in arr %}
                <label>{{n}},</label>
            {% endfor %}
            <br>
        {% endfor %}
        <br>
        <br>
        <h1 style="font-style:italic">by YJT</h1>
    </div>
</body>
</html>
```

new_block.html 模板的示例代码如下。

```
<html>
<meta http-equiv="Content-Type" content="text/html; charset=UTF-8">
<head>
```

```
    <title>最新区块</title>
</head>
<body>
    <div style="text-align: center;">
        <h1 style="font-style:italic">矿工节点演示</h1>
        <h1 style="font-style:italic">最新区块</h1>
        <br>
        <br>
        <br>
        <br>
        <label>当前区块数量为：{{block["index"]}}</label>
        <br>
        <br>
        <label>区块所有者为：</label>
        <br>
        <label>{{block["owner"]}}</label>
        <br>
        <br>
        <label>区块哈希值：{{block["hash"]}}</label>
        <br>
        <br>
        <label>区块记录：</label>
        <br>
        {% for t in block["trans"] %}
            <label>{{t}}</label>
            <br>
        {% endfor %}
        <br>
        <br>
        <label>区块产生时间：{{time}}</label>
        <br>
        <br>
        <h1 style="font-style:italic">by YJT</h1>
    </div>
</body>
</html>
```

status.html 模板的示例代码如下。

```
<html>
<meta http-equiv="Content-Type" content="text/html; charset=UTF-8">
<head>
    <title>最新区块</title>
</head>
<body>
    <div style="text-align: center;">
        <h1 style="font-style:italic">矿工节点演示</h1>
        <h1 style="font-style:italic">最新区块</h1>
        <br>
        <br>
        <label>区块链网络启动时间：{{response["time0"]}}</label>
        <br>
        <br>
        <label>待确认交易数量：{{response["len_trans"]}}</label>
```

```
        <br>
        <br>
        <label>当前区块数量为：{{response["length"]}}</label>
        <br>
        <br>
        <label>产生区块所需的平均时间：{{response["newblock_average"]}}</label>
        <br>
        <br>
        <label>当前确认交易的速度：{{response["newtrans_average"]}}</label>
        <br>
        <br>
        <label>最新区块产生时间：{{response["time1"]}}</label>
        <br>
        <br>
        <label>上一个区块产生花费的时间：{{response["time2"]}}</label>
        <br>
        <br>
        <h1 style="font-style:italic">by YJT</h1>
    </div>

        <div id="dataid" d="{{response["time_arr"]}}" style="display:none"></div>
        <div id="second" style="height:400px"></div>
        <script src="https://cdn.bootcss.com/echarts/3.7.1/echarts.min.js">
</script>
        <script type="text/javascript">
            var t = document.getElementById('dataid').getAttribute('d');
            t=t.slice(1,t.length-1).split(",")
            time_arr=[]
            for(let i=1;i<t.length;i++)
            {
                time_arr.push(parseFloat(t[i])-parseFloat(t[i-1]))
            }
            rw=[{type:"产生区块所需时间",num:time_arr}]
            var myChart2=echarts.init(document.getElementById('second'));
                var option =
                {
                    toolbox:
                    {
                        show:true,
                        feature:
                        {
                            saveAsImage:
                            {
                                show:true
                            }
                        }
                    },
                    tooltip:
                    {
                        show: true
                    },
                    legend:
                    {
                        data:[],
                    },
```

```
                    xAxis :
                    [
                        {
                            type : 'category',
                            data : []
                        }
                    ],
                    yAxis :
                    [
                        {
                            type : 'value',
                            name:'时间',
                            axisLabel:
                            {
                                formatter:'{value}'
                            }
                        },
                    ],
                    series:[]
                };


                for(let i=0;i<time_arr.length;i++)
                {
                    option.xAxis[0].data.push(i+1)
                }
                option.legend.data.push(rw[0].type)
                option.series.push({name:rw[0].type,type:"line",data:rw[0].num})

                myChart2.setOption(option);
            </script>

</body>
</html>
```

trans_unconfirm.html 的示例代码如下。

```
<html>
<meta http-equiv="Content-Type" content="text/html; charset=UTF-8">
<head>
    <title>未确认交易</title>
</head>
<body>
    <div style="text-align: center;">
        <h1 style="font-style:italic">矿工节点演示</h1>
        <h1 style="font-style:italic">未确认交易</h1>
        <br>
        <br>
        <br>
        <br>
        <label>当前未确认交易的数量为：{{length}}</label>
        <br>
        <br>
        <label>当前未确认交易：</label>
        <br>
        <br>
```

```
            <label>{{trans}}</label>
            <br>
            <br>
            <br>
            <br>
            <h1 style="font-style:italic">by YJT</h1>
        </div>
    </body>
    </html>
```

9.1.3 实现二级机构节点

二级机构对整个系统来说不是必须存在的，因为整个系统完全可以在没有二级机构存在的条件下运行。此外，即使将二级机构节点看作系统一定程度上的中心，系统中也可以同时存在多个二级机构节点，即系统是多中心的。

二级机构的存在主要是为了调整中心化与去中心化之间的平衡。如前面章节讨论的那样，中心化和去中心化并无优劣之分，两者各有各的优点，也有它们自己没有办法克服的缺点。

在解释二级机构的功能之前，先让我们来讨论一下身份验证的问题。在传统的婚恋平台中，用户在注册时需要到中心化机构去验证自己的身份（如上传自己的身份证），只有在身份验证通过之后，才能成功注册。而在区块链中，正如第 6 章里所讨论的那样，所有的用户都是匿名的，由于区块链的去中心化，也没有机构能够验证区块链上用户身份的真实性。

到这里读者可能会有一个疑惑，既然将区块链用于婚恋平台存在如此大的问题，那么为什么非要执着于把区块链用于婚恋平台呢？这是因为婚恋平台，或者说任何传统的中心化设计中都存在这样的问题。

（1）可靠性低。中心化设计中，一旦中心化的服务器故障，那么整个系统也就会随之崩溃。

（2）可信性低。中心化设计中，用户的信息可以被服务器拥有者任意修改。实际上一些婚恋网站中已经出现了如果用户不交会员费，个人信息就会遭到婚恋网站的恶意篡改的现象。

（3）运行费用昂贵。中心化设计中，需要建造或者租借大量服务器和带宽，还需要大量工作人员进行维护，而区块链是一个去中心化系统，其数据存储是分布式的，网络基本上不需要维护。

综上所述，虽然区块链的匿名性让身份验证变得很困难，但也能解决很多中心化设计中的顽疾。因此一个自然的想法就是尝试在中心化和去中心化之间取得一个平衡，同时弥补两者的不足。

二级机构节点最重要的作用便是解决身份验证问题。用户可以选择到某个二级机构节点上去认证自己的身份，还可以选择只与身份得到了某个二级机构节点认证的用户交流。当然，用户也完全可以选择在区块链上保持匿名，并且和其他保持匿名的用户交流，只不过用户就要自己承担风险了。

除了身份认证，二级机构节点还有很多功能。例如，二级机构节点可以作为第三方监管用户和矿工，还可以使用区块链上的数据进行数据挖掘以获取有用的信息。

二级机构节点的许多功能如身份验证已经超出了本书的范围，因此下面给出的代码的主要功能只是让用户可以在二级机构节点上进行注册，以及对用户节点和矿工节点进行简单的统计。

由于二级机构节点需要具备注册的功能，因此我们不妨用下面的代码创建一个数据库来存储用户的注册信息。使用的数据库是 SQLite3，这是 Python 自带的一种小型本地数据库。用户注册信息是根据具体的需求决定的，因此如果需要增加或者删除数据库中的注册信息字段，可以修改下面的 SQL 语句。

```
    import sqlite3

    conn=sqlite3.connect('user.db')
    cursor=conn.cursor()
    cursor.execute('create table user (phone varchar(30) primary key, name varchar(30)
not null,pubkey varchar(2048) not null,psw varchar(256) not null)')
    cursor.close()
    conn.commit()
    conn.close()
```

下面是二级机构节点的接口实现。可以看到，二级机构节点与区块链实际上没有太多联系，区块链网络也不会依赖二级机构节点。

```
    #!/usr/bin/python
    #coding:utf-8
    import json
    from flask import Flask, request, render_template,jsonify
    import requests
    from uuid import uuid4
    from sm3 import hash
    import sqlite3
    import hashlib
    import time

    #address="172.18.18.193"
    address="127.0.0.1"
    if __name__ == '__main__':

        p=int(input("请输入 HTTP 服务器端口号"))
        for i in range(100):
            print()
        app=Flask(__name__)
        node_identifier=str(uuid4()).replace('-', '')

        ##########################################################################################
##################################
        #下面的代码是二级机构节点的接口处理逻辑
        #可以在浏览器中通过 https://IP 地址:端口号/接口名运行，如 http://127.0.0.1:5000/chain
        ####################################
        #接口
        #/test：用于测试网络 GET 方法和 POST 方法的连通性，实际没有使用
        #/login：用户通过该接口在二级机构节点上登录
        #/register：用户通过该接口在二级机构节点上注册
        #/workman_status：用于查看当前区块链网络中矿工的工作状态统计
        #/user_status：用于查看当前区块链网络中用户的信息统计
        #/index：二级机构节点的首页，可以选择各项功能
```

```
    ##########################################################################
#################################

    #########################################################################
    #测试网络的连通性，实际没有使用
    #########################################################################
    @app.route('/test', methods=['GET'])
    def test1():
        response={"code":"200","msg":"hello world"}
        return jsonify(response)

    @app.route('/test', methods=['POST'])
    def test2():
        receive_dict=request.get_data()
        receive_dict=json.loads(receive_dict.decode())
        msg=receive_dict['msg']
        response={"code":"200","msg":msg}
        return jsonify(response)
    #########################################################################

    #########################################################################
    #登录接口
    #接收用户上传的手机号和密码
    #并将其与数据库中存储的用户手机号和密码进行对比
    #########################################################################
    ########################################################################
    #接口输入（JSON 格式）
    #phone：用户的手机号
    #psw：用户密码
    ########################################################################
    #接口返回
    #code：状态码，200 表示成功，其他表示失败
    #msg：返回的提示信息
    ########################################################################
    @app.route('/login', methods=['POST'])
    def login():
        conn=sqlite3.connect('user.db')#连接数据库
        receive_dict=request.get_data()#获取 POST 请求上传的数据
        #print(receive_dict)
        receive_dict=receive_dict.decode()#将获取的数据解码
        receive_dict=json.loads(receive_dict)#将解码后的数据转换为 JSON 格式
        #print(receive_dict)
        phone=receive_dict['phone']#从转换成 JSON 格式的数据中，通过键值取出对应的数据
        psw=receive_dict['psw'].encode()
        psw=hashlib.sha256(psw).hexdigest()#数据库中存储的是密码的哈希值，防止黑客进
入数据库盗取用户的密码
        #print(phone,psw)
        cursor=conn.cursor()#创建数据库的查询游标
        cursor.execute('select * from user where phone=? and psw=?',(phone,psw))
        #查询数据库
        r=cursor.fetchall()
```

```
        cursor.close()#关闭游标
        conn.commit()#提交数据库操作
        conn.close()#关闭数据库
        #print(r)
        if len(r)>0:#r的长度表示在数据库中查到了多少符合要求的数据，如果大于0，说明用户上
传的手机号和密码与数据库中存在的记录一致
            response={"code":"200","msg":"ok"}
            print("登录成功")
        else:
            response={"code":"1001","msg":"Phone or password error!"}
            print("登录失败，手机号或密码错误")
        return jsonify(response)

    ######################################################################
    #注册接口
    #接收注册信息，即用户上传的手机号、密码、公钥和用户名，将注册信息写入数据库
    ######################################################################
    ######################################################################
    #接口输入（JSON格式）
    #phone：用户的手机号
    #psw：用户密码
    #name：用户名
    #pubkey：用户在区块链上的公钥
    ######################################################################
    #接口返回
    #code：状态码，200表示成功，其他表示失败
    #msg：返回的提示信息
    ######################################################################
    @app.route('/register', methods=['POST'])
    def register():
        conn=sqlite3.connect('user.db')
        receive_dict=request.get_data()
        print(receive_dict)
        receive_dict=json.loads(receive_dict.decode())
        print(receive_dict)
        try :
            phone=receive_dict['phone']
            name=receive_dict['name']
            pubkey=receive_dict['pubkey']
            psw=receive_dict['psw'].encode()
            psw=hashlib.sha256(psw).hexdigest()
            print("新用户注册",phone,name,pubkey,psw)
            try:
                cursor=conn.cursor()
                cursor.execute('insert into user values (?,?,?,?)',(phone,name,
pubkey,psw))
                cursor.close()
                conn.commit()
                conn.close()
                response={"code":"200","msg":"ok"}
            except sqlite3.IntegrityError:
                response={"code":"1001","msg":"User had registered!"}
```

```
                print("检测到重复注册，拒绝")
            except BaseException:
                response={"code":"1002","msg":"Unknown error!"}
                print("未知错误")
        except BaseException:
            response={"code":"1003","msg":"Data error!"}
            print("数据错误")
        return jsonify(response)

    #######################################################################
    #查看并统计网络中矿工的工作状态
    #######################################################################
    #######################################################################
    #接口返回
    #response：矿工挖矿的信息统计，其中键值为矿工的公钥，“blocks”表示矿工产生的区块数量，
“trans”为矿工确认过的交易数量
    #time1 表示矿工首次产生区块的时间，time2 表示矿工最近产生区块的时间
    #power：存储矿工公钥和对矿工拥有的算力比例的估计
    #######################################################################
    @app.route('/workman_status', methods=['Get'])
    def workman_status():
        response=requests.get('http://'+address+":5000"+'/chain')
        chain=response.json()['chain']
        workman={}
        power=[]
        for b in chain:
            if not b["owner"] in workman:
                workman[b["owner"]]={"blocks":0,"trans":0,"score":3,"time1":time.
strftime('%Y-%m-%d %H:%M:%S',time.localtime(float(b["time"]))),"time2":None}
            workman[b["owner"]]["blocks"]=workman[b["owner"]]["blocks"]+1
            workman[b["owner"]]["trans"]=workman[b["owner"]]["trans"]+
len(b["trans"])
            workman[b["owner"]]["time2"]=time.strftime('%Y-%m-%d %H:%M:%S',time.
localtime(float(b["time"])))
        for man in workman.keys():
            power.append(man)
            power.append(workman[man]["blocks"]/len(chain))
        return render_template('workman_status.html',response=workman,power=power)

    #######################################################################
    #查看并统计网络中用户的统计信息
    #######################################################################
    #######################################################################
    #接口返回
    #edback：用户教育背景的统计结果
    #sex：用户性别信息的统计结果
    #income：用户收入信息的统计结果
    #######################################################################
    @app.route('/user_status', methods=['Get'])
    def user_status():
        response=requests.get('http://'+address+":5000"+'/chain')
        chain=response.json()['chain']
        edback=[0,0,0,0,0,0]
```

```
            income=[0,0,0,0,0,0]
            sex=[0,0]
            for b in chain:
                for t in b["trans"]:
                    if "type" in t and t["type"]=="userinformation":
                        if t["sex"]=="男":
                            sex[1]=sex[1]+1
                        else:
                            sex[0]=sex[0]+1
                        if int(t["income"])<5:
                            income[0]=income[0]+1
                        elif int(t["income"])<8:
                            income[1]=income[1]+1
                        elif int(t["income"])<10:
                            income[2]=income[2]+1
                        elif int(t["income"])<15:
                            income[3]=income[3]+1
                        elif int(t["income"])<20:
                            income[4]=income[4]+1
                        else:
                            income[5]=income[5]+1
                        if t["edback"]=="高中":
                            edback[0]=edback[0]+1
                        elif t["edback"]=="专科":
                            edback[1]=edback[1]+1
                        elif t["edback"]=="本科":
                            edback[2]=edback[2]+1
                        elif t["edback"]=="硕士":
                            edback[3]=edback[3]+1
                        elif t["edback"]=="博士":
                            edback[4]=edback[4]+1
                        else:
                            edback[5]=edback[5]+1
            return render_template('user_status.html',edback=edback,sex=sex,income
=income)

        @app.route('/index', methods=['GET'])
        def home():
            return render_template('index.html',address1="/user_status",address2=
"/workman_status")

        app.run(host=address,port=p,threaded=True)
```

下面是二级机构节点的接口需要的几个 HTML 模板的示例代码。

index.html 模板的示例代码如下。

```
<html>
<meta http-equiv="Content-Type" content="text/html; charset=UTF-8">
<head>
    <title>欢迎</title>
</head>
<body>
    <div style="text-align: center;">
        <h1 style="font-style:italic">欢迎</h1>
        <h1 style="font-style:italic">二级机构节点演示</h1>
```

```
        <a href="{{address1}}">用户节点统计数据</a>
        <br>
        <br>
        <a href="{{address2}}">矿工节点统计数据</a>
        <br>
        <br>
        <h1 style="font-style:italic">by YJT</h1>
    </div>
</body>
</html>
```

user_status.html 模板的示例代码如下。

```
<html>
<meta http-equiv="Content-Type" content="text/html; charset=UTF-8">
<head>
    <title>用户节点统计</title>
</head>
<body>
    <div style="text-align: center;">
        <h1 style="font-style:italic">二级机构节点演示</h1>
        <h1 style="font-style:italic">用户节点统计</h1>
        <br>
        <br>
        <div id="dataid1" d="{{sex}}" style="display:none"></div>
        <div id="dataid2" d="{{edback}}" style="display:none"></div>
        <div id="dataid3" d="{{income}}" style="display:none"></div>
        <div id="first" style="height:400px"></div>
        <div id="second" style="height:400px"></div>
        <div id="third" style="height:400px"></div>
        <script src="https://cdn.bootcss.com/echarts/3.7.1/echarts.min.js">
</script>
        <script type="text/javascript">
            var sex=document.getElementById('dataid1').getAttribute('d')
            sex=sex.slice(1,sex.length-1).split(",")
            var edback=document.getElementById('dataid2').getAttribute('d')
            edback=edback.slice(1,edback.length-1).split(",")
            var income=document.getElementById('dataid3').getAttribute('d')
            income=income.slice(1,income.length-1).split(",")

            function draw1()
            {
                var myChart=echarts.init(document.getElementById('first'));
                var option =
                {
                    title:
                    {
                        text:"性别分布",
                        y:"center",
                        x:"center"
                    },
                    toolbox:
                    {
                        show:true,
                        feature:
                        {
```

```
                    saveAsImage:
                    {
                        show:true
                    }
                }
            },
            tooltip:
            {
                show: true
            },
            legend:
            {
                data:[]
            },
            series :
            [
                {
                    "name":"性别分布",
                    "type":"pie",
                    radius:'50%',
                    center:['50%','50%'],
                    "data":[]
                },
            ]
        };

        option.legend.data.push("女性")
        option.series[0].data.push({value:parseInt(sex[0]),name:"女性"})
        option.legend.data.push("男性")
        option.series[0].data.push({value:parseInt(sex[1]),name:"男性"})

        myChart.setOption(option);
    }
    draw1()

    function draw2()
    {
        var myChart2=echarts.init(document.getElementById('second'));
        var option =
        {
            toolbox:
            {
                show:true,
                feature:
                {
                    saveAsImage:
                    {
                        show:true
                    }
                }
            },
            tooltip:
            {
                show: true
            },
```

```
            legend:
            {
                data:[]
            },
            xAxis :
            [
                {
                    type : 'category',
                    data : [],
                    name:'年收入'
                }
            ],
            yAxis :
            [
                {
                    type : 'value',
                    name:'人数',
                    axisLabel:
                    {
                        formatter:'{value}%'
                    }
                },
            ],
            series :
            [
                {
                    "name":"年收入",
                    "type":"bar",
                    "data":income
                }
            ]
        };

        option.xAxis[0].data.push("5万以下")
        option.xAxis[0].data.push("5~8万")
        option.xAxis[0].data.push("8~10万")
        option.xAxis[0].data.push("10~15万")
        option.xAxis[0].data.push("15~20万")
        option.xAxis[0].data.push("20万以上")

        myChart2.setOption(option);
    }
    draw2()

    function draw3()
    {
        var myChart2=echarts.init(document.getElementById('third'));
        var option =
        {
            toolbox:
            {
                show:true,
                feature:
                {
```

```
                    saveAsImage:
                    {
                        show:true
                    }
                }
            },
            tooltip:
            {
                show: true
            },
            legend:
            {
                data:[]
            },
            xAxis :
            [
                {
                    type : 'category',
                    data : [],
                    name:'学历'
                }
            ],
            yAxis :
            [
                {
                    type : 'value',
                    name:'人数',
                    axisLabel:
                    {
                        formatter:'{value}%'
                    }
                },
            ],
            series :
            [
                {
                    "name":"学历",
                    "type":"bar",
                    "data":edback
                }
            ]
        };

        option.xAxis[0].data.push("高中")
        option.xAxis[0].data.push("专科")
        option.xAxis[0].data.push("本科")
        option.xAxis[0].data.push("硕士")
        option.xAxis[0].data.push("博士")
        option.xAxis[0].data.push("其他")

        myChart2.setOption(option);
    }
    draw3()
</script>
```

```
            <br>
            <br>
            <h1 style="font-style:italic">by YJT</h1>
    </body>
    </html>
```

workman_status.html 模板的示例代码如下。

```
    <html>
    <meta http-equiv="Content-Type" content="text/html; charset=UTF-8">
    <head>
    <title>矿工节点统计</title>
    </head>
    <body>
    <div style="text-align: center;">
    <h1 style="font-style:italic">二级机构节点演示</h1>
    <h1 style="font-style:italic">矿工节点统计</h1>
    <br>
    <br>
    <h2>算力分布图<h2>
    <script type="text/javascript">
    var power=[]
    </script>
    <div id="dataid" d="{{power}}" style="display:none"></div>
    <div id="second" style="height:400px"></div>
    <script src="https://cdn.bootcss.com/echarts/3.7.1/echarts.min.js"></script>
    <script type="text/javascript">
    var power=document.getElementById('dataid').getAttribute('d').slice(1,power.
length-1).split(",")
    function draw()
    {
    var myChart=echarts.init(document.getElementById('second'));
    var option =
    {
    title:
    {
    text:"算力分布",
    y:"center",
    x:"center"
    },
    toolbox:
    {
    show:true,
    feature:
    {
    saveAsImage:
    {
    show:true
    }
    }
    },
    tooltip:
    {
    show: true
    },
    legend:
```

```
{
data:[]
},
series :
[
{
"name":"算力分布",
"type":"pie",
radius:'50%',
center:['50%','50%'],
"data":[]
},
]
};

for(let i=0;i<power.length;i=i+2)
{
option.legend.data.push(power[i])
option.series[0].data.push({value:power[i+1],name:power[i]})
}
myChart.setOption(option);
}
draw()
</script>
<br>
<br>
{% for man 矿工节点: </label>
<br>
<label>{{man}}</label>
<br>
<br>
<label>产生区块数目: {{response[man]["blocks"]}}</label>
<br>
<br>
<label>处理交易数目: {{response[man]["trans"]}}</label>
<br>
<br>
<label>用户评分: {{response[man]["score"]}}</label>
<br>
<br>
<label>进入系统时间: {{response[man]["time1"]}}</label>
<br>
<br>
<label>最后活跃时间: {{response[man]["time2"]}}</label>
<br>
<br>
{% endfor %}
<br>
<br>
<h1 style="font-style:italic">by YJT</h1>
</body>
</html>
```

9.2　基于区块链的智能物联网协作控制系统开发

本项目将借助区块链技术，利用密码学的方法保证数据传输和访问的安全，有效保护智能物联网信息等高度隐私数据不易被骗取、盗取和篡改，同时，避免智能物联网设备由于物联导致的信息破坏等现象，满足人们不同的需求并集中碎片化的智能物联网设备，为用户提供个性化场景服务，实现智能物联网的协同合作、统一管理。

9.2.1　网络架构

本系统采用了分布式端到端的网络架构。如图 9-3 所示，我们依托区块链技术，基于每个智能物联网，构建智能物联网之间的对等网络。本系统中的网络通信可分为以下 3 个部分：用户节点（系统客户端）与智能物联网节点的通信、智能物联网节点与智能物联网节点的通信、智能物联网节点与家用电器的通信。下面我们将具体介绍这 3 个部分通信的设计。

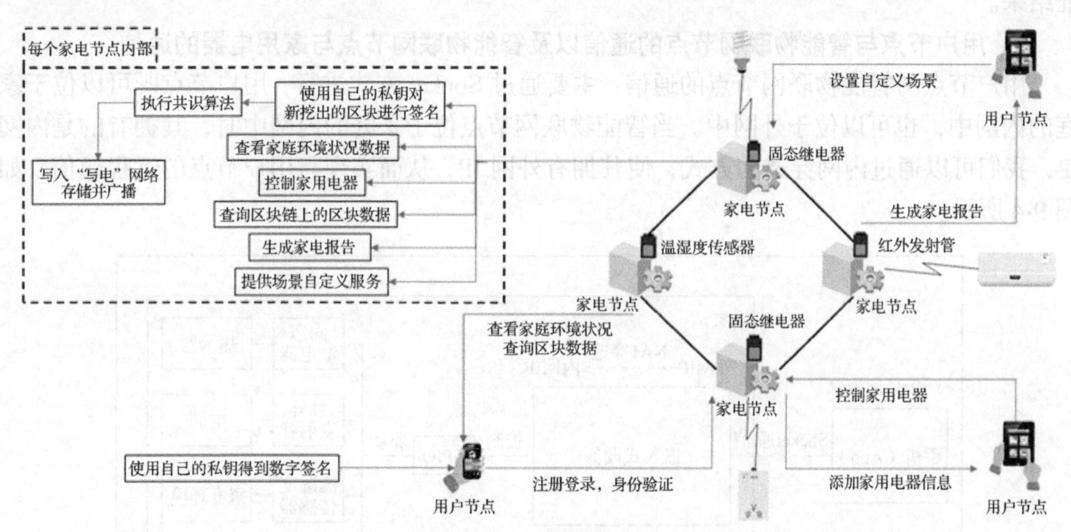

图 9-3　基于区块链的智能物联网协作控制系统网络架构

1. 节点功能说明

本系统是主要由用户节点和智能物联网节点构成的"智能物联网"网络。

（1）用户节点："智能物联网"网络中的普通节点。作为用户使用系统服务的桥梁，用户节点主要负责完成用户身份信息的上传，以及发送查看家庭环境状况、查询区块数据、生成智能物联网报告、控制家用电器、设置自定义场景等请求。这些请求通过互联网发送给智能物联网节点，并由智能物联网节点处理后，返回相应的结果到用户节点。

（2）智能物联网节点："智能物联网"网络中的共识节点。根据具体智能物联网的不同，智能物联网节点可细分为实现具体智能物联网功能的节点，如空调节点、温湿度传感器节点、摄像头节点等。每个智能物联网节点均具有内外部功能，内部功能属于软件部分，外部功能属于硬件部分。在内部功能中，智能物联网节点主要负责处理来自用户节点的请求以及维护区块链网络的运行。对于用户节点提交的每个请求，执行相应的合约逻辑，以及生成每笔对应的交易，并将若干交易打包成区块，之后执行共识算法，最后将区块写入"智能物联网"

网络存储并进行广播。在外部功能中，智能物联网节点主要通过外部的硬件设备来实现用户对家用电器的控制，以及对家庭环境的监测。主要的外部硬件设备有固态继电器、红外发射管、温湿度传感器等。

2. 智能物联网节点间的通信

本系统建立在一个家庭环境内的，所有的智能物联网节点都位于该家庭网络的局域网内。也就是说每个智能物联网节点拥有该局域网网段的一个内网 IP 地址，所以在本系统中，智能物联网节点间的通信主要有两种方式：一种是通过内网广播进行通信，另一种是通过 HTTP 进行通信。内网广播的特点是数据分发比较方便，但是需要每隔一段时间进行广播，所以消耗的资源较多。基于 HTTP 进行通信可以当需要进行数据通信时才进行，灵活性较高，但是其实现较内网广播复杂，而且多个连接的建立，消耗的资源也不少。所以我们根据二者的特点，按需采用不同的通信方式。内网广播主要用于监听智能物联网节点的存活情况，以及每隔一段时间广播每个节点存储的数据表，实现存储数据的同步。基于 HTTP 的轮询请求响应，主要用于当节点挖出新的区块时进行广播，其他节点接受后对区块进行验证并返回相应的验证结果。

3. 用户节点与智能物联网节点的通信以及智能物联网节点与家用电器的通信

用户节点与智能物联网节点的通信：主要通过 Socket 方式进行，用户节点既可以位于家庭的内网中，也可以位于外网中。当智能物联网节点位于家庭的内网中时，其拥有的是内网 IP，我们可以通过内网穿透的方式，使其拥有外网 IP，从而实现与用户节点的远程通信，如图 9-4 所示。

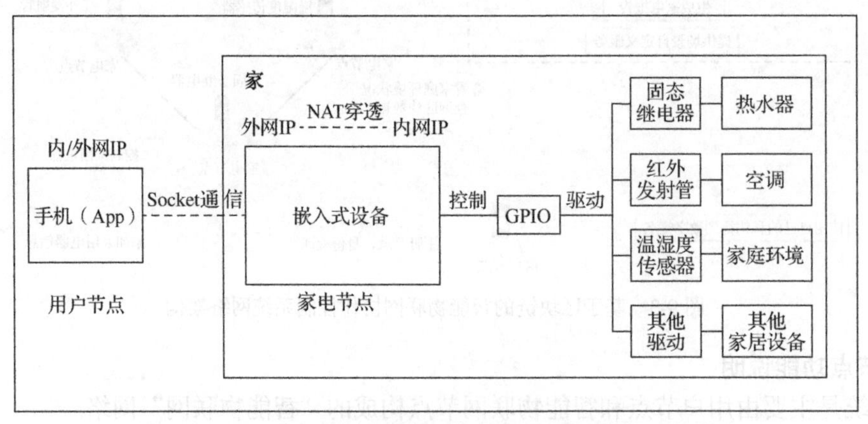

图 9-4　基于区块链的智能物联网协作控制系统的数据通信设计

智能物联网节点与家用电器的通信：智能物联网节点本质上是一个嵌入式设备，其可以通过控制通用输入/输出（General Purpose Input Output，GPIO）端口来驱动各种传感器。如通过固态继电器可以实现开关的控制，从而控制热水器、电灯等家用电器；通过红外发射管可以将对应空调的红外编码数据调整到 38kHz 的载波上并将信号发射出去，当空调内的红外接收管接收到信号后，即可实现相应的控制；通过温湿度传感器可以对家庭环境的温度和湿度情况进行监测等。

9.2.2　实现智能物联网节点

智能物联网节点是本系统最基本的节点，其拥有 3 种身份：第一种身份面向用户节点，负责接收用户节点的各种交易请求，并进行相应的逻辑处理后，生成响应信息返回给用户节点；第二种身份面向底层“智能物联网”网络，这类似于区块链网络中的矿工节点，其不断地通过工作量证明将用户节点提交的交易数据写入区块链；第三种身份面向嵌入式设备（家庭数据采集及智能物联网控制设备），通过执行相关的指令来控制智能物联网设备，收集家庭环境的状态数据。

根据智能物联网节点的 3 种身份，其主要的任务可以分为 3 类：第一类是对用户节点的请求进行相应的处理并返回处理结果；第二类是维护底层区块链网络的稳定运行，即不断地执行工作量证明并验证区块数据合法性等；第三类是根据接收到的指令控制嵌入式设备以及检测家庭环境。下面将从这 3 类任务对智能物联网节点的实现进行讨论。

1. 区块链网络维护

智能物联网节点通过运行区块链代码来接入区块链网络，并不断地通过工作量证明来将交易数据写入区块链。同时，还需要对区块数据的正确性进行检验、广播交易、监听其他节点的存活等。

```
# 该模块用于构建区块链类
import sys
sys.path.append("../nodeserver")
import hashlib
import json
from time import time
import requests
import threading
from rand_scrypt import randhash
from target import validProof
from merkle import get_merkle_tree
import config as cf
import queue
# 创建队列
q = queue.Queue()
# 工作量证明相关
hard = cf.hard
ChangeHash = cf.ChangeHash
M = cf.M
# 每个节点独有的公钥/私钥与地址
publickey = cf.publickey
privatekey = cf.privatekey
address = cf.address
# 广播区块
def broadcastblock(url, data):
    response = requests.post(url, data=data)
    q.put(response.text)
    return response.text
# 区块链类
class Blockchain(object):
    # 初始化函数
    def __init__(self):
        # 初始化变量
        self.chain = []  # 区块链
```

```
        self.trans = []  # 交易
        self.nodes = []  # 节点
        self.cunning = []  # 坎宁安链

        # 创建创世区块
        trans = [{'sender': 'system', 'receiver': 'system', 'time': "2019-04-04
05:05:05", 'device': 'Welcome to blockchain!', 'operation': 'Welcome to blockchain!'}],
        merkle_tree = get_merkle_tree(trans)
        merkletreeroot = merkle_tree[0]['data']
        # 区块结构
        block = {
            "index": len(self.chain)+1,
            "time": 1554188982.9020982,  # time 需要改成固定值
            "proof": 961113,
            "hash": self.newhash(961113),
            "owner": "system",
            "merkletreeroot": merkletreeroot,
            "merkletree": merkle_tree
        }
        self.chain.append(block)
  # 加入节点信息
    def registerNode(self, nodeinfo):
        if nodeinfo is None:
            print("Function registerNode wrong")
            print("Beacuse address can not be None")
            exit(0)
        # 加入节点列表前，首先需要判断新节点是否已经存在于节点列表中
        for node in self.nodes:
            if node['ip'] == nodeinfo['ip']:
                return
        self.nodes.append(nodeinfo)
    # 获取最后一个区块
    def lastBlock(self):
        return self.chain[-1]
    # 执行工作量证明
    def workProof(self, pproof=None, block=None):
        if pproof is None:
            print("Function workProof wrong")
            print("Beacuse pproof can not be None")
        proof = 1
        while True:
            if self.checkProof(pproof, proof, block):
                return proof
            proof = proof+1
    # 检验工作量证明
    def checkProof(self, pproof=None, proof=None, block=None):
        if pproof is None:
            print("Function checkProof wrong")
            print("Beacuse pproof can not be None")
            exit(0)
        if proof is None:
            print("Function checkProof wrong")
```

```
            print("Beacuse proof can not be None")
            exit(0)
        if block is None:
            print("Function checkProof wrong")
            print("Beacuse block can not be None")
            exit(0)
        if hash is None:
            print("Function checkProof wrong")
            print("Beacuse hash can not be None")
            exit(0)
        gussHash = randhash(block, str(pproof), str(proof), 100)
        r1, r2 = validProof(int(gussHash[0:M], 16), hard)
        if r1:
            self.cunning.append(r2)
        return r1
# 生成新的区块
    def newBlock(self, proof=None):
        if proof is None:
            print("Function newBlock wrong")
            print("Beacuse proof can not be None")
            exit(0)
        merkle_tree = get_merkle_tree(self.trans)
        merkletreeroot = merkle_tree[0]['data']
        # 构造区块
        block = {
            "index": len(self.chain)+1,
            "time": time(),
            "proof": proof,
            "hash": self.newhash(self.lastBlock()),
            "owner": address,
            "merkletreeroot": merkletreeroot,
            "merkletree": merkle_tree
        }
        # 向所有节点广播该区块，节点接受后验证区块正确性并将区块中的交易去除
        data = {"block": block, "trans": self.trans}
        data = json.dumps(data)
        for node in self.nodes:
            url = 'http://'+node['ip']+':5000/newblock'
            thread = threading.Thread(target=broadcastblock, args=(url, data))
            thread.start()
            thread.join()
        for i in range(q.qsize()):
            if q.get() == "Verify successfully":
                continue
            else:
                return False
        return True
    # 验证区块链正确性
    def validChain(self, chain):
        if chain is None:
            print("Function validChain wrong")
            print("Beacuse chain can not be None")
            exit(0)
```

```
        for i in range(0, len(chain)-1):
            # 验证区块存放的前一区块哈希值是否正确
            if chain[i+1]["hash"] != self.newhash(chain[i]):
                return False
            # 验证工作量证明是否正确
            if self.checkProof(chain[i]['proof'], chain[i+1]['proof'], chain[int
(int(i/ChangeHash)*ChangeHash)]) is False:
                print(i, len(chain), int(int(i/ChangeHash)*ChangeHash))
                return False
        return True
    # 添加新的交易，并进行广播
    def newTrans(self, tran):
        self.trans.append(tran)
        tran = json.dumps(tran)
        print("收到交易: " + tran)
        print("广播交易")
        for node in self.nodes[1:]:
            requests.post('http://'+node['ip']+':5000/newtrans', data=tran)
        return self.lastBlock()['index']+1

    # 哈希区块
    @staticmethod  # 静态方法
    def newhash(block):
        if block is None:
            print("Function hash wrong")
            print("Beacuse block can not be None")
            exit(0)
        blockString = json.dumps(block, sort_keys=True)
        blockEncode = blockString.encode()
        blockHash = hashlib.sha256(blockEncode).hexdigest()
        return blockHash

    # 更新区块链，查找最长链
    def longChain(self):
        max = len(self.chain)
        for node in self.nodes:
            response = requests.get('http://'+node['ip']+':5000/chain')
            chain = response.json()['chain']
            if self.validChain(chain):
                if max < len(chain):
                    self.chain = chain
        if max == len(self.chain):
            print("全网区块链同步完成")
            return True
        else:
            return False
```

2. 客户端响应

智能物联网节点需要处理的客户端请求主要分为 3 类：一是对用户节点的个人信息进行存储及查询验证；二是接收相应的智能物联网控制命令；三是接收相应的查询指令，如区块数据的查询、家庭环境状况的查询等。

```
@app.route('/login', methods=['POST'])
def login():
    # 获取数据
    receive_dict = request.get_data()
    receive_dict = json.loads(receive_dict.decode())
    phone = receive_dict['phone']
    psw = receive_dict['psw'].encode()
    psw = hashlib.sha256(psw).hexdigest()

    data = {
        "phone": phone,
        "psw": psw,
        "ip": IP  # 用于判断请求是否为本节点发送
    }
    data = json.dumps(data)

    # 获取全网节点信息
    conn = sqlite3.connect('peer.db')
    cursor = conn.cursor()
    cursor.execute('select * from nodeinfo')
    r = cursor.fetchall()
    cursor.close()
    conn.commit()
    conn.close()

    # 向各节点发送注册信息
    for node in r:
        ip = node[2]
        url = "http://" + ip + ":5000/userlogin"
        thread = threading.Thread(target=broadcastinformation,args=(url, data))
        thread.start()
        thread.join()

    # 如果 r=200，则登录成功
    r = q.get()
    if r == 200:
        response = {"code": "200", "msg": "ok", "data": {"token": hash("phone")}}
        return jsonify(response), 200
    else:
        response = {"code": "400", "msg": "fail", "data": "phone or password error!"}
        return jsonify(response), 400
@app.route('/searchblocktime', methods=['POST'])
def searchblocktime():
    # 获取数据
    receive_dict = request.get_data()
    receive_dict = json.loads(receive_dict.decode())
    senderaddress = receive_dict['address']

    # 获取区块链数据
    response = requests.get('http://' + IP + ":5000" + '/chain')
    chain = response.json()['chain']
    # 区块链长度
    length = len(chain)
```

```
        # 提取每个区块的时间
        timelist = []
        for block in chain:
            timeStamp = block['time']
            localTime = time.localtime(timeStamp)
            strTime = time.strftime("%Y-%m-%d %H:%M:%S", localTime)
            timelist.append(strTime)

        # 生成交易，写入区块链
        nowTime = datetime.datetime.now().strftime('%Y-%m-%d %H:%M:%S')
        tran = {"sender": senderaddress, "receiver": address, "type": "query", "time":
nowTime, "information": "{'target': 'blockchain', 'operation': 'Get the block
time.'}"}
        tran = json.dumps(tran)
        respond = requests.post('http://' + IP + ":5000" + '/newtrans', data=tran)

        print("----------------查询区块时间---------------")
        print("发送者地址：" + str(senderaddress))
        print("接收者地址：" + str(address))
        print("请求的时间：" + nowTime)
        print("----------------------------------------")

        response = {'code': 200, 'msg': 'ok', 'length': length, 'timelist': timelist}
        return jsonify(response), 200
    # 获取区块链上对应 index 的区块
    @app.route('/searchblockindex', methods=['POST'])
    def searchblock():
        # 获取数据
        receive_dict = request.get_data()
        receive_dict = json.loads(receive_dict.decode())
        senderaddress = receive_dict['address']
        index = receive_dict['index']
        print(index)
        print(senderaddress)
        # 获取区块链数据
        response = requests.get('http://' + IP + ":5000" + '/chain')
        chain = response.json()['chain']

        indexblock = {}
        # 寻找客户端发来的 index 对应的区块
        for block in chain:
            if str(block["index"]) == str(index):
                indexblock = block

        # 生成交易，写入区块链
        nowTime = datetime.datetime.now().strftime('%Y-%m-%d %H:%M:%S')
        tran = {'sender': senderaddress, 'receiver': address, 'time': nowTime, 'type':
'query',
                'information': {'target': 'blockchain', 'operation': 'Get the block
information.'}}
        tran = json.dumps(tran)
        respond = requests.post('http://' + IP + ":5000" + '/newtrans', data=tran)
```

```
        print("---------------查询区块数据--------------")
        print("发送者地址：" + str(senderaddress))
        print("接收者地址：" + str(address))
        print("请求的时间：" + nowTime)
        print("区块索引值：" + str(index))
        print("----------------------------------------")

        # 返回处理
        response = {'code': 200, 'msg': 'ok', 'block': indexblock}
        return jsonify(response), 200
    # 控制空调接口，实现晚上升温或降温的功能
    @app.route('/airConditionerOperation', methods=['POST'])
    def aircondition():
        # 获取数据
        receive_dict = request.get_data()
        receive_dict = json.loads(receive_dict.decode())
        wu = int(receive_dict['windUp'])
        wd = int(receive_dict['windDown'])
        wl = int(receive_dict['windLeft'])
        wr = int(receive_dict['windRight'])
        du = int(receive_dict['degreeUp'])
        dw = int(receive_dict['degreeDown'])
        on = int(receive_dict['on'])
        off = int(receive_dict['off'])
        senderaddress = str(receive_dict['address'])
        # 通过 temperature 字段来判断是哪端发来的请求：如果有 temperature 字段，则是其他智能物
联网节点发来的请求；如果没有 temperature 字段，则是客户端发来的请求
        if 'temperature' in receive_dict.keys():
            temperature = str(receive_dict['temperature'])
        else:
            temperature = 'None'
        # 通过存入数据库中的字段来判断空调当前的温度
        conn = sqlite3.connect('peer.db')
        cursor = conn.cursor()
        cursor.execute('select * from state where name=? and type = ?', ("airConditioner",
"device"))
        r = cursor.fetchall()
        cursor.close()
        conn.commit()
        conn.close()
        devicesta = ''
        if len(r) != 1:
            print("数据库错误！")
        else:
            devicesta = r[0][3]
        print("空调当前设备状态：" + devicesta)
        # turn off  |  set temperature=20
        if wu == 1:
            response = {"code": "200", "msg": "ok", "data": 'operation success'}
            return jsonify(response), 200
        elif wd == 1:
```

```
        response = {"code": "200", "msg": "ok", "data": 'operation success'}
        return jsonify(response), 200
    elif wl == 1:
        response = {"code": "200", "msg": "ok", "data": 'operation success'}
        return jsonify(response), 200
    elif wr == 1:
        response = {"code": "200", "msg": "ok", "data": 'operation success'}
        return jsonify(response), 200
# 实现升温功能
    elif du == 1:
        if devicesta != "turn off":
            nowtemp = devicesta.split("=")[1]
            if nowtemp == "20":
                change_temp("21")
                print("升高温度: " + str(20) + "-->" + str(21))
            elif nowtemp == "21":
                change_temp("22")
                print("升高温度: " + str(21) + "-->" + str(22))
            elif nowtemp == "22":
                change_temp("23")
                print("升高温度: " + str(22) + "-->" + str(23))
            elif nowtemp == "23":
                change_temp("24")
                print("升高温度: " + str(23) + "-->" + str(24))
            elif nowtemp == "24":
                change_temp("25")
                print("升高温度: " + str(24) + "-->" + str(25))
            elif nowtemp == "25":
                change_temp("26")
                print("升高温度: " + str(25) + "-->" + str(26))
            elif nowtemp == "26":
                change_temp("27")
                print("升高温度: " + str(26) + "-->" + str(27))
            elif nowtemp == "27":
                change_temp("28")
                print("升高温度: " + str(27) + "-->" + str(28))
            elif nowtemp == "28":
                change_temp("29")
                print("升高温度: " + str(28) + "-->" + str(29))
            else:
                print("! 出错! ")
            response = {"code": "200", "msg": "ok", "data": 'operation success'}
            return jsonify(response), 200
        else:
            print("! 空调处于关闭状态! ")
# 实现降温功能
    elif dw == 1:
        if devicesta != "turn off":
            nowtemp = devicesta.split("=")[1]
            if nowtemp == "21":
                change_temp("20")
```

```
                print("降低温度: " + str(21) + "-->" + str(20))
            elif nowtemp == "22":
                change_temp("21")
                print("降低温度: " + str(22) + "-->" + str(21))
            elif nowtemp == "23":
                change_temp("22")
                print("降低温度: " + str(23) + "-->" + str(22))
            elif nowtemp == "24":
                change_temp("23")
                print("降低温度: " + str(24) + "-->" + str(23))
            elif nowtemp == "25":
                change_temp("24")
                print("降低温度: " + str(25) + "-->" + str(24))
            elif nowtemp == "26":
                change_temp("25")
                print("降低温度: " + str(26) + "-->" + str(25))
            elif nowtemp == "27":
                change_temp("26")
                print("降低温度: " + str(27) + "-->" + str(26))
            elif nowtemp == "28":
                change_temp("27")
                print("降低温度: " + str(28) + "-->" + str(27))
            elif nowtemp == "29":
                change_temp("28")
                print("降低温度: " + str(29) + "-->" + str(28))
            else:
                print("! 出错! ")
            response = {"code": "200", "msg": "ok", "data": 'operation success'}
            return jsonify(response), 200
        else:
            print("! 空调处于关闭状态! ")
    # 处理客户端的开启空调请求
    elif on == 1 and temperature == 'None':
        # 操作空调，默认开启 20 摄氏度
        os.popen('irsend SEND_ONCE try on1').readlines()
        change_temp("20")
  # 生成交易，写入区块链
        nowTime = datetime.datetime.now().strftime('%Y-%m-%d %H:%M:%S')
        tran = {'sender': senderaddress, 'receiver': address, 'time': nowTime,
'type': 'control', 'information': {'target': 'airconditioner', 'operation': 'Turn on.'}}
        tran = json.dumps(tran)
        respond = requests.post('http://' + IP + ":5000" + '/newtrans', data=tran)

        print("---------------打 开 空 调--------------")
        print("发送者地址: " + str(senderaddress))
        print("接收者地址: " + str(address))
        print("请求的时间: " + nowTime)
        print("设置的温度: " + str(20))
        print("----------------------------------------")
        response = {"code": "200", "msg": "ok", "data": 'operation success'}
```

```
            return jsonify(response), 200

        # 处理其他节点发出的协作请求
        elif on == 1 and temperature != 'None':
            # 操作空调
            change_temp(temperature)
            # 生成交易，写入区块链
            nowTime = datetime.datetime.now().strftime('%Y-%m-%d %H:%M:%S')
            tran = {'sender': senderaddress, 'receiver': address, 'time': nowTime,
'type': 'control',
                    'information': {'target': 'airconditioner', 'operation': 'Turn
on & Set temperature'}}
            tran = json.dumps(tran)
            respond = requests.post('http://' + IP + ":5000" + '/newtrans', data=tran)

            print("---------------打 开 空 调--------------")
            print("---------------设 置 温 度--------------")
            print("发送者地址：" + str(senderaddress))
            print("接收者地址：" + str(address))
            print("请求的时间：" + nowTime)
            print("设置的温度：" + str(temperature))
            print("----------------------------------------")

            response = {"code": "200", "msg": "ok", "data": 'operation success'}
            return jsonify(response), 200
    # 获取温湿度传感器数据
    @app.route('/humiture', methods=['POST'])
    def humiture():
        # 获取数据
        receive_dict = request.get_data()
        receive_dict = json.loads(receive_dict.decode())
        senderaddress = receive_dict['address']

        print("------获取温湿度数据------")
        # 执行命令行命令，操作嵌入式设备
        temp, damp = humitureon()

        # 生成交易，写入区块链
        nowTime = datetime.datetime.now().strftime('%Y-%m-%d %H:%M:%S')
        tran = {'sender': senderaddress, 'receiver': address, 'time': nowTime, 'type':
'control', 'information': {'target': 'humiture', 'operation': 'Get humiture.'}}
        tran = json.dumps(tran)
        respond = requests.post('http://' + IP + ":5000" + '/newtrans', data=tran)

        print("-------------查询温度湿度数据------------")
        print("发送者地址：" + str(senderaddress))
        print("接收者地址：" + str(address))
        print("请求的时间：" + nowTime)
        print("当前温度值：" + str(temp))
        print("当前湿度值：" + str(damp))
```

```
        print("----------------------------------------")

        # 返回数据
        response = {"code": "200", "msg": "ok", "temp": temp, "damp": damp}
        return jsonify(response), 200
    # 打开摄像头接口
    @app.route('/monitoron', methods=['POST'])
    def monitoron():
        # 获取数据
        receive_dict = request.get_data()
        receive_dict = json.loads(receive_dict.decode())
        cT = receive_dict['commandType']
        com = receive_dict['command']
        senderaddress = receive_dict['address']
        # print(cT)
        # print(com)
        # print(senderaddress)
        try:
            if com == 'on':
                # 执行命令行命令
                monitor(com)
                # 写入区块链
                nowTime = datetime.datetime.now().strftime('%Y-%m-%d %H:%M:%S')
               tran = {'sender': senderaddress, 'receiver': address, 'time': nowTime,
'type': 'control', 'information': {'target': 'monitor', 'operation': 'Turn on.'}}
                tran = json.dumps(tran)
                respond = requests.post('http://' + IP + ":5000" + '/newtrans', data=tran)
                response = {"code": "200", "msg": "ok", "data": 'operation success'}
                print("---------------开启摄像头----------------")
                print("发送者地址: " + str(senderaddress))
                print("接收者地址: " + str(address))
                print("请求的时间: " + nowTime)
                print("----------------------------------------")
                return jsonify(response), 200
        except BaseException:
            response = {"code": "400", "msg": "fail"}
            print("-------------摄像头开启失败------------")
            return jsonify(response), 400
    # 关闭摄像头接口
    @app.route('/monitoroff', methods=['POST'])
    def monitoroff():
        # 获取数据
        receive_dict = request.get_data()
        receive_dict = json.loads(receive_dict.decode())
        cT = receive_dict['commandType']
        com = receive_dict['command']
        senderaddress = receive_dict['address']
        try:
            if com == 'off':
                # 执行命令行命令
                monitor(com)
                # 写入区块链
```

```
                nowTime = datetime.datetime.now().strftime('%Y-%m-%d %H:%M:%S')
                tran = {'sender': senderaddress, 'receiver': address, 'time': nowTime,
'type': 'control', 'information': {'target': 'monitor', 'operation': 'Turn off.'}}
                tran = json.dumps(tran)
                respond = requests.post('http://' + IP + ":5000" + '/newtrans', data=tran)
                response = {"code": "200", "msg": "ok", "data": 'operation success'}
                print("----------------关闭摄像头-----------------")
                print("发送者地址: " + str(senderaddress))
                print("接收者地址: " + str(address))
                print("请求的时间: " + nowTime)
                print("------------------------------------------")
                return jsonify(response), 200
        except BaseException:
            response = {"code": "400", "msg": "fail"}
            print("-------------摄像头关闭失败-------------")
            return jsonify(response), 400
```

3. 控制嵌入式设备及监控家庭环境

智能物联网节点在收到客户端控制嵌入式设备以及监控家庭环境的指令后，需要执行相应的代码来对智能物联网设备进行控制。如获取温湿度传感器的数据、发射红外线信号控制空调、打开或关闭 USB 摄像头等。

```
    def humitureon():
            result = os.popen('python /home/pi/Adafruit_Python_DHT/examples/AdafruitDHT
.py 11 17').readlines()
            result = result[0]
            resultlist = result.split('  ')
            temp = resultlist[0]
            damp = resultlist[1]
            temp = temp.split('=')[1].split('*')[0]
            damp = damp.split('=')[1].split('%')[0]
            print("温度值: " + str(temp))
            print("湿度值: " + str(damp))
            # 写入状态数据库
            conn = sqlite3.connect('peer.db')
            cursor = conn.cursor()
            cursor.execute('select * from state where name=? and type=?', ("humiture",
"device"))
            r = cursor.fetch all()
            if r:  # 存在匹配项
                # 更新状态数据
                nowtime = datetime.datetime.now().strftime('%Y:%m:%d %H:%M:%S')
                cursor.execute('UPDATE state set time=? where name=? and type=?',
(nowtime, "humiture", "device"))
                data = (temp, damp)
                data = json.dumps(data)
                cursor.execute('update state set sta=? where name=? and type=?', (data,
"humiture", "device"))
            else:
                print("! 数据库错误! ")
            cursor.close()
            conn.commit()
            conn.close()
```

```
            return temp, damp
    def monitor(com):
        nowtime = datetime.datetime.now().strftime('%Y:%m:%d %H:%M:%S')
        if com == "on":
                # 执行命令
                os.system("sudo motion")
                # 写入数据库
                conn = sqlite3.connect('peer.db')
                cursor = conn.cursor()
                cursor.execute('select * from state where name=? and type=?', ("monitor",
 "device"))
                r = cursor.fetchall()
                if r:  # 由于没有专门的摄像头节点，因此这里我们没有初始化它的数据
                # 存在匹配项则更新
                cursor.execute('update state set sta=? where name=? and type=?', ("turn
on", "monitor", "device"))
                cursor.execute('update state set time=? where name=? and type=?',
(nowtime, "monitor", "device"))
                cursor.close()
                conn.commit()
                conn.close()
        else:  # 还没有该电器信息，则直接插入
                cursor.execute('insert into state values (?, ?, ?, ?)', ("monitor",
"device", nowtime, "turn on"))
                cursor.close()
                conn.commit()
                conn.close()
        elif com == "off":
            # 执行命令
            os.system("sudo service motion stop")
            # 写入数据库
            conn = sqlite3.connect('peer.db')
            cursor = conn.cursor()
            cursor.execute('select * from state where name=? and type=?', ("monitor",
"device"))
            r = cursor.fetchall()
            if r:  # 由于没有专门的摄像头节点，因此这里我们没有初始化它的数据
                # 存在匹配项则更新
                cursor.execute('update state set sta=? where name=? and type=?', ("turn
off", "monitor", "device"))
                cursor.execute('update state set time=? where name=? and type=?',
(nowtime, "monitor", "device"))
                cursor.close()
                conn.commit()
                conn.close()
            else:  # 还没有该电器信息，则直接插入
                cursor.execute('insert into state values (?, ?, ?, ?)', ("monitor",
"device", nowtime, "turn off"))
                cursor.close()
                conn.commit()
                conn.close()
        else:
            print("! 指令出错! ")
        return True
```

本章小结

本章使用前文学习到的区块链知识和编程技术，给读者演示了两个区块链项目的开发过程，包括关键模块的设计和实现：基于区块链的婚恋交友平台和基于区块链的智能物联网协作控制系统，给读者以后的区块链项目开发提供借鉴和参考。

参考文献

[1] 谭敏生，杨杰，丁琳，等. 区块链共识机制综述[J]. 计算机工程，2020，46（12）：1-11.

[2] 于雷，赵晓芳，孙毅，等. 基于区块链技术的公平合约交换协议的实现[J]. 软件学报，2020，31（12）：3867-3879.

[3] 郭崇岭，赵野. 区块链技术在空间信息智能感知领域的应用综述[J]. 计算机科学，2020，47（S2）：354-358.

[4] 单康康，袁书宏，张紫徽，等. 区块链技术及应用研究综述[J]. 电信快报，2020（11）：17-20.

[5] 崔中杰. 针对区块链的网络层攻击与防御技术综述[J]. 信息安全研究，2020，6（11）：982-989.

[6] 李悦，黄俊钦，王瑞锦. 基于区块链的数字作品 DCI 管控模型[J]. 计算机应用，2017，37（11）：3281-3287.

[7] 范吉立，李晓华，聂铁铮，等. 区块链系统中智能合约技术综述[J]. 计算机科学，2019，46（11）：1-10.

[8] 张宁熙. 区块链技术发展综述及其政务领域应用研究[J]. 信息安全研究，2020，6（10）：910-918.

[9] 王瑞锦，唐榆程，张巍琦，等. 基于同态加密和区块链技术的车联网隐私保护方案[J]. 网络与信息安全学报，2020，6（1）：46-53.

[10] 张志威，王国仁，徐建良，等. 区块链的数据管理技术综述[J]. 软件学报，2020，31（9）：2903-2925.

[11] 李洋，门进宝，余晗，等. 区块链扩容技术研究综述[J]. 电力信息与通信技术，2020，18（6）：1-9.

[12] 张长贵，张岩峰，李晓华，等. 区块链新技术综述：图型区块链和分区型区块链[J]. 计算机科学，2020，47（10）：282-289.

[13] 沈梦姣，张厚军. 区块链技术研究综述[J]. 无线互联科技，2020，17（10）：146-147.

[14] 付金华. 高效能区块链关键技术及应用研究[D]. 洛阳：战略支援部队信息工程大学，2020.

[15] 张家硕，高健博，王利朋，等. 区块链隐私保护技术综述[J]. 保密科学技术，2020（1）：26-29.

[16] 曾诗钦，霍如，黄韬，等. 区块链技术研究综述：原理、进展与应用[J]. 通信学报，2020，41（1）：134-151.

[17] 刘懿中，刘建伟，张宗洋，等. 区块链共识机制研究综述[J]. 密码学报，2019，6（4）：395-432.

[18] 王璐，刘双印，张垒，等. 区块链技术综述[J]. 数字通信世界，2019（8）：135-136+49.

[19] 周桐．基于区块链技术的可信数据通证化方法的研究与应用[D]．合肥：中国科学技术大学，2019.

[20] 薛腾飞．区块链应用若干问题研究[D]．北京：北京邮电大学，2019.

[21] 顾欣，徐淑珍．区块链技术的安全问题研究综述[J]．信息安全研究，2018，4（11）：997-1001.

[22] 王锡亮，刘学枫，赵淦森，等．区块链综述：技术与挑战[J]．无线电通信技术，2018，44（6）：531-537.

[23] 章峰，史博轩，蒋文保．区块链关键技术及应用研究综述[J]．网络与信息安全学报，2018，4（04）：22-29.

[24] 黄俊飞，刘杰．区块链技术研究综述[J]．北京邮电大学学报，2018，41（2）：1-8.

[25] 张国潮，王瑞锦．基于门限秘密共享的区块链分片存储模型[J]．计算机应用，2019，39（09）：2617-2622.

[26] 祝烈煌，高峰，沈蒙，等．区块链隐私保护研究综述[J]．计算机研究与发展，2017，54（10）：2170-2186.

[27] 何蒲，于戈，张岩峰，等．区块链技术与应用前瞻综述[J]．计算机科学，2017，44（4）：1-7.

[28] 沈鑫，裴庆祺，刘雪峰．区块链技术综述[J]．网络与信息安全学报，2016，2（11）：11-20.

[29] 陈云云．区块链技术驱动下的物联网安全研究综述[J]．网络安全技术与应用，2020（12）：34-36.

[30] 乔蕊，曹琰，王清贤．基于联盟链的物联网动态数据溯源机制[J].软件学报，2019，30（6）：1614-1631.

[31] 贾宁．密码算法的研究综述[J]．现代电子技术，2007（11）：59-61.

[32] 李望舒．离散混沌同步方法及在加密传输系统的应用研究[D]．哈尔滨：黑龙江大学，2019.

[33] 李牧阳．基于联盟区块链的物流信息平台关键技术研究[D]．南京：南京邮电大学，2019.

[34] 余苏喆．基于智能合约的数字版权系统研究与应用[D]．成都：电子科技大学，2020.

[35] 张友桥，周武能，申晔，等．椭圆曲线密码中抗功耗分析攻击的标量乘改进方案[J]．计算机工程与科学，2014，36（4）：644-648.

[36] 王瑞锦，余苏喆，李悦，等．基于环签名的医疗区块链隐私数据共享模型[J]．电子科技大学学报，2019，48（6）：886-892.

[37] 郑磊．一个崭新的“区块链”应用时代正在到来[N]．新华书目报，2019-01-03（5）.